"十三五"职业教育
国家规划教材

O2O 高等院校O2O新形态
立体化系列规划教材

全国优秀教材二等奖

Dreamweaver CS6

网页设计
立体化教程 | 双色微课版

刘解放 闵文婷 ◎ 主编
李芳玲 王子轶 程淑玉 ◎ 副主编

人民邮电出版社
北 京

图书在版编目（CIP）数据

Dreamweaver CS6网页设计立体化教程：双色微课版/刘解放，闵文婷主编. -- 2版. -- 北京：人民邮电出版社，2017.8（2021.12重印）
高等院校O2O新形态立体化系列规划教材
ISBN 978-7-115-46351-7

Ⅰ. ①D… Ⅱ. ①刘… ②闵… Ⅲ. ①网页制作工具－高等学校－教材 Ⅳ. ①TP393.092.2

中国版本图书馆CIP数据核字(2017)第170303号

内 容 提 要

Dreamweaver 是目前主流的一款网页设计软件，广泛应用于网页设计的各个领域，其中 Dreamweaver CS6 是比较常用的版本。本书即以 Dreamweaver CS6 为蓝本，讲解使用 Dreamweaver CS6 进行网页设计的相关知识。本书在附录中还列出了一些 Dreamweaver CS6 的课后提升方法，以方便读者快速查阅。

本书内容讲解由浅入深、循序渐进，先采用情景导入案例式讲解软件知识，然后通过"项目实训"和"课后练习"加强对学习内容的训练，最后通过"技巧提升"来提升学生的综合学习能力，以及软件的扩展知识。全书通过大量的案例和练习，着重对学生实际应用能力的培养，并将职业场景引入课堂教学，让学生提前进入工作角色。

本书适合作为高等院校网页设计与制作相关课程的教材，也可作为各类社会培训学校相关专业的教材，同时还可供 Dreamweaver 初学者自学使用。

◆ 主　　编　刘解放　闵文婷
　　副 主 编　李芳玲　王子轶　程淑玉
　　责任编辑　马小霞
　　责任印制　焦志炜

◆ 人民邮电出版社出版发行　　北京市丰台区成寿寺路 11 号
　　邮编　100164　电子邮件　315@ptpress.com.cn
　　网址　http://www.ptpress.com.cn
　　三河市君旺印务有限公司印刷

◆ 开本：787×1092　1/16　　　　彩插：1
　　印张：15.75　　　　　　　　2017 年 8 月第 2 版
　　字数：387 千字　　　　　　　2021 年 12 月河北第 12 次印刷

定价：54.00 元

读者服务热线：(010)81055256　印装质量热线：(010)81055316
反盗版热线：(010)81055315
广告经营许可证：京东市监广登字 20170147 号

第 4 章 - 课后练习展示 1

第 4 章 - 课后练习展示 2

第 4 章 - 课堂案例展示 1

第 4 章 - 课堂案例展示 2

第 4 章 - 项目实训展示

第 5 章 - 课后练习展示

第 5 章 - 课堂案例展示 1

第 5 章 - 课堂案例展示 2

第 5 章 - 课堂案例展示 3

第 6 章 - 课堂案例展示

第 5 章 – 项目实训展示

第 6 章 – 课后练习展示

第 6 章 – 项目实训展示

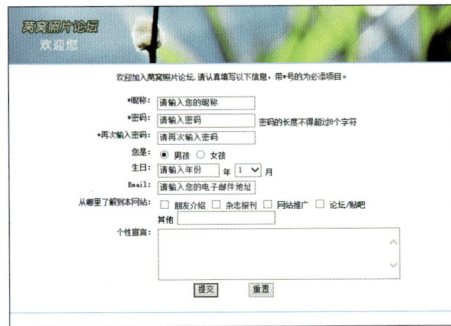
第 7 章 – 课后练习展示

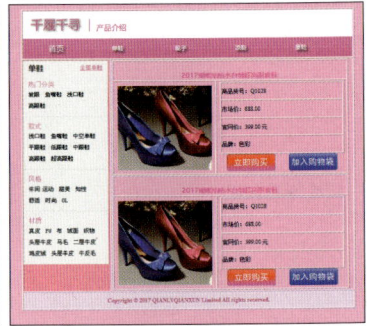
第 7 章 – 课堂案例展示 1

第 7 章 – 课堂案例展示 2

第 7 章 – 课堂案例展示 3

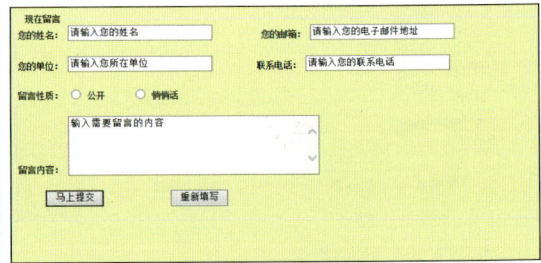
第 7 章 – 项目实训展示

第 10 章 – 项目实训展示

第 10 章 – 综合案例展示

前　言

PREFACE

根据现代教学的需要，我们组织了一批优秀的、具有丰富的教学经验和实践经验的作者团队编写了本套"高等院校O2O新形态立体化系列规划教材"。

教材进入学校已有三年多的时间，在此期间，我们很庆幸这套图书能够得到广大老师的认可，并帮助他们授课；同时我们更加庆幸，很多老师在教授教材的同时，给我们提出了宝贵的建议。为了让本套书更好地服务于广大老师和同学，我们根据一线老师的建议，开始着手教材的改版工作。改版后的丛书拥有"案例更多""行业知识更全""练习更多"等优点。在教学方法、教学内容和教学资源3个方面体现出自己的特色，更加适合现代教学的需要。

教学方法

本书设计了"情景导入→课堂案例→项目实训→课后练习→技巧提升"五段教学法，将职业场景、软件知识、行业知识进行有机整合，各个环节环环相扣，浑然一体。

- **情景导入**：本书围绕日常工作中的场景展开，以主人公的实习情景模式为例引入本章教学主题，并贯穿于课堂案例的讲解中，让学生了解相关知识点在实际工作中的应用情况。本书涉及的人物角色如下。

  米拉：职场新进人员，昵称小米。

  洪钧威：人称老洪，米拉的领导，也是米拉的"师傅"。

- **课堂案例**：以来源于职场和实际工作中的案例为主线，将米拉的职场路引入每一个课堂案例。因为这些案例均来自职场，所以应用性非常强。在每个课堂案例中，我们不仅讲解了案例涉及的Dreamweaver软件知识，还讲解了与案例相关的行业知识，并通过"行业提示"的形式展现出来。在案例的制作过程中，穿插有"知识提示""多学一招"小栏目，帮助提升学生的软件操作技能，拓展知识面。

- **项目实训**：结合课堂案例讲解的知识点和实际工作的需要进行综合训练。训练注重学生的自我总结和学习，所以在项目实训中，我们只提供适当的操作思路及步骤提示供参考，要求学生独立完成操作，充分训练学生的动手能力。同时增加与本实训相关的"专业背景"让学生提升自己的综合能力。

- **课后练习**：结合本章内容给出难度适中的上机操作题，可以让学生巩固强化所学知识。

- **技巧提升**：以本章案例涉及的知识为主线，深入讲解软件的相关扩展知识，让学生可以更便捷地操作软件，还可以学到软件的更多高级功能。

教学内容

本书的教学目标是循序渐进地帮助学生掌握Dreamweaver网页设计与制作的高级应用，具体包括Dreamweaver CS6网页制作基础、在网页中输入与格式化文本、插入图像与各种多媒体对象、布局网页版面、在网页中创建超链接、CSS与盒子模型的应用、模板和库的应用、表单和行为的应用、ASP动态网页的制作、网站的测试和发布等。全书共10章，可分为以下5个方面的内容讲解。

- **第1章**：主要讲解Dreamweaver CS6网页设计基础和站点的创建与管理等知识。
- **第2、3章**：主要讲解在网页中输入与格式化文本、插入图像和插入各种多媒体对象等知识。
- **第4~7章**：主要讲解在网页中使用超链接，使用表格、AP Div和框架布局网页，CSS与盒子模型的应用，模块和库的使用，表单和行为的使用等知识。
- **第8、9章**：主要讲解在网页中创建ASP动态网页以及测试与发布站点等知识。
- **第10章**：讲解了综合案例——植物网站的制作，进一步巩固所学知识。

平台支撑

人民邮电出版社充分发挥在线教育方面的技术优势、内容优势、人才优势，潜心研究，为读者提供一种"纸质图书+在线课程"相配套，全方位学习Dreamweaver网页设计的解决方案。读者可根据个人需求，利用图书和"微课云课堂"平台上的在线课程进行碎片化、移动化的学习，以便快速全面地掌握Dreamweaver网页设计以及与之相关联的其他软件。

"微课云课堂"目前包含近50000个微课视频，在资源展现上分为"微课云""云课堂"这两种形式。"微课云"是该平台中所有微课的集中展示区，用户可随需选择；"云课堂"是在现有微课云的基础上，为用户组建的推荐课程群，用户可以在"云课堂"中按推荐的课程进行系统化学习，或者将"微课云"中的内容进行自由组合，定制符合自己需求的课程。

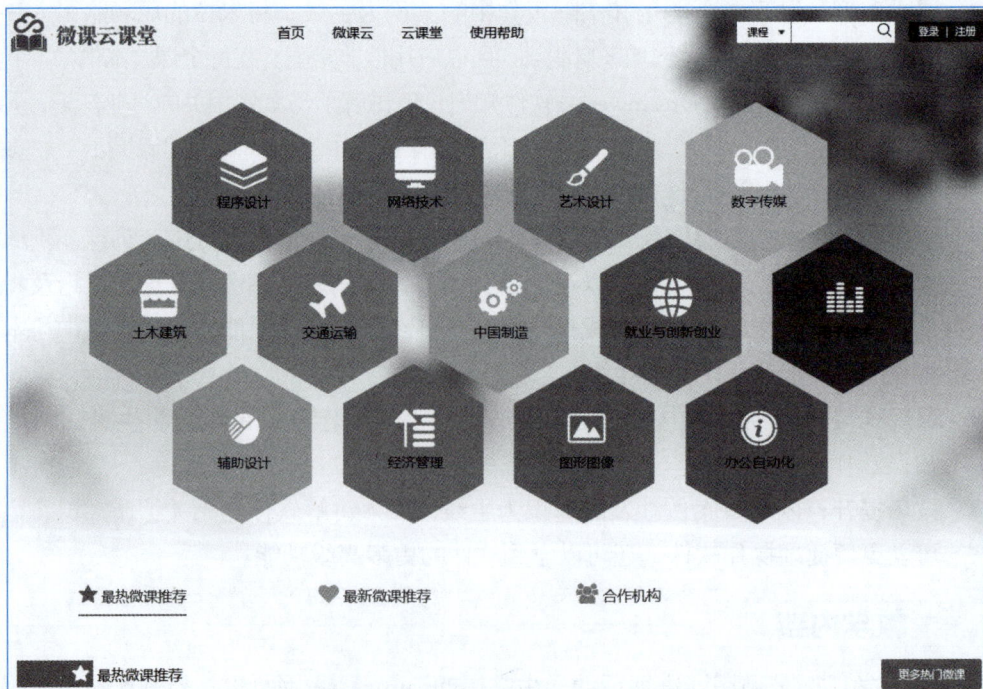

◇ **"微课云课堂"主要特点**

微课资源海量，持续不断更新： "微课云课堂"充分利用了出版社在信息技术领域的优势，以人民邮电出版社60多年的发展积累为基础，将资源经过分类、整理、加工以及微课化之后提供给用户。

资源精心分类，方便自主学习： "微课云课堂"相当于一个庞大的微课视频资源库，按照门类进行一级和二级分类，以及难度等级分类，不同专业、不同层次的用户均可以在平台中搜索自己需要或者感兴趣的内容资源。

多终端自适应，碎片化移动化： 绝大部分微课时长不超过十分钟，可以满足读者碎片化学习的需要；平台支持多终端自适应显示，除了在PC端使用外，用户还可以在移动端随心所欲地进行学习。

◇ **"微课云课堂"使用方法**

扫描封面上的二维码或者直接登录"微课云课堂"（www.ryweike.com）→用手机号码注册→在用户中心输入本书激活码（ee65f8f3），将本书包含的微课资源添加到个人账户，获取永久在线观看本课程微课视频的权限。

此外，购买本书的读者还将获得一年期价值168元的VIP会员资格，可免费学习50000个微课视频。

📚 教学资源

本书的教学资源包括以下几个方面的内容。

- **素材文件与效果文件：** 包含书中实例涉及的素材与效果文件。
- **模拟试题库：** 包含丰富的关于Dreamweaver的相关试题，读者可自动组合出不同的试卷进行测试。另外，本书还提供了两套完整模拟试题，以便读者测试和练习。
- **PPT课件和教学教案：** 包括PPT课件和Word文档格式的教学教案，以便老师顺利开展教学工作。
- **拓展资源：** 包含网页设计素材等。

特别提醒：要获取上述教学资源可访问人民邮电出版社人邮教育社区（http://www.ryjiaoyu.com/）搜索书名下载，或者发电子邮件至dxbook@qq.com索取。

本书涉及的所有案例、实训所讲解的重要知识点都提供了二维码，学生只需要用手机扫描即可查看对应的操作演示，以及知识点的讲解内容，方便学生灵活运用碎片时间，即时学习。

本书由刘解放、闵文婷任主编，李芳玲、王子轶、程淑玉任副主编，邢丹丹参编。虽然编者在编写本书的过程中倾注了大量心血，但恐百密之中仍有疏漏，恳请广大读者不吝赐教。

编者

2017年5月

目 录

CONTENTS

第4章 在网页中创建超链接 57

第5章 布局网页版面 78

第6章　CSS与盒子模型　107

第7章　模板、库、表单和行为的应用　137

CHAPTER 1

第1章

Dreamweaver CS6 网页制作基础

情景导入

米拉是刚到网络编辑部门报到的实习生，为了让她尽快上手公司业务，老洪决定带领米拉一起完成接下来的工作，以使米拉早日成为一名合格的网页设计师。

学习目标

● 熟悉网站制作的相关知识

如网站、网页的概念，网页常用术语，网页色彩搭配，HTML标记语言，以及Dreamweaver CS6的工作界面等。

● 掌握"千履千寻"公司网站站点的创建方法

如网站开发流程，网页设计内容和原则，站点规划，创建、编辑和管理站点等。

案例展示

▲ 赏析购物网站

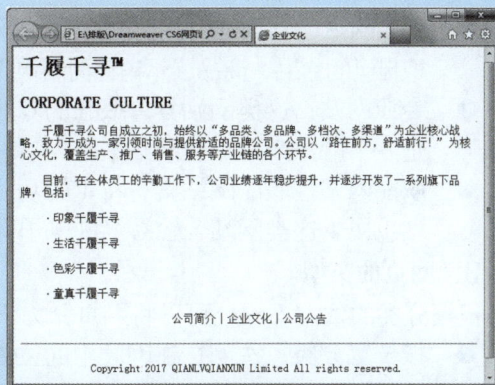

▲ 使用记事本制作"企业文化"网页

1.1 课堂案例：赏析购物网站

随着互联网时代的到来，网络已经完全融入到人们的生活中。在网络中，企业和个人通常会通过网站来展示自己，精美的网页设计，对于提升企业和个人形象至关重要。

米拉对于职场中的网站设计概念还很模糊，于是老洪挑选了一个比较优秀的网站效果图给米拉，让她在赏析的同时，能够了解到网站制作的相关基础知识。

素材所在位置 素材文件\第1章\课堂案例\购物网站.jpg

1.1.1 网站概述

在网络中，几乎所有的网络活动都与网页有关，要想学习网页制作，就需要先了解一些网页的基本知识，下面分别进行介绍。

1．网站和网页的关系

互联网是由成千上万个网站组成的，而每个网站又是由诸多网页构成，因此可以说网站是由网页组成的一个整体。下面分别对网站和网页进行介绍。

- **网站**：在Internet中根据一定规则，使用HTML等工具制作的用于展示特定内容的相关网页集合。通常网站的作用是发布资讯或提供相关服务。
- **网页**：网页是Internet中的页面，在浏览器的地址栏中输入网站地址打开的页面就是网页。网页是构成网站的基本元素，是网站应用平台的载体。

2．网站的类型

网站是多个网页的集合，按网站内容可将网站分为5种类型：门户网站、企业网站、个人网站、专业网站、职能网站，下面将分别对这几种类型进行讲解。

- **门户网站**：门户网站是一种综合性网站，涉及领域非常广泛，包含文学、音乐、影视、体育、新闻、娱乐等方面的内容，还具有论坛、搜索和短信等功能。国内较著名的门户网站有新浪、搜狐、网易等。
- **企业网站**：企业网站是为了在互联网上展现企业形象和公司产品，以对企业进行宣传而建设的网站。一般是以公司名义开发创建，其内容、样式和风格等都是为了展示自身的企业形象。
- **个人网站**：个人网站是指个人或团体因某种兴趣，拥有某种专业技术，提供某种服务或把自己的作品、商品展示销售而制作的具有独立空间域名的网站，具有较强的个性化。
- **专业网站**：这类网站具有很强的专业性，通常只涉及某一个领域，如太平洋电脑网是一个电子产品专业网站平台。
- **职能网站**：职能网站具有特定的功能，如政府职能网站等。目前流行的电子商务网站也属于这类网站，较有名的电子商务网站有淘宝网、卓越网和当当网等。

3．网页的类型

根据分类的依据不同，可以将网页分为不同的类型，下面分别进行介绍。

- **按位置分类**：按网页在网站中的位置可将其分为主页和内页。主页是指网站的主要导航页面，一般是进入网站时打开的第一个页面，也称为首页；内页是指与主页相链接的页面，也就是网站的内部页面。

- **按表现形式分类**：按网页的表现形式可将网页分为静态网页和动态网页。静态网页是指用HTML语言编写的、实际存在的网页文件，它无法处理用户的信息交互过程，其后缀名为.html或.htm；动态网页是使用ASP、PHP、JSP和CGI等程序生成，常与数据库结合使用，使网页产生动态效果，可以处理复杂用户信息的交互过程，其后缀名为.asp、.php、.jsp。

4．网站的结构

网站结构的设计与规划，对整个网站的最终呈现效果起着至关重要的作用，它不但直接关系到页面结构的合理性，同时还在一定程度上映射出该网站的类型定位。下面对网站常见的结构进行介绍。

- **国字型**：国字型是最常见的一种布局方式，其上方为网站标题和广告条，中间为正文，左右分列两栏，用于放置导航和工具栏等，下方是站点信息。
- **拐角型**：与"国字型"相似，上方为标题和广告条，中间左侧较窄的一栏放超链接一类的功能，右侧为正文，下面为站点信息。
- **标题正文式**：这种结构的布局方式比较简单，主要用于突出需要表达的重点，通常最上方为通栏的标题和导航条，下方是正文部分。
- **封面式**：常用于显示宣传网站首页，常以精美的大幅图像为主题，设计方式多为Flash动画。

5．网页的基本构成元素

文本、图像、超链接和音视频等元素是构成网页的基本元素，通过这些元素的组合，能够将网页制作成各种不同类型、风格的页面。下面分别对这些元素进行介绍。

- **文本**：文本具有体积小、网络传输速度快等特点，可以使用户更方便地浏览和下载文本信息，是网页最主要的基本元素，也是页面中最主要的信息载体。
- **图像**：图像比文本更加生动和直观，可以传递一些文本不能表达的信息，具有强烈的视觉冲击力。网页中的网站标识、背景、链接等都可以是图像。
- **超链接**：用于指定从一个位置跳转到另一个位置的超链接，可以是文本链接、图像链接、锚链接等。超链接可以在当前页面中进行跳转，也可以在页面外进行跳转。
- **音频**：音频文件可以使网页效果更加多样化，网页中常用的音乐格式有mid、mp3。其中mid为通过计算机软硬件合成的音乐，不能被录制；而mp3为压缩文件，其压缩率非常高，音质也不错，是背景音乐的首选。
- **视频**：网页中的视频文件一般为flv格式，它是一种基于Flash MX的视频流格式，具有文件小、加载速度快等特点，是网络视频格式的首选。
- **动画**：网页中常用的动画格式主要有两种，分别是GIF动画和SWF动画。GIF动画是逐帧动画，相对比较简单，而SWF动画则更富表现力和视觉冲击力，还可结合声音和互动功能，吸引浏览者的眼球。

1.1.2 网页常用术语

网页设计有其专业的常用术语，如Internet、WWW、浏览器、URL、IP、域名、HTTP、FTP、站点、发布、超链接、导航条、客户机和服务器等，作为一名网页设计师，必须熟练掌握这些常用术语。

1．Internet

Internet又名互联网或因特网，是由各种不同类型的计算机网络连接起来的全球性网络。

2．WWW

WWW是"World Wide Web，万维网"的缩写，简称Web，其功能是让Web客户端（常用浏览器）访问Web服务器中的网页。

3．浏览器

浏览器是将Internet中的文本文档和其他文件翻译成网页的软件，通过浏览器可以快捷地获取Internet中的内容。常用的浏览器有Internet Explorer、Firefox、Chrome等。

4．URL

URL的中文名称是"统一资源定位符"，用于指定通信协议和地址，如"http://www.baidu.com"就是一个URL，其中，"http://"表示通信协议为超文本传输协议，"www.baidu.com"表示网站名称。

5．IP

IP（Internet Protocol的缩写）即网际协议。Internet中的每台计算机都有唯一的IP地址，表示该计算机在Internet中的位置。IP实际是由32位的二进制数（分为4段）组成，每段8位，各部分用小数点分开。IP通常分为3类，具体如下。

- **A类：** IP前8位表示网络号，后24位表示主机号，有效范围为1.0.0.1~126.255.255.254。
- **B类：** IP前16位表示网络号，后16位表示主机号，有效范围为128.0.0.1~191.255.255.254。
- **C类：** IP前24位表示网络号，后8位表示主机号，有效范围为192.0.0.1~222.255.255.254。

6．域名

域名指网站的名称，任何网站的域名都是全世界唯一的。通常把域名看成网站的网址，如"www.baidu.com"就是百度网的域名。域名由固定的网络域名管理组织进行全球统一管理。域名需向各地的网络管理机构进行申请才能获取。域名的书写格式为："机构名.主机名.类别名.地区名"。如新浪网的域名为"www.sina.com.cn"，其中"www"为机构名，"sina"为主机名，"com"为类别名，"cn"为地区名。

7．HTTP

HTTP即超文本传输协议，是互联网上应用最为广泛的一种网络协议。所有的WWW文件都必须遵守这个标准。

8．FTP

FTP是文件传输协议的简称，通过这个协议，可以把文件从一个地方传到另外一个地方，从而真正地实现资源共享。

9．站点

站点是内容管理平台中主要管理的逻辑单元，站点管理是对一个Internet的站点进行组织、维护和管理的功能集合。站点可分为父站点和子站点（站点和虚拟目录），通过站点管理，用户可以根据自己的需要设计出自己的网站结构。通俗一点地说，一个站点就是一个网站所有内容所存放的文件夹。Dreamweaver的使用是以站点为基础的，必须为每一个要处理的网站建立一个本地站点。

10．发布

发布指将制作好的网页传到网络上的过程，也称为上传网站。

11．超链接

超链接是指从一个网页指向一个目标的连接关系，这个目标可以是另一个网页，可以是相同网页的不同位置，也可以是一个图片、一个电子邮件地址、一个文件，甚至是一个程序。在浏览网页时单击超链接就能跳转到与之相应的页面。图1-1所示的网页中即同时包含文本超链接和图片超链接。

图1-1 超链接

12．导航条

导航条链接了网页的其他页面，就如同一个网站的路标，只要单击导航条中的超链接就能进入对应的页面。

13．客户机和服务器

用户浏览网页时，实际是由个人计算机向Internet中的计算机发出请求，Internet中的计算机在接受到请求后响应请求，将需要的内容通过Internet发到个人计算机上，这种发送请求的个人计算机称为客户机或客户端，而Internet中的计算机称为服务器或服务端。

1.1.3 网页色彩搭配

良好的色彩搭配能够给网页访问者带来很强的视觉冲击力，加深访问者对网页的印象，是制作优秀网页的前提。下面将对网页色彩的相关知识进行介绍。

1．网页安全色

即使为网站设计了很漂亮的配色方案，但由于浏览器、显示器分辨率、电脑配置等的不同，网页呈现在各浏览者眼前的效果也不相同。为了避免这种情况，就需要了解并使用网页安全色进行网页配色。

网页安全色是指在不同硬件环境、不同操作系统、不同浏览器中都能够正常显示的颜色集合（调色板或者色谱）。当使用网页安全色进行配色后，这些颜色在任何终端用户的显示设备上都将显示为相同的效果。

网页安全色是当红色（Red），绿色（Green），蓝色（Blue）颜色的数字信号值（DAC Count）为0、51、102、153、204、255时构成的颜色组合，一共有216种颜色（其中彩色有210种，无彩色有6种）。在Dreamweaver CS6中，系统提供了这些颜色，可以直接在颜色板中单击▶按钮展开色板，然后选择需要的颜色，如图1-2所示。

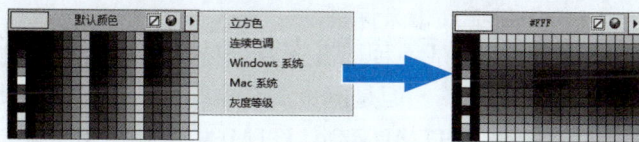

图1-2 Dreamweaver色彩

5

网页安全色在需要实现高精度的渐变效果、显示真彩图像或照片时有一定的欠缺，我们并不需要刻意局限使用这216种安全色来进行网页的设置，而是应该更好地搭配安全色和非安全色，以使制作出的网页具有个性和创意的设计风格。

2．色彩表达方式

在Dreamweaver中，颜色值最常见的表达方式是十六进制。十六进制是计算机中数据的一种表示方法，由数字0~9，字母A~F组成（字母不区分大小写）。颜色值可以采用6位的十六进制来进行表示，并且需要在前面加上特殊符号"#"，如#0E533D。

除此之外，还可通过RGB、HSB、Lab、CMYK来进行表示。RGB色彩模式是通过对红（R）、绿（G）、蓝（B）3个颜色通道的变化以及它们相互之间的叠加来得到各式各样的颜色，是目前运用最广的颜色系统之一。HSB色彩模式是普及型设计软件中常见的色彩模式，其中H代表色相，S代表饱和度，B代表亮度。Lab颜色模型由亮度（L）、a和b两个颜色通道组成，a包括的颜色是从深绿色（低亮度值）到灰色（中亮度值）再到亮粉红色（高亮度值），b是从亮蓝色（底亮度值）到灰色（中亮度值）再到黄色（高亮度值），因此这种颜色混合后将产生具有明亮效果的色彩。CMYK也称作印刷色彩模式，由青、洋红（品红）、黄和黑4种色彩组合成各种颜色。

3．网页中常用的色彩搭配方式

下面介绍两种网页设计中常用的色彩搭配方式。

- **采用相近色配色**：相近色是指相同色系的颜色。使用相近色进行网页色彩的搭配，可以使网页的效果更加统一和谐。如暖色调和冷色调就是相近色的两种运用。
- **采用对比色配色**：在色相环中每一个颜色与其对面（180°）的颜色，称为互补色，也是对比最强的色组。也可以是指两种可以明显区分的色彩，包括色相对比、明度对比、饱和度对比、冷暖对比等，如黄和蓝、紫和绿、红和青。任何色彩和黑、白、灰，深色和浅色，冷色和暖色，亮色和暗色都是对比色关系。

1.1.4　HTML标记语言

HTML是网页设置的语法基础，常称它为超文本标记语言（Hypertext Markup Language），是一种用于描述网页文档的标记语言。

1．HTML概念

HTML是标准通用标记语言下的一个应用，也是一种规范，一种标准，它通过标记符号来标记要显示在网页中的各个部分。网页文件本身是一种文本文件，通过在其中添加标记符，可告诉浏览器如何显示其中的内容，如文字如何处理，画面如何安排，图片如何显示等。

HTML语言文档制作不复杂，但功能却很强大，支持不同数据格式的文件镶入，包括图片、声音、视频、动画、表单和超链接等内容，这也是它在互联网中盛行的原因之一，其主要特点如下。

- **简易性**：HTML语言版本升级采用超集方式，从而更加灵活方便。
- **可扩展性**：HTML语言的广泛应用带来了加强功能、增加标识符等要求，它采取子类元素的方式，为系统扩展带来保证。
- **平台无关性**：HTML语言是一种标准，对于使用同一标准的浏览器，在查看一份HTML文档时显示是一样的。但是网页浏览器的种类众多，为让不同标准的浏览器用户查看同样显示效果的HTML文档，HTML语言就使用了统一的标准，从而能跨越在各个浏览器平台上进行显示。

2．HTML快速入门

HTML其实就是文本，它需要浏览器的解释，它的编辑软件大体可以分为3种。

● **基本文本、文档编辑软件**：使用Windows（视窗）自带的记事本或写字板都可以编写，不过保存时需使用.htm或.html作为扩展名，这样方便浏览器直接进行运行。

● **半所见即所得软件**：这种软件能大大提高开发效率，它可以使制作者在很短的时间内做出主页，且可以学习HTML，这种类型的软件主要有网页作坊、Amaya（万维网联盟）和HOTDOG等。

● **所见即所得软件**：使用最广泛的编辑软件，即使用户完全不懂HTML的知识也可以制作出网页，这类软件主要有Amaya、Dreamweaver。与半所见即所得的软件相比，这类软件的排序开发速度更快，效率更高，且直观表现力更强，对任何地方进行修改只需要刷新即可显示。

HTML语言非常简单，更容易上手，下面将通过打开一个HTML文件来进入HTML的快速入门学习。在IE浏览器中打开一个index.html文档，如图1-3所示。在网页空白处单击鼠标右键，在弹出的快捷菜单中选择"查看源文件"命令，查看网页HTML源文件，如图1-4所示。

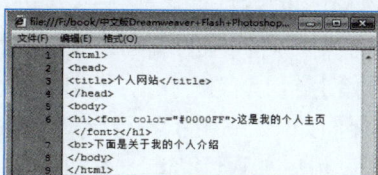

图1-3　浏览网页　　　　　图1-4　查看源文件

一个网页对应一个HTML文件，超文本标记语言文件以.htm或.html为扩展名。可以使用任何能够生成TXT类型源文件的文本编辑软件来产生超文本标记语言文件，只需修改文件名后缀即可。标准的超文本标记语言文件都具有一个基本的整体结构，标记一般都是成对出现（部分标记除外，如
），即超文本标记语言文件的开头<HTML>与结尾</HTML>标志和超文本标记语言的头部与实体两大部分。

（1）头部

<head>和</head>这两个标记符分别表示头部信息的开始和结尾。头部中包含的标记是页面的标题、序言、说明等内容，它本身不作为内容来显示，但影响网页显示的效果。头部中最常用的标记符是标题标记符和meta标记符，其中标题标记符用于定义网页标题内容的显示。

（2）实体

超文本标记语言正文标记符（<body>和</body>）又称为实体标记，网页中显示的实际内容均包含在这两个正文标记符之间。

（3）元素

HTML元素用来标记文本，表示文本的内容，如body、h1、p、title都是HTML元素。常见的元素标记如表1-1所示。

表1-1　常见的元素内容标记

名称	标记	示例及说明
超链接	<a></a>	<a href="url"> 显示的文字或图片 </a>
表格	<table>，行为 <tr>，单元格为 <td>	<table><tr><td> 行 </td></tr></table>
列表	<list>，列表为 <ul>，项为 <li>	<list><ul><li> 项目 </li><ul></list>

名称	标记	示例及说明
表单	<form></form>	<form><input type="submit" value=" 提交 "></form>
图片	<img>	<img src = "/images/ smile.jpg" alt=" 个人照片 ">
字体	<font></font>	<font color="#0000FF"> 这是我的个人主页 </font>

（4）元素的属性

HTML元素可以拥有属性。属性可以扩展HTML元素的功能。比如可以使用一个font属性，使文字变为蓝色，即<font color="#0000FF">。

属性通常由属性名和值成对出现，如color="#0000FF"。上面例子中的font和color就是属性名，#0000FF就是属性值，属性值一般用双引号标记起来。

1.1.5 常用网页制作软件——Dreamweaver CS6

现在网页制作工具种类繁多，比较常用的是Dreamweaver，主流版本Dreamweaver CS6支持最新的XHTML和CSS标准，它能够在可视化编辑窗口中通过鼠标拖动的方式快速制作网页效果，减少了用户对代码的编写，使网页设计过程变得简单。

选择【开始】/【所有程序】/【Adobe Dreamweaver CS6】菜单命令即可启动Dreamweaver CS6，其工作界面如图1-5所示。与早期的Dreamweaver版本相比，Dreamweaver CS6的工作界面更加简洁，设计更加人性化，易用性也更强。下面分别介绍Dreamweaver CS6工作界面的各个组成部分。

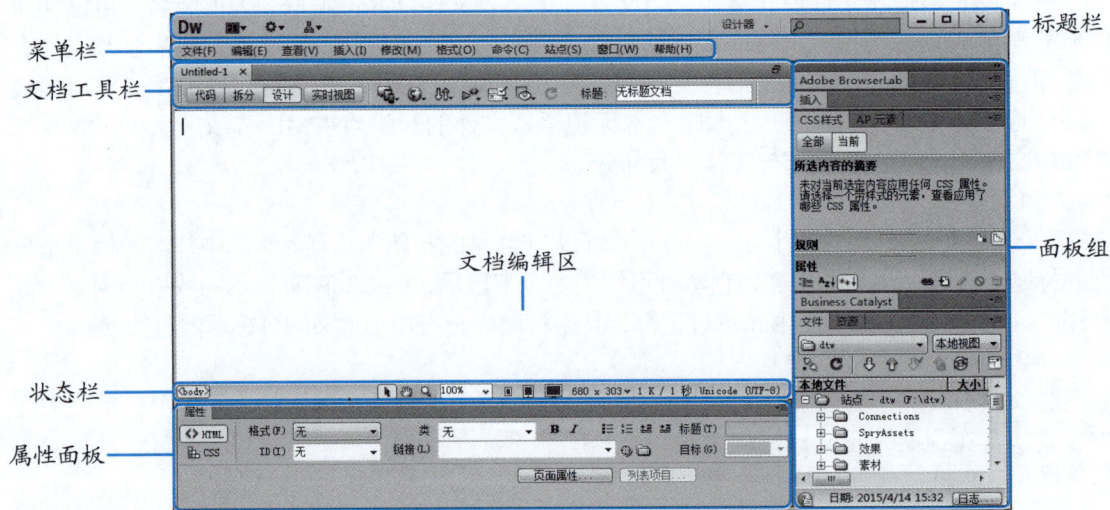

图1-5 Dreamweaver CS6的操作界面

1. 标题栏

Dreamweaver CS6的标题栏将一些非常实用的操作功能集合到了一起，包括"布局"按钮、"扩展"按钮、"站点"按钮和"设计器"按钮等，单击这些按钮可快速执行相应的命令。若将Dreamweaver CS6的工作界面最大化，那么菜单栏将直接与标题栏合并，位于Dreamweaver CS6图标和按钮之间，这样的布局也为文档编辑区提供了更大的操作空间。

2．菜单栏

菜单栏位于标题栏下方，以菜单命令的方式集合了Dreamweaver网页制作的所有命令，单击某个菜单项，在打开的菜单中选择相应的命令即可执行对应的操作。

3．文档工具栏

文档工具栏位于菜单栏下方，主要用于显示页面名称、切换视图模式、查看源代码、设置网页标题等操作。Dreamweaver CS6提供了多种查看代码的方式。

- **设计视图**：仅在文档窗口中显示页面的设计界面。在文档工具栏中单击 设计 按钮即可切换到该视图，如图1-6所示。

图1-6　设计视图

- **代码视图**：仅在文档窗口中显示页面的代码，适合于代码的直接编写。在文档工具栏中单击 代码 按钮即可切换到该视图，如图1-7所示。

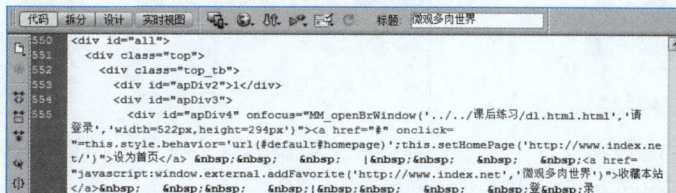

图1-7　代码视图

- **拆分视图**：该视图可在文档窗口中同时显示代码视图和设计视图。在文档工具栏中单击 拆分 按钮即可切换到该视图，如图1-8所示。

- **实时视图**：当切换到该视图模式时，可在页面中显示JavaScript特效。在文档工具栏中单击 实时视图 按钮即可切换到该视图，如图1-9所示。

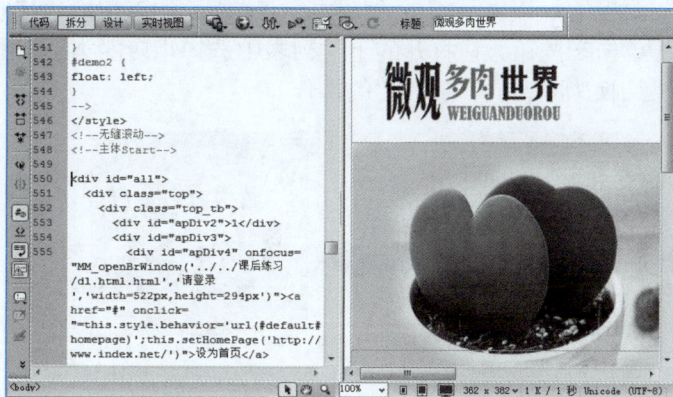

图1-8　拆分视图

图1-9　实时视图

4.面板组

默认情况下，面板组位于操作界面右侧，按功能可将面板组分为以下3类。

● **设计类面板**：设计类面板包括"CSS样式"和"AP元素"两个面板，如图1-10所示。"CSS样式"面板用于CSS样式的编辑操作，依次单击面板右下角的按钮，可实现扩展、新建、编辑、删除等操作。"AP元素"面板可分配有绝对位置的Div或任何HTML标签，通过"AP元素"面板可进行避免重叠，更改其可见性、嵌套或堆叠、选择等操作。

● **文件类面板**：文件类面板包括"文件""资源"和"代码片段"3个面板，如图1-11所示。在"文件"面板中可查看站点、文件或文件夹，用户可更改查看区域大小，也可展开或折叠"文件"面板，当折叠时则以文件列表的形式显示本地站点等内容。"资源"面板可管理当前站点中的资源，显示了文档窗口中相关的站点资源。"代码片段"面板收录了一些非常有用或经常使用的代码片段，以方便用户使用。

● **应用程序类面板**：应用程序类面板包括"数据库""服务器行为"和"绑定"3个面板，如图1-12所示。使用这类面板可链接数据库、读取记录集，使用户能够轻松创建动态的Web应用程序。

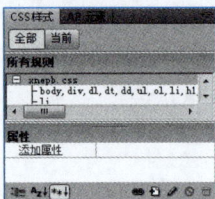

图1-10 设计类面板	图1-11 文件类面板	图1-12 应用程序类面板

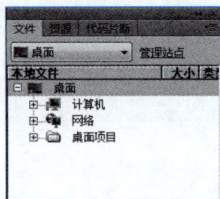

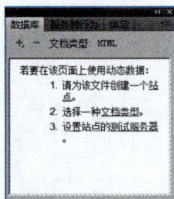

Dreamweaver CS6的面板组可操作性强，其中相关操作如下。

● **打开"插入"面板**：选择【窗口】/【插入】菜单命令或按【Ctrl+F2】组合键。

● **展开"插入"面板**：双击"插入"面板的【插入】标签可展开其中的内容，再次双击可折叠其中的内容。

● **关闭"插入"面板**：在【插入】标签上单击鼠标右键，在弹出的快捷菜单中选择【关闭】命令。

● **切换"插入"栏**："插入"面板中默认显示的是"常用"插入栏，如需切换到其他类别，可在展开插入栏后，单击▼按钮，在打开的下拉列表中选择相应的类别。图1-13所示为"常用"插入栏切换为"布局"插入栏的操作。

图1-13 切换插入栏

● **切换面板**：当面板组中包含多个标签时，单击相应的标签即可显示对应的面板内容，图1-14所示为单击"AP元素"标签后切换到"AP元素"面板的过程。

● **移动面板**：拖曳某个面板标签至该面板组或其他面板组上，当出现蓝色框线后释放鼠标即可移动该面板，图1-15所示为将"代码片段"面板移动到"AP元素"面板右侧的过程。通过此方法可将常用面板组成一个组。

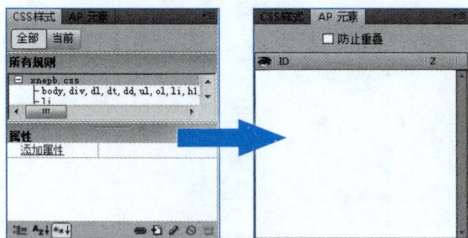

图1-14　切换面板　　　　　　　　图1-15　移动面板

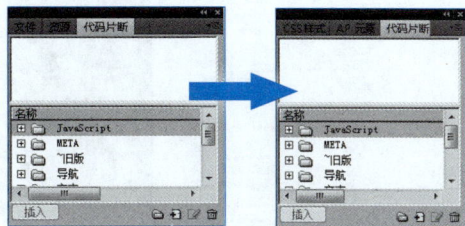

5．文档编辑区

文档编辑区是用来输入和编辑网页文档内容的区域。文档编辑区中有一个不断闪烁的竖线光标，即"插入点"，用于定位对象的输入位置。

6．状态栏

状态栏位于文档编辑区下方，其中各个按钮的作用介绍如下。

● **标签选择器⟨body⟩**：显示常用的HTML标签，单击相应标签可以很快地选择编辑区中的某些对象。

● **选取工具**：选择该工具后，可以在设计视图中选择各种对象。

● **手形工具**：选择该工具后，在设计视图中拖曳鼠标指针可移动整个网页，从而查看未显示出的网页内容。

● **缩放工具**：选择该工具后，在设计视图中单击鼠标可以放大显示设计视图中的内容；按住【Alt】键的同时单击鼠标，可缩小显示设计视图中的内容；若单击并拖曳鼠标指针，则被绘制的矩形框框住的部分将被放大显示。

● **"设置缩放比率"下拉列表框**：用于设置设计视图的缩放比率。

● **"窗口大小"栏**：显示当前设计视图的尺寸。

● **"文件大小"栏**：显示当前网页文件的大小以及下载时需要的时间。

7．属性面板

属性面板位于Dreamweaver CS6底部，用于查看和设置所选对象的各种属性。

1.1.6 从结构、内容和形式上赏析网站

随着网上购物的普及，购物类网站的网页设计也发生着变化，其中典型的就是界面更加丰富多样化，内容功能也更加强大。图1-16所示为一个购物类型的网站首页。

● **从页面内容上看**：该网站是一个典型的购物网站。

● **从结构布局上看**：该页面是拐角型结构，即页面开始位置到导航位置为一行，中间左侧是链接条目，右侧放置的是主要内容，页面最下方的注明等内容为一行。

● **从表现形式上看**：网页中间的主要内容用大图片来展现，吸引购买者眼球，另外通过右侧的图片轮显动画效果增加了视觉效果和交互功能。

● **从配色上看**：整个页面颜色非常统一，且对图片都进行了一个主色调处理，背景颜色、文字颜色、商品图片颜色搭配协调。

11

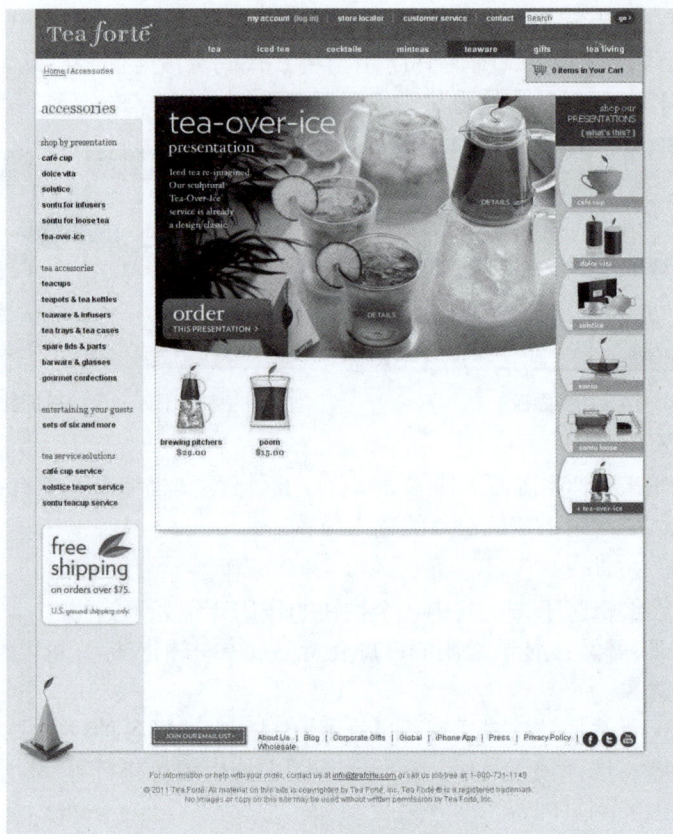

图1-16　购物类网站页面

1.2　课堂案例：创建"千履千寻"公司站点

经过一段时间的学习，米拉终于对网页制作的相关基础知识有了一定的了解，今天，老洪就要带着米拉正式开始网站的设计制作了。

本例中在进行站点创建前，需要先了解网站的开发流程、网页设计的内容和原则，然后根据这些流程和原则来规划"千履千寻"公司站点的内容，再在计算机中创建本地站点，最后检查创建的站点，对于不合理的站点文件或文件夹进行编辑和管理。

1.2.1　商业网站开发流程

对于专门从事网站开发的公司来说，网站开发是根据客户的需求进行的，商业网站的基本开发流程如图1-17所示，这些流程主要分为"需求分析""项目开发""确认验收"3个阶段，每个环节都应有相应的责任人。

1．需求分析阶段

在这一阶段，需求分析人员首先设计出站点的站点结构，然后规划站点所需功能、内容结构页面等，经客户确认后才能进行下一步的操作。在这一过程中，需要与客户紧密合作，认真分析客户提出的需求以减少后期再变更的可能性。

2．实现阶段

在功能、内容结构页面被确认后，可以将功能、内容结构页面交付给美工人员进行美术设计，随后再让客户通过设计界面进行确认，当客户对美术设计确认以后可以开始为客户制作静态站点。再次对客户进行演示，在此静态站点上直至将界面设计和功能修改到客户满意。随后进行数据库设计和编码开发。

3．发布阶段

整个网站制作完成后，需要先对网站进行测试，检查网页的美观度、易用性、是否有编码错误等。测试通过后即可试运行，试运行阶段编码人员还需根据收集到的日志进行排错、测试，直至最后交付客户使用。

1.2.2 网页设计的内容和原则

了解商业网站开发流程后，还需要熟悉网页设计的内容和原则，以便在进行站点规划和网页设计时能够达到满意的效果。

1．网页设计内容

网页设计内容包括以下几方面。

● **确定网站背景和定位**：确定网站背景是指在网站规划前，需要先对网站环境进行调查分析，包括开展社会环境调查、消费者调查、竞争对手调查、资源调查等。网站定位指在调查的基础上进行进一步的规划，一般是根据调查结果确定网站的服务对象和内容。需要注意的是网站的内容一定要有针对性。

● **确定网站目标**：网站目标是指从总体上为网站建设提供总的框架大纲，网站需要实现的功能等。

● **内容与形象规划**：网站的内容与形象是网站吸引浏览者的主要因素，与内容相比，多变的形象设计具有更加丰富的表现效果，如网站的风格设计、版式设计、布局设计等。这一过程需要设计师、编辑人员、策划人员的全力合作，才能达到内容与形象的高度统一。

● **网站推广**：网站推广是网页设计过程中必不可少的环节，一个优秀的网站，尤其是商业网站，有效的市场推广是成功的关键因素之一。

2．网页设计原则

网页设计与其他设计相似，需要内容与形式统一，另外还要遵循以下原则。

● **统一内容与形式**：好的信息内容应当具有编辑合理性与形式的统一性，形式是为内容服务的，而内容需要利用美观的形式才能吸引浏览者的关注，就如同产品与包装的关系，包装对产品销售有着重大的作用。网站类型的不同，其表现风格也不同，

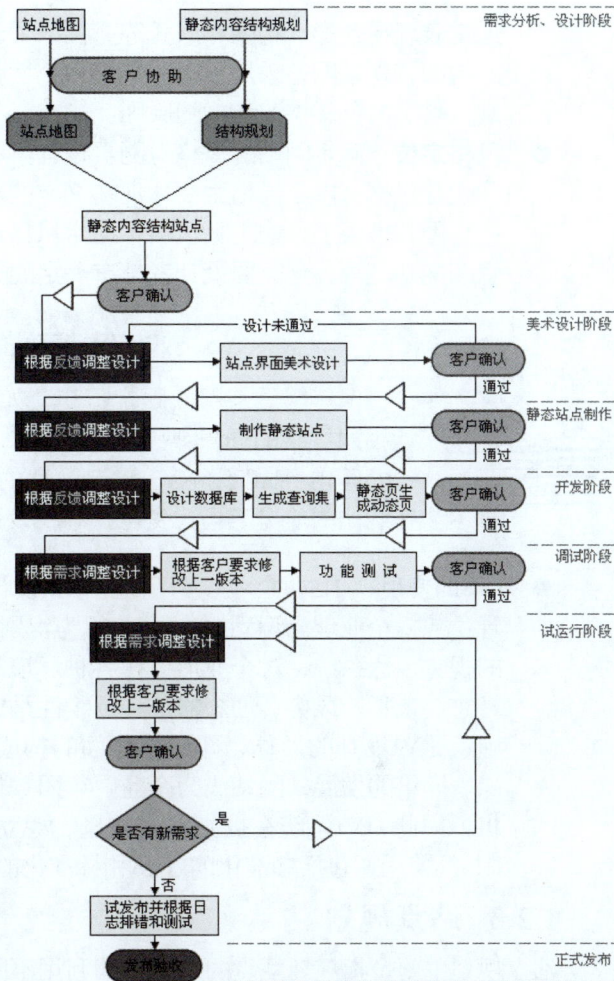

图1-17　商业网站开发流程图

通常表现在色彩、构图和版式等方面，如新闻网站设计时采用简洁的色彩和大篇幅的构图，娱乐网站采用丰富的色彩和个性化的排版等。总之，设计时一定要采用美观、科学的色彩搭配和构图原则。

- **风格定位：** 确定网站的风格对网页设计具有决定性的作用，网站风格包括内容风格和设计风格。内容风格主要体现在文字的展现方法和表达方法上，设计风格则体现在构图和排版上，如主页风格，通常风格设计依赖于版式设计、页面色调处理、注意图文并茂等，这需要设计者具有一定的美术资质和修养。

多学一招

如何保持网站内部设计风格统一

保持网页某部分固定不变，如Logo、徽标、商标或导航栏等，或设计相同风格的图表或图片。通常，上下结构的网站保持导航栏和顶部的Logo等内容固定不变，需要注意的是不能陷入一个固定不变的模式，要在统一的前提下寻找变化，寻找设计风格的衔接和设计元素的多元化。

- **CIS的使用：** CIS即企业识别系统，CIS设计是企业、公司、团体在形象上的整体设计，包括企业理念识别MI、企业行为识别BI、企业视觉识别VI三部分，VI是CIS中的视觉传达系统，对企业形象在各种环境下的应用进行了合理的规定。在网站中，标志、色彩、风格、理念的统一延续性是VI应用的重点。将VI设计应用于网页设计中，是VI设计的延伸，即网站页面的构成元素以VI为核心，并加以延伸和拓展。随着网络的发展，网站成为企业、集团宣传自身形象和传递企业信息的一个重要窗口，因此，VI系统在提高网站质量、树立专业形象等方面起着举足轻重的作用。CIS的使用还包括标准化的Logo和标准化的色彩两部分。

1.2.3　站点规划

站点规划主要是指规划站点的结构，即利用不同的文件夹将不同的网页内容分门别类地保存，从而提高工作效率，加快站点的构建速度。

1．前期策划和内容组织

在制作网站前，需要先对网站进行准确的定位，明确网站的功用，网站的主题与类型确定好后即可开始规划网站的栏目和目录结构，以及页面布局等项目。

一般来讲，最常采用的方法是树型模式规划法。本例的"千履千寻"站点也将按照这种模式进行规划，首先是网站首页，然后按不同内容分成多个页面，每个页面也可根据需要再进行细分，图1-18所示为"千履千寻公司"站点的基本规划情况。

图1-18　"千履千寻公司"站点结构规划

2．整理和搜集资料

在制作网页前应先收集要用到的文字资料、图片素材及用于增添页面特效的动画等元素，并将其分类保存在相应的文件夹中。

何时向客户收取网页制作费用

通常在网站草图确定后，网页效果图设计期间就可以先预算网站制作费用、域名与虚拟主机费用以及后期维护和技术支持费用等。

1.2.4 创建本地站点

下面以新建"千履千寻"本地站点为例，介绍站点的创建方法，其具体操作如下。

微课视频

创建本地站点

（1）选择【站点】/【新建站点】菜单命令，在打开对话框的"站点名称"文本框中输入"qlqxsite"，单击"本地站点文件夹"文本框右侧的"浏览文件夹"按钮，如图1-19所示。

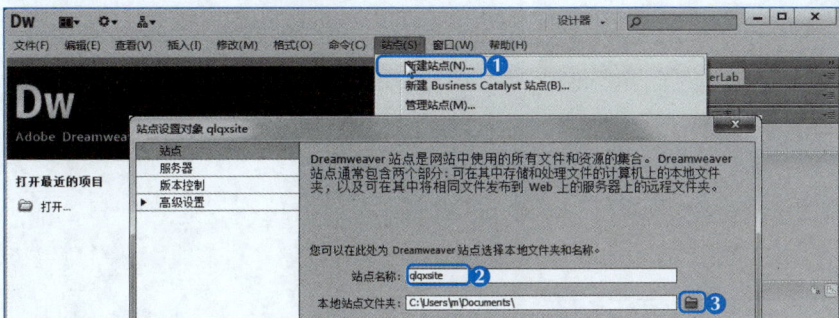

图1-19 设置站点名称

（2）打开"选择根文件夹"对话框，在"选择"下拉列表框中选择D盘中事先创建好的"wangye"文件夹，单击 选择(S) 按钮，如图1-20所示。返回"站点设置对象qlqxsite"对话框，单击 保存 按钮。

（3）稍后在面板组的"文件"面板中即可查看到创建的站点，如图1-21所示。

图1-20 设置站点保存位置

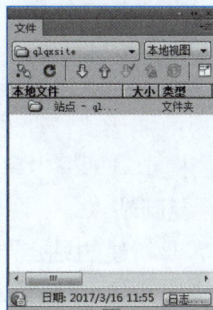

图1-21 查看创建的站点

1.2.5　管理站点

创建好本地站点后，可对创建的站点进行管理，如编辑站点、删除站点和复制站点等操作，下面分别介绍。

1．编辑站点

下面以更改"千履千寻公司"站点的"Web URL"为例，介绍编辑站点的方法，其具体操作如下。

（1）选择【站点】/【管理站点】菜单命令，打开"管理站点"对话框，在其中的列表框中选择"qlqxsite"，单击"编辑"按钮 🖉，如图1-22所示。

（2）在打开的对话框左侧单击"高级设置"选项旁的 ▶ 按钮，在展开的列表中选择【本地信息】选项，在"Web URL"文本框中输入"http://localhost/"，然后单击 保存 按钮，如图1-23所示。

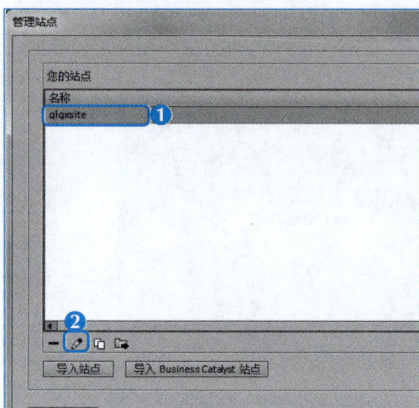

图1-22　编辑"千履千寻"站点　　　　　图1-23　设置Web URL

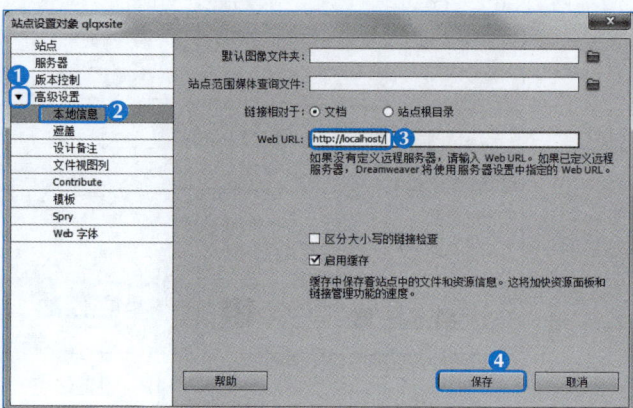

（3）打开提示对话框，单击 确定 按钮，再单击 完成 按钮关闭"管理站点"对话框。

知识提示

为什么要指定Web URL

指定Web URL后，Dreamweaver才能使用测试服务器显示数据并连接到数据库，其中测试服务器的Web URL由域名和Web站点主目录的任意子目录或虚拟目录组成。

2．删除站点

不再需要的站点应该及时删除，这样不仅便于管理，而且也能释放更多资源。删除站点的方法为：打开"管理站点"对话框，在列表框中选择要删除的站点，单击 删除(R) 按钮，在打开的提示对话框中单击 是(Y) 按钮即可删除站点。

3．复制站点

当需要新建的站点与当前站点的设置相似时，可利用复制站点的方法来快速新建。下面以复制"千履千寻"站点为例，介绍复制站点的方法，其具体操作如下。

（1）打开"管理站点"对话框，在列表框中选择"qlqxsite"，单击

"复制"按钮 ⊡ 复制站点,再单击"编辑"按钮 ✎ ,如图1-24所示。

(2)打开设置站点的对话框,按新建站点的方法重新设置此站点的名称和保存位置,单击 保存 按钮,如图1-25所示。返回"站点管理"对话框,单击 完成(D) 按钮。

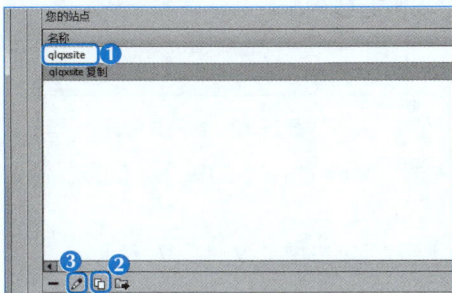

图1-24 复制站点   图1-25 编辑站点

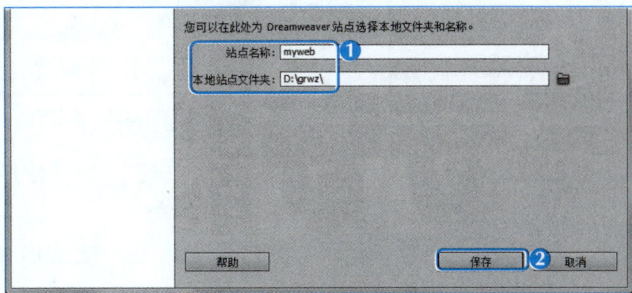

1.2.6 管理站点文件和文件夹

为了更好地管理网页和素材,下面以管理"千履千寻"站点的文件和文件夹为例,介绍新建、重命名、复制和删除文件与文件夹的方法,其具体操作如下。

(1)在"文件"面板的"站点-qlqxsite"选项上单击鼠标右键,在弹出的快捷菜单中选择【新建文件】命令,如图1-26所示。

(2)新建文件的名称呈可编辑状态,输入"index"(首页)后按【Enter】键确认,如图1-27所示。

(3)继续在"站点-qlqxsite"选项上单击鼠标右键,在弹出的快捷菜单中选择【新建文件夹】命令,如图1-28所示。

(4)将新建的文件夹名称设置为"gsjs"(公司介绍)后按【Enter】键,如图1-29所示。

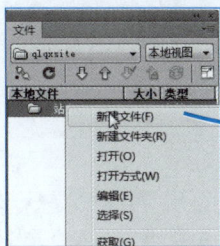

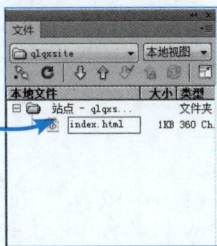

图1-26 新建文件   图1-27 命名文件   图1-28 新建文件夹   图1-29 命名文件夹

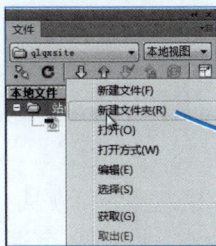

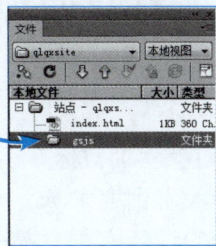

(5)按相同方法在创建的"gsjs"文件夹上利用右键菜单创建3个文件和一个文件夹,其中3个文件的名称依次为"gsjj.html"(公司简介)、"qywh.html"(企业文化)和"gsgg.html"(公司公告),文件夹的名称为"img",用于存放图片,如图1-30所示。

(6)在"gsjs"文件夹上单击鼠标右键,在弹出的快捷菜单中选择【编辑】/【拷贝】命令,如图1-31所示。

(7)继续在"gsjs"文件夹上单击鼠标右键,在弹出的快捷菜单中选择【编辑】/【粘贴】命令,如图1-32所示。

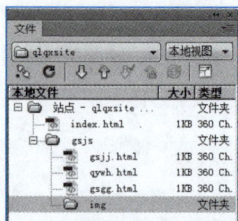

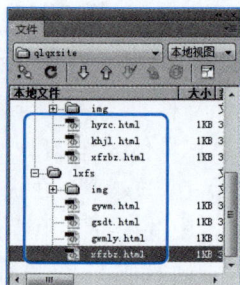

图1-30　创建文件和文件夹　　　　图1-31　复制文件夹　　　　图1-32　粘贴文件夹

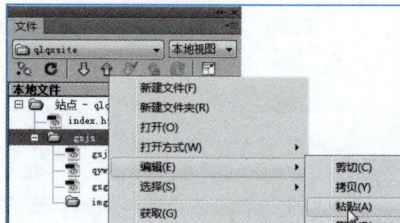

（8）在粘贴得到的文件夹上单击鼠标右键，在弹出的快捷菜单中选择【编辑】/【重命名】命令，如图1-33所示。

（9）输入新的名称"qxcp"（旗下产品），按【Enter】键打开"更新文件"对话框，单击 更新(U) 按钮，如图1-34所示。

（10）按相同方法复制、重命名并更新文件和文件夹，如图1-35所示。

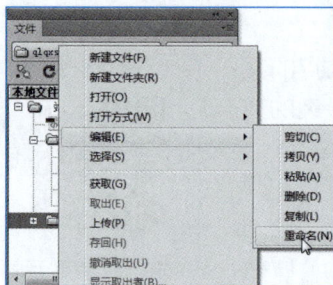

图1-33　重命名文件夹　　　　图1-34　更新文件链接　　　　图1-35　复制文件和文件夹

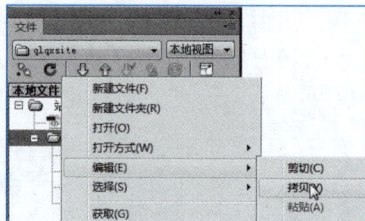

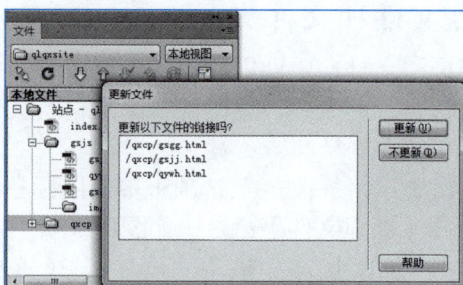

（11）如果文件夹中包含了多余的文件，可在选择该文件选项后按【Delete】键，在打开的提示对话框中单击 是(Y) 按钮进行删除。

1.3　项目实训

1.3.1　规划"果蔬网"网站

1．实训目标

本实训要求为一个水果蔬菜网上购物店规划一个网站，网店中的水果蔬菜是天然无污染的绿色有机食品，另外，网站会定期推出优惠商品，并提供团购优惠，还会教大家一些时令果蔬的制作技巧。要求制作的网页能体现该网站的主要功能，界面设计要符合产品特色。

2．专业背景

互联网的高速发展，带动着电子商务行业欣欣向荣地发展，越来越多的人倾向于网络购物，因此，购物网站的数量也在不断增加，如何在众多的购物网站中脱颖而出，是设计者需要重点思考的问题。如"果蔬网"网站，在规划时需要考虑如何体现网站最有特色的板块，如何规划网站的表现内容等。

3．操作思路

根据本实训要求，先搜集相关的图片和文字等资料，然后制作草图送客户确认。本实训的站点规划草图效果如图1-36所示。

【步骤提示】

（1）根据客户提出的要求绘制并修改网站站点基本结构。

（2）绘制草图给客户确认，然后搜集相关的文字、图片资料。

1.3.2 创建"快乐旅游"网站

1．实训目标

本实训是为"快乐旅游"网站创建站点，包括站点中的各种文件和文件夹。要求首先规划站点结构，然后创建站点以及其中的文件对象。

2．专业背景

旅游行业的不断发展，使得旅游已成为越来越受大众欢迎的消费项目，旅游网站也层出不穷。好的旅游网站往往都具有资源全面、操作方便、界面亲和力强等特点。就本实训而言，"快乐旅游"站点除了应该具备旅游网站的普遍特点之外，还应该突出"快乐"一词，这需要通过有效地设计和整合色彩、布局以及简单轻松的文字等各方面，才能达到效果。除此之外，站点结构的安排也决定着能否突出"快乐"一词，比如简明的操作就可以达到目的，与繁杂的搜索、浏览才能找到资料相比，肯定前者更能让浏览者感到操作过程的轻松愉快。本实训暂不涉及色彩、布局等方面的规划，重点考虑站点结构即可。

图1-36 "果蔬网"网站草图

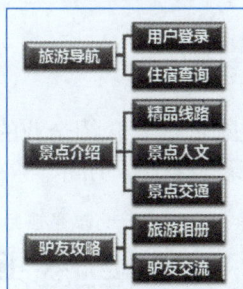

微课视频

创建"快乐旅游"网站

19

3．操作思路

完成本实训主要包括站点结构的规划、站点的创建，以及在站点中规划文件和文件夹3步操作，其操作思路如图1-37所示。

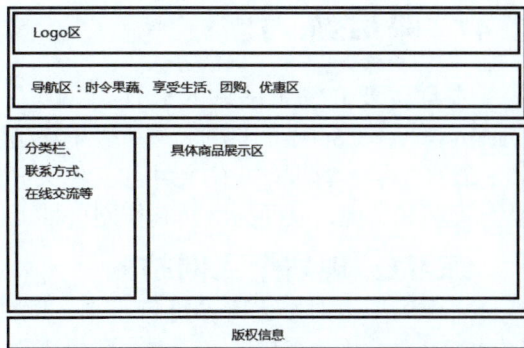

① 规划站点结构　　② 创建站点　　③ 创建站点文件和文件夹

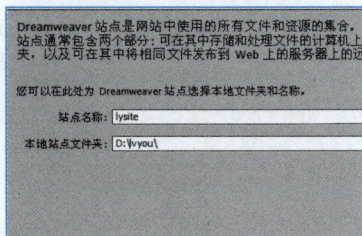

图1-37 创建"快乐旅游"站点的操作思路

【步骤提示】

（1）规划"快乐旅游"站点，让各年龄段的人群都能轻松地进行网页查询、浏览等操作。

（2）在Dreamweaver CS6中利用"站点"菜单新建"快乐旅游"站点。

（3）通过"文件"标签创建"快乐旅游"站点中包含的各文件和文件夹，并利用复制、粘贴和重命名的方式提高操作效率。

1.4 课后练习

本章主要介绍了网站的概述、网页常用术语、网页色彩搭配、HTML标记语言、Dreamweaver CS6的工作界面、网站开发流程、网站设计的内容和原则、站点规划、创建站点、管理站点、管理站点的文件和文件夹等知识。本章内容是网页设计制作的基础，读者应认真理解和掌握，以便为后面制作网页打下良好基础。

练习1：规划个人网站

本练习要求对个人网站进行规划，网站主要用于展示用户的个人摄影作品、个人信息和最新动态，并且会和大家分享一些摄影作品的拍摄技巧。要求制作的网页能体现该网站的主要功能，界面设计要符合网站特色。先搜集相关的图片和文字等资料，然后制作草图并确认。本实训的站点规划草图效果如图1-38所示。

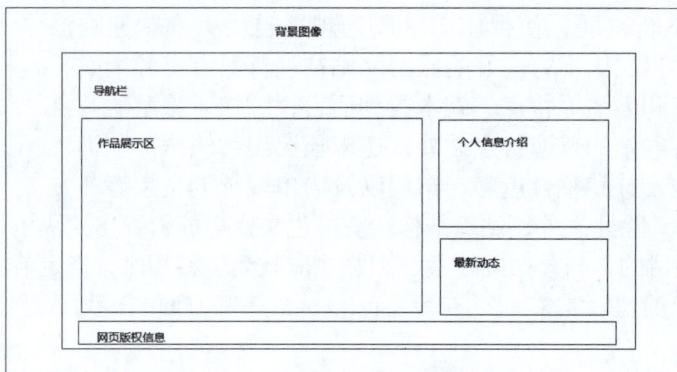

图1-38 规划个人网站效果

要求操作如下。

- 根据个人需要绘制并修改网站站点基本结构。
- 绘制草图并进行确认，然后搜集相关的文字、图片资料。

练习2：使用记事本制作"企业文化"网页

本练习要求制作购物网站其中的一个子网页"企业文化"，该网页主要介绍企业的核心思想和品牌系列。制作时可打开提供的素材文件进行操作，参考效果如图1-39所示。

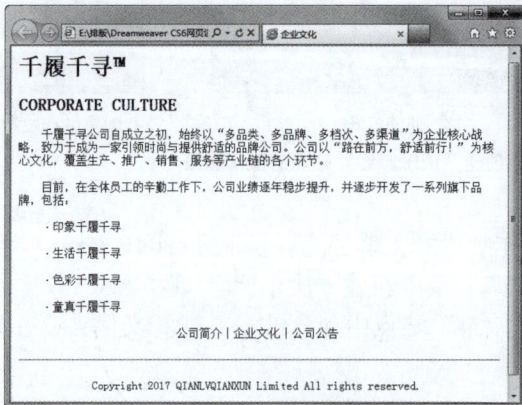

图1-39 "企业文化"网页

微课视频

使用记事本制作"企业文化"网页

素材所在位置 素材文件\第1章\课后练习\企业文化.txt
效果所在位置 效果文件\第1章\课后练习\qywh.html

要求操作如下。

- 打开"记事本"程序，在其中输入HTML文档基本框架。
- 将插入点定位到"<title>"标签后，输入"企业文化"文本。
- 将插入点定位到"<body>"标签后换行，输入1级标题"<h1>千履千寻™</h1>"文本，再换行输入2级标题"<h2>CORPORATE CULTURE</h2>"文本。
- 将插入点定位到"<p>"标签后，从素材中复制第1段文本，按【Ctrl+V】组合键进行粘贴。然后换行，输入"<p></p>"标签，按前面的方法依次从素材中进行复制。接着在前6段段前输入" "，空出合适的位置。
- 在最后2段文本左右分别输入"<center>""</center>"标签，设置为页面居中。
- 将插入点定位到倒数第2段末尾，按【Enter】键换行，插入一条水平分割线，最后将文本另存为网页格式。

1.5 技巧提升

1. 常用的配色软件

网页色彩的把握是网页制作中的一个重点和难点，好的网页色彩具有视觉舒适性，吸引浏览者经常访问。使用一些专门的网页配色软件可以方便地创建网页色彩方案。

用于网页配色的软件也较多，常用的有玩转颜色和网页配色等，另外，某些网站也提供网页配色的功能，如蓝色理想、模板无忧和千图网等。

2. 网页推广软件

为了提高网站的访问量，需要进行网站的宣传及推广。网站推广的方式很多，包括电子邮件推广、搜索引擎加注、论坛推广、加入友情链接联盟等。当然借助电子商务师、登录奇兵、网站世界排名提升专家及Active WebTraffic等软件进行网站推广也是必不可少的方式。

网站推广软件，顾名思义，是通过网络软件将网站信息推广到目标受众。具体包括：通过传统的广告、企业形象系统去宣传；通过网络技术的方式，链接网络广告等方式宣传。

3. 站点命名规则

网站内容的分类决定了站点中创建文件夹和文件的个数，通常，网站中每个分支的所有文件统一存放在单独的文件夹中，根据网站的大小，又可进行细分。如果把图书室看作一个站点，每架书柜则相当于文件夹，书柜中的书本则相当于文件。文件夹和文件命名最好遵循以下原则，以便管理和查找。

- **汉语拼音**：根据每个页面的标题或主要内容，提取主要关键字将其拼音作为文件名，如"学校简介"页面文件名为"jianjie.html"。
- **拼音缩写**：根据每个页面的标题或主要内容，提取每个关键字的第一个拼音作为文件名，如"学校简介"页面文件名为"xxjj.html"。
- **英文缩写**：通常适用于专用名词。
- **英文原意**：直接将中文名称进行翻译，这种方法比较准确。

以上4种命名方式也可结合数字和符号组合使用。但要注意，文件名开头不能使用数字和符号等，也最好不要使用中文命名。

CHAPTER 2

第2章
输入与格式化文本

情景导入

　　米拉在了解了网页制作基础的相关知识后，就开始试着练习简单的网页制作，老洪交给米拉的第一个任务是制作一些简单的文字网页。

学习目标

- 掌握"公司简介"页面的制作方法
    如新建与保存网页、设置页面属性、输入文本、设置文本格式、设置段落格式等。
- 掌握"企业文化"页面的制作方法
    如插入特殊文本对象、创建列表、设置水平线、添加滚动字幕等。

案例展示

▲ "公司简介"页面效果

▲ "企业文化"页面效果

2.1 课堂案例：制作"公司简介"页面

老洪把米拉叫到跟前，让她利用收集的文本素材制作千履千寻公司的"公司简介"页面，这是米拉的第一个正式任务。

要完成此任务，需要先将收集的文本素材复制到网页中，然后通过分段和换行操作控制文本段落，最后设置文本段落的格式即可。涉及的知识点主要有文本的输入、文本的格式设置以及段落的格式设置等内容。本例完成后的参考效果如图2-1所示，下面具体讲解其制作方法。

素材所在位置 素材文件\第2章\课堂案例\gsjj.txt
效果所在位置 效果文件\第2章\gsjj.html

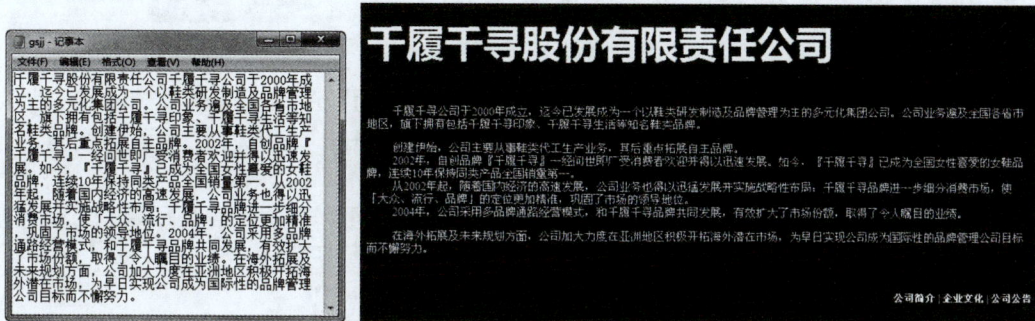

图2-1　"公司简介"页面最终效果

行业提示

制作文本类型网页的注意事项

当要使用大量的文本来表现网页内容时，对于文字的内容需要事先校对，避免错别字等问题，其次，大段的文字会给浏览者带来视觉疲劳，因此，由文本构成的网页需要为文本设置能够凸显层次但又不花哨的格式。

2.1.1 新建与保存网页

站点创建好后就可以新建网页进行编辑制作。下面新建名为"gsjj.html"的网页，其具体操作如下。

（1）选择【文件】/【新建】菜单命令，打开"新建文档"对话框，在其中选择需要新建文档的类型，这里保持默认设置，单击 创建(R) 按钮，如图2-2所示。

微课视频

新建与保存网页

多学一招

新建网页的其他方法

在"文件"面板上单击鼠标右键，在弹出的快捷菜单中选择【新建文件】命令；在"文件"面板上单击■按钮，在打开的下拉列表中选择【文件】/【新建文件】选项；在欢迎界面的"新建"栏中单击【HTML】超链接。

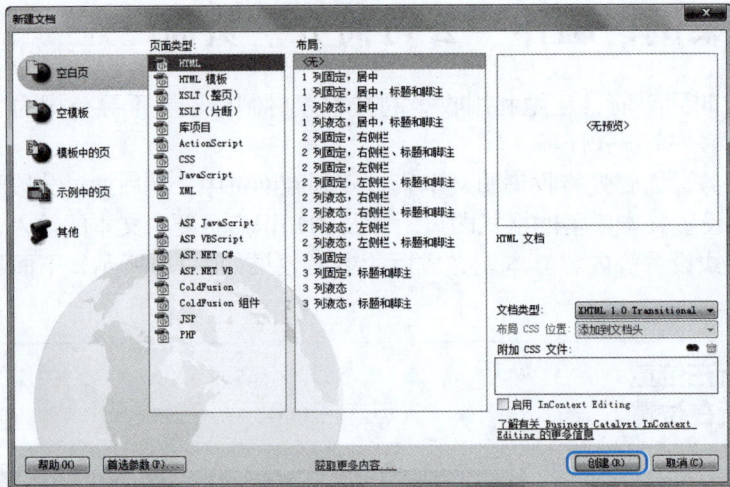

图2-2　新建文档

（2）选择【文件】/【保存】菜单命令，在打开的"另存为"对话框中选择"wangye"文件夹作为保存位置，在"文件名"文本框中输入"gsjj.html"，单击 保存(S) 按钮，如图2-3所示。

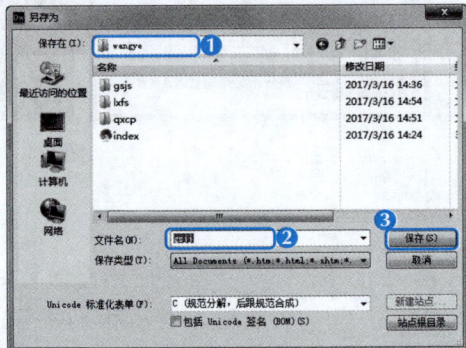

保存网页的其他方法

选择【文件】/【另存为】菜单命令也可打开"另存为"对话框进行设置；选择【文件】/【保存全部】菜单命令则可同时保存已打开的所有文档。

图2-3　保存文档

2.1.2　设置页面属性

创建好网页后，可对其页面属性进行设置，如设置标题和编码属性、页面背景颜色和文本字体大小等，使其更加具有美观性。下面设置"gsjj.html"网页相关属性，其具体操作如下。

微课视频

设置页面属性

（1）选择【修改】/【页面属性】菜单命令或按【Ctrl+J】组合键打开"页面属性"对话框，在"分类"栏中选择【外观（CSS）】选项。

（2）在"页面字体"下拉列表框中选择【编辑字体列表】选项，打开"编辑字体列表"对话框，在"可用字体"列表框中选择【宋体】选项，单击左侧的"添加"按钮 ，如图2-4所示。

（3）单击 按钮，将"选择的字体"列表框中的字体添加到"字体列表"列表框中，然后利用相同的方法添加其他几种常用的字体，单击 确定 按钮，如图2-5所示。

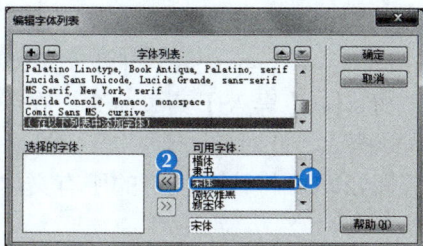

图2-4 添加字体

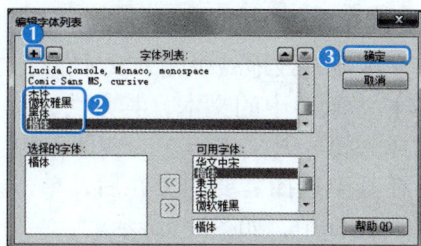

图2-5 选择字体

知识提示

为什么要添加字体到Dreamweaver中

"字体"下拉列表框中的字体是Dreamweaver默认的字体，要想使用计算机中已安装的其他字体，必须按上述方法将其添加到"字体"下拉列表框中，注意，若在"选择的字体"列表框中选择了多个字体，单击 ➕ 按钮添加时会将列表中的所有字体添加为一个选项。

（4）在"页面字体"下拉列表中选择【宋体】选项，在"背景颜色"文本框中输入"#D21775"，如图2-6所示。

（5）在"分类"列表框中选择【标题/编码】选项，在"标题"文本框中输入"公司简介"，其他保持默认，如图2-7所示，单击 确定 按钮应用设置即可。

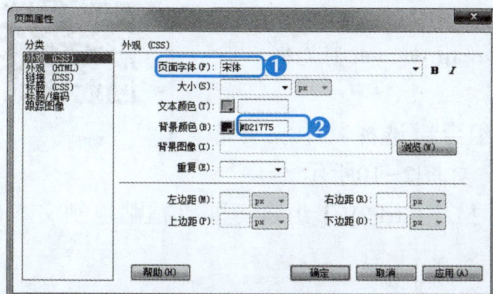

图2-6 设置外观

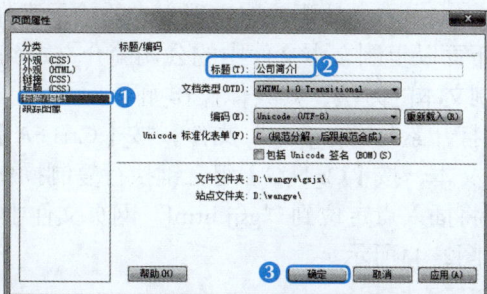

图2-7 设置标题

2.1.3 输入文本

文本是组成网页最常见的元素之一。在Dreamweaver中输入文本的方法有很多种，可以直接输入、导入，也可从其他文档中复制等。下面分别对这些方法进行介绍。

1. 直接输入文本

直接输入文本的方法很简单，只需新建或打开网页，在需要输入文本的位置单击鼠标定位插入点，切换到需要的输入法并输入文本即可，如图2-8所示。

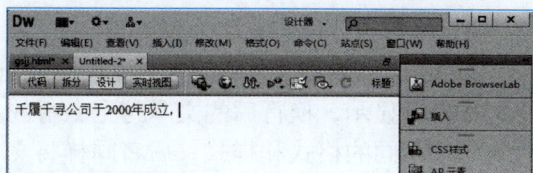

图2-8 直接在页面中输入文本

2．导入文本

导入文本能有效地减少输入文本的工作量，在Dreamweaver CS6中可以导入Word文档和Excel表格等软件中的文本，其方法为：选择【文件】/【导入】菜单命令，在弹出的子菜单中选择需要导入文本所在的软件，如"Word文档"，此时将打开"导入Word文档"对话框，在其中选择需要的文件后，单击 打开(O) 按钮即可将该文档中的所有文本导入到Dreamweaver CS6中，如图2-9所示。

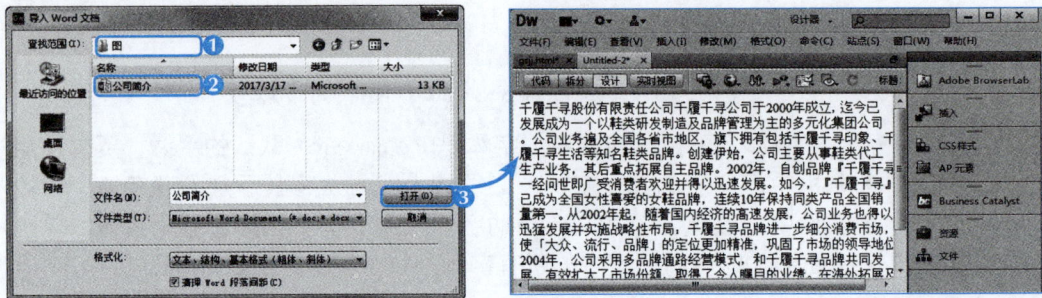

图2-9　导入Word文档中的文本

3．复制文本

复制文本是编辑网页中最常用的输入文本的方法，它可以将任何软件或文件中的文本（只要该软件或文件允许复制）复制到Dreamweaver中，从而快速实现文本的输入工作。

下面以复制文本文件中的公司简介文本到Dreamweaver中为例，介绍复制文本的方法，其具体操作如下。

（1）打开素材"gsjj.txt"文件，按【Ctrl+A】组合键选择其中的所有文本，按【Ctrl+C】组合键执行复制操作，如图2-10所示。

（2）将插入点定位到"gsjj.html"网页文件中，按【Ctrl+V】组合键即可粘贴复制文本，如图2-11所示。

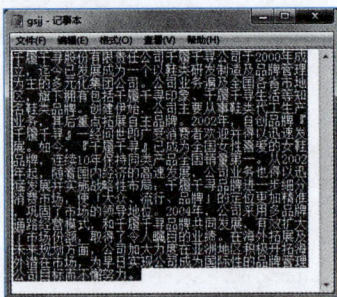

微课视频
复制文本

图2-10　选择并复制文本

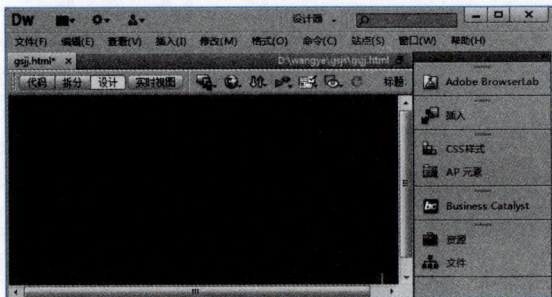

图2-11　粘贴文本

4．换行与分段

在Dreamweaver中，换行与分段是两个相当重要的概念，前者可以将文本换行显示，换行后的文本与上一行的文本同属于一个段落，并只能应用相同的格式和样式；后者同样将文本换行显示，但换行后会增加一个空白行，且换行后的文本属于另一段落，可以应用其他的格式和样式。

微课视频
换行与分段

在Dreamweaver中换行需按【Shift+Enter】组合键，分段则只需按【Enter】键。下面以在"gsjj.html"网页中对复制的文本进行换行和分段为例进行介绍，其具体操作如下。

（1）在"有限责任公司"文本右侧单击鼠标定位插入点，按【Enter】键分段文本，如图2-12所示。

（2）按相同方法将其他文本分成3段，效果如图2-13所示。

图2-12 分段文本

图2-13 分段文本

（3）在第3段文本中的"自主品牌"文本右侧单击鼠标定位插入点，按【Shift+Enter】组合键换行文本，如图2-14所示。

（4）按相同方法将该段中的其他文本换行，效果如图2-15所示。

图2-14 换行文本

图2-15 换行文本

5．输入空格

在Dreamweaver中按【Space】键可以输入一个空格，但无法连续输入多个空格，若需要输入连续的多个空格时，应采用专门的方法来实现。下面以为"gsjj.html"页面中的文本添加连续空格为例进行介绍，其具体操作如下。

微课视频

输入空格

（1）在第2段文本开始处单击鼠标定位插入点，按【Ctrl+Shift+Space】组合键插入一个空格，如图2-16所示。

（2）按住【Ctrl+Shift】组合键不放，同时按7次【Space】键继续插入7个空格，效果如图2-17所示。

图2-16 插入空格

图2-17 插入连续多个空格

（3）选择输入的8个空格，按【Ctrl+C】组合键复制，如图2-18所示。

（4）将复制的空格依次粘贴到下面分段和换行的文本开始处即可，如图2-19所示。

27

图2-18　复制空格

图2-19　粘贴空格

2.1.4　设置文本字体格式

为了使网页更美观，往往需要为网页中的文本设置一定的格式。本小节重点介绍如何在Dreamweaver中设置文本的字体格式。

1．设置HTML字体格式

为网页中的文本设置HTML字体格式的操作非常简单，选择文本后，在操作界面下方的"属性"面板中单击 HTML 按钮，然后通过调节面板中的参数进行设置即可，图2-20所示为与字体格式相关的参数。

图2-20　HMTL字体格式的设置参数

2．设置CSS字体格式

HTML字体格式的设置虽然简单，但可供设置的参数却极为有限，因此设置网页字体格式时，往往都采用CSS字体格式进行设置。下面以对"gsjj.html"网页中的文本设置字体格式为例，介绍CSS字体格式的设置方法，其具体操作如下。

微课视频

设置CSS字体格式

（1）拖曳鼠标光标选择第一段文本，在"属性"面板中单击 CSS 按钮，单击"字体"下拉列表框右侧的下拉按钮，在打开的下拉列表中选择"微软雅黑"选项，如图2-21所示。

（2）此时将打开"新建CSS规则"对话框，在"选择或输入选择器名称"下拉列表框中输入"font01"，单击 确定 按钮，如图2-22所示。

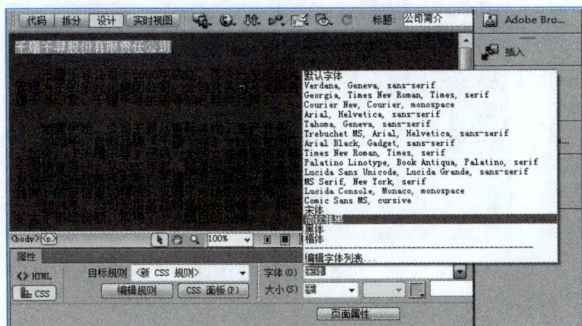

图2-21　选择字体样式

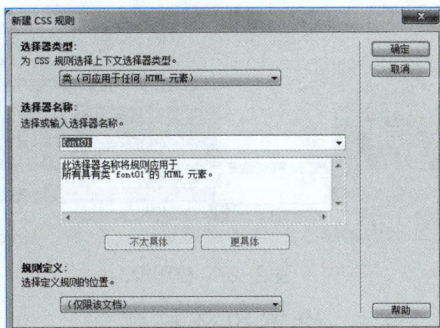

图2-22　选择字体

（3）继续在"大小"下拉列表框中输入"48"，并单击"加粗"按钮 **B** ，如图2-23所示。

（4）单击"文本颜色"下拉按钮 ，在弹出的颜色拾取器中单击"白色"色块，如图2-24所示。

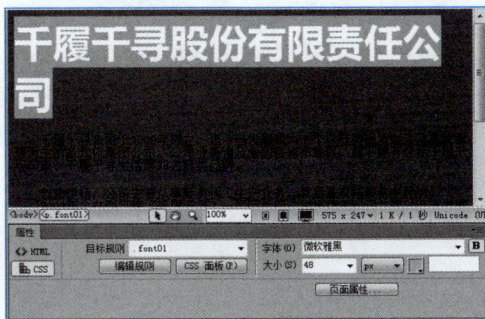

图2-23　设置字号字形

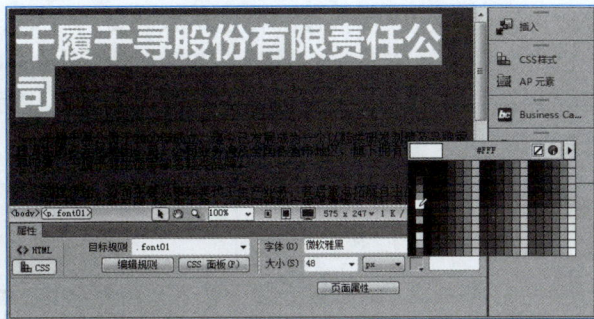

图2-24　选择颜色

（5）选择第二段文本，在"属性"面板中单击 **CSS** 按钮，在"大小"下拉列表框中选择"14"选项，如图2-25所示。

（6）再次打开"新建CSS规则"对话框，将名称设置为"font02"，单击 确定 按钮，如图2-26所示。

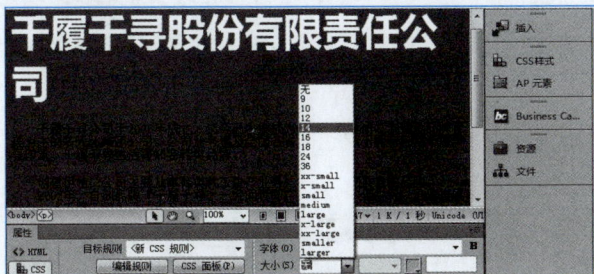

图2-25　选择字号

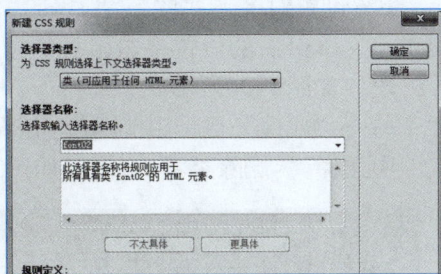

图2-26　添加规则

（7）按相同方法将字体颜色设置为"白色"，选择第三段文本（包括换行文本），单击 **CSS** 按钮，在"目标规则"下拉列表框中选择创建的"font02"选项，快速为所选文本应用该格式，如图2-27所示。

（8）按相同方法选择最后一段文本，并通过"属性"面板中的"目标规则"为其应用"font02"字体格式，如图2-28所示。

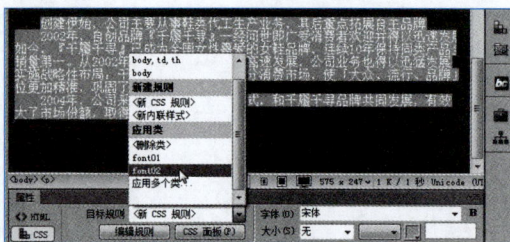

图2-27　应用规则　　　　　　　　　　　图2-28　应用规则

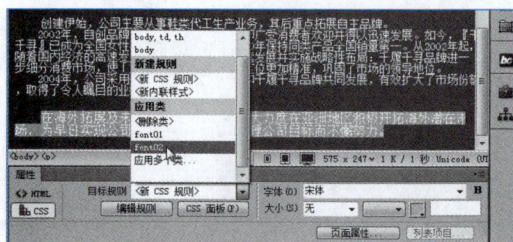

2.1.5　设置段落格式

在Dreamweaver CS6中可对每段文本的对齐方式和缩进距离进行调整，从而使网页文本显示得更加清晰并具有层次感，提高网页的可读性。

1．设置标题格式

Dreamweaver CS6中预设了几种标题格式，若对网页标题文本的字体格式没有特殊要求时，可通过快速应用预设的标题格式来处理文本，其方法为：选择需设置格式的标题文本（也可选择其他文本），单击"属性"面板中的 <> HTML 按钮，在"格式"下拉列表框中选择需要的标题格式即可。图2-29所示分别为未应用标题格式、应用"标题1"格式和应用"标题2"格式的文本效果。

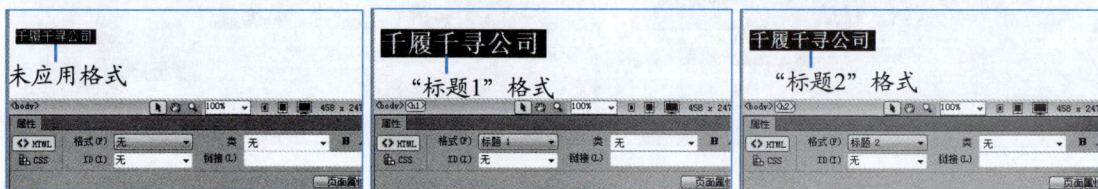

图2-29　应用不同的标题格式

2．设置对齐方式

Dreamweaver中的对齐方式包括左对齐、右对齐、居中对齐和两端对齐等。下面以在"gsjj.html"网页中输入并设置文本对齐为例，介绍设置对齐方式的方法，其具体操作如下。

（1）在文本最后的位置单击鼠标定位插入点，按两次【Enter】键分段，如图2-30所示。

（2）单击"属性"目标中的 CSS 按钮，在"目标规则"下拉列表框中选择"<删除类>"选项，如图2-31所示。

微课视频

设置对齐方式

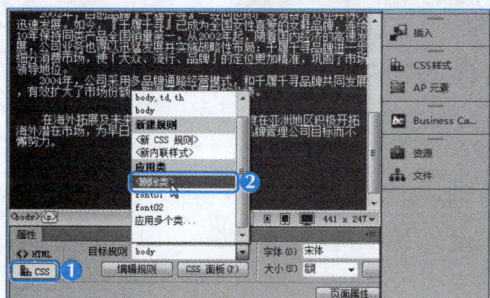

图2-30　分段文本　　　　　　　　　　　图2-31　删除应用的格式

（3）输入需要的文本并将其选择，将字体格式设置为"12、白色、加粗"，将新建的CSS规则命名为"font03"，如图2-32所示。

（4）保持文本的选择状态，单击"右对齐"按钮■即可，如图2-33所示。

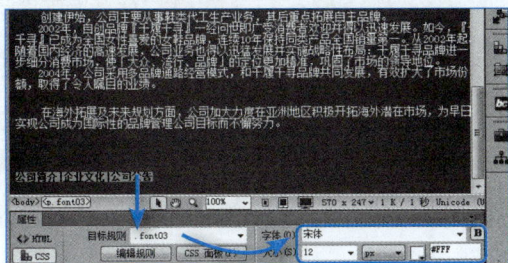

图2-32 输入并设置字体格式

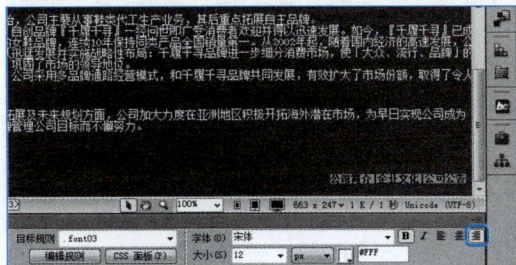

图2-33 设置对齐方式

3. 设置文本缩进

文本缩进是指文本与页面边缘的距离，其设置方法很简单，只需选择文本或将插入点定位到该文本中，单击"属性"面板中的 ❮❯HTML 按钮，单击"内缩区块"按钮■可增加缩进距离；单击"删除内缩区块"按钮■可减少缩进距离，如图2-34所示。

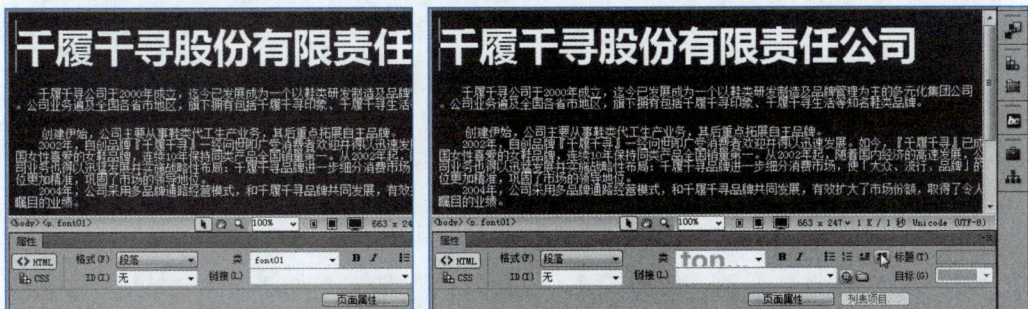

图2-34 文本缩进的效果

2.2 课堂案例：制作"企业文化"页面

完成"公司简介"页面的制作后，老洪让米拉继续制作"企业文化"页面，该页面的制作对米拉来说有一定难度，老洪的目的在于考查米拉的学习效果，并使米拉进一步掌握已学的知识。

本案例重点在于通过插入日期和特殊字符创建更新日期、企业商标、段落列表、水平线分隔以及页面滚动字幕等内容，避免页面枯燥乏味，丰富页面内容。涉及的知识点主要有日期和特殊字符的添加、列表的创建、水平线的插入以及滚动字幕的创建等。本例完成后的参考效果如图2-35所示，下面具体讲解其制作方法。

素材所在文件 素材文件\第2章\课堂案例\qywh.html
效果所在位置 效果文件\第2章\qywh.html

31

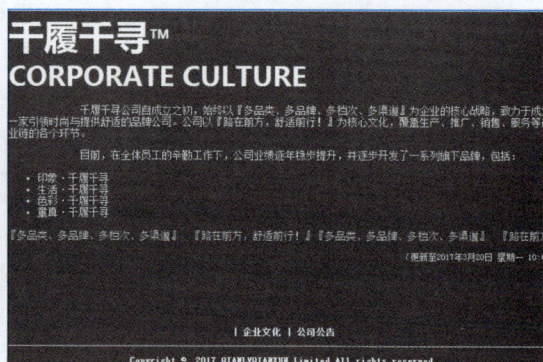

图2-35 "企业文化"页面最终效果

2.2.1 插入特殊文本对象

网页文本除了包含不同格式的文本，有可能还涉及日期、商标、标签符号等特殊的文本对象，本小节将介绍如何在Dreamweaver中插入这些特殊文本。

1．插入日期

如果需要输入当前系统中的日期，可以使用插入日期的功能快速准确地插入相关日期文本，避免手动输入出错。下面以在"qywh.html"网页中插入日期为例进行介绍，其具体操作如下。

（1）将插入点定位到"公司简介"上一行空行中，在"属性"面板中单击 CSS 按钮，在"目标规则"中选择"<删除类>"选项，如图2-36所示。

（2）输入"（更新至）"，应用"font05"规则，如图2-37所示。

图2-36 分段并取消格式

图2-37 输入文本并设置格式

（3）将插入点定位到"更新至"文本右侧，选择【插入】/【日期】菜单命令。

（4）打开"插入日期"对话框，在"星期格式"下拉列表框中选择"星期四"选项，在"日期格式"列表框中选择"1974年3月7日"选项，在"时间格式"下拉列表框中选择"22:18"选项，单击 确定 按钮，如图2-38所示。

（5）此时即在插入点处快速插入了当前电脑中的日期、星期和时间，如图2-39所示。

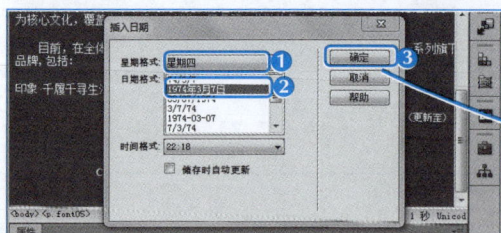

图2-38 设置日期格式

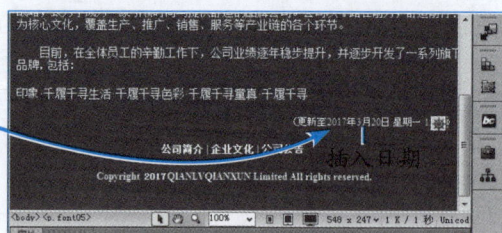

图2-39 插入的日期效果

微课视频

插入日期

32

多学一招

2．插入特殊符号

网页中有时会涉及商标、版权等特殊符号，这类符号利用键盘无法直接输入。Dreamweaver提供了许多特殊字符，用户可选择其中的字符实现快速输入的目的。

下面以在"qywh.html"网页中插入商标和版权符号为例，介绍特殊符号的插入方法，其具体操作如下。

微课视频

插入特殊符号

（1）将插入点定位到标题段落"千履千寻"文本右侧，选择【插入】/【HTML】/【特殊字符】/【商标】菜单命令，如图2-40所示。

（2）此时插入点处将快速插入商标字符，该字符的格式自动应用了商标字符的专用格式，如图2-41所示。

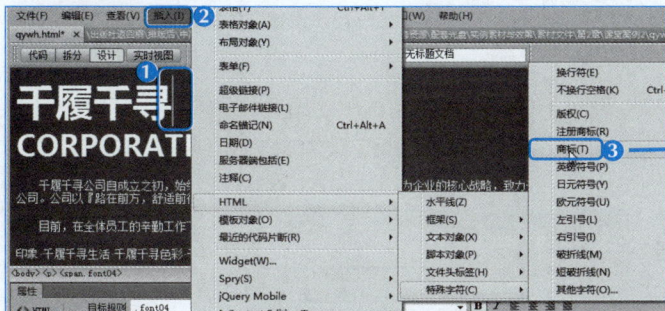

图2-40　选择特殊符号

图2-41　插入的商标效果

33

（3）将插入点定位到最后一行"2017"文本左侧，选择【插入】/【HTML】/【特殊字符】/【版权】菜单命令，如图2-42所示。

（4）此时插入点处将快速插入版权符号，如图2-43所示。

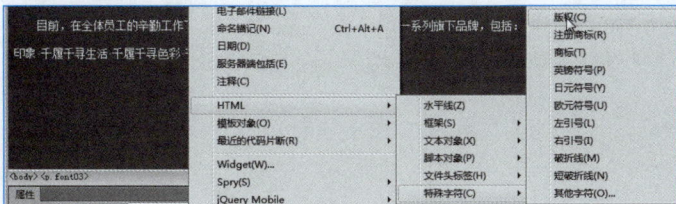

图2-42　选择特殊符号

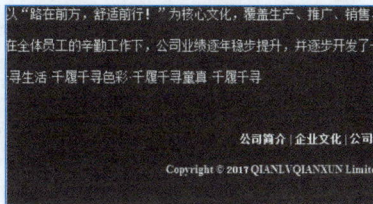

图2-43　插入的版权符号

插入其他的特殊字符

知识提示

选择【插入】/【HTML】/【特殊字符】菜单命令，在弹出的子菜单中选择【其他字符】菜单命令，可在打开的"插入其他字符"对话框中选择更多的特殊符号。

2.2.2 创建列表

列表是指具有并列关系或先后顺序的若干段落。当网页中涉及列表的制作时，一般都会为其添加项目符号或编号，使其显得更为专业和美观。

1．添加项目符号和编号

为段落添加项目符号和编号的方法非常简单，下面以在"qywh.html"网页中为品牌段落添加项目符号为例进行介绍，其具体操作如下。

（1）选择品牌内容所在的段落，单击"属性"面板中的 <> HTML 按钮，然后单击"项目列表"按钮 ，如图2-44所示。

（2）单击 CSS 按钮，并重新为段落应用"font02"格式，在需要分段的位置定位插入点，按【Enter】键分段将自动添加项目符号，如图2-45所示。

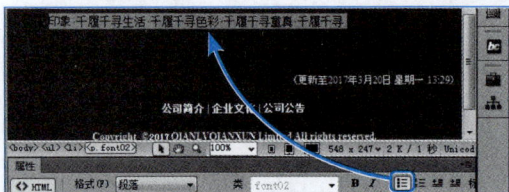

图2-44 添加项目符号

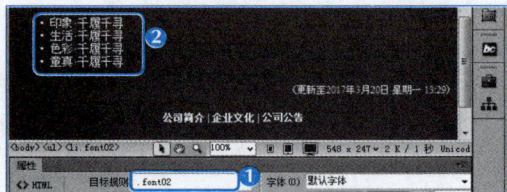

图2-45 设置字体格式并分段

2．编辑项目符号和编号

无论是项目符号还是编号，只要选择了相应的段落，并在"属性"面板中单击 列表项目... 按钮，均可在打开的"列表属性"对话框中进行设置。图2-46所示为"列表属性"对话框中各参数的作用。

选择类型为项目列表还是编号 ⎯⎯⎯
设置编号的起始数字 ⎯⎯⎯

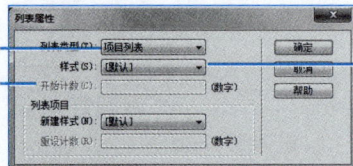

更改项目符号或编号的外观样式

图2-46 "列表属性"对话框

知识提示

删除项目符号或编号

要想删除项目符号或编号，只需选择对应的段落后，单击"属性"面板中的"项目列表"按钮 或"编号"按钮 即可。

2.2.3 设置水平线

水平线是网页中常见的对象，它可以将网页划分为不同区域，让整个页面富有层次感，下面以在"qywh.html"网页中插入水平线为例进行介绍，其具体操作如下。

（1）在"公司公告"文本右侧单击鼠标定位插入点，选择【插入】/【HTML】/【水平线】菜单命令，如图2-47所示。

（2）此时即可在插入点下方插入一条水平线，效果如图2-48所示。

图2-47 插入水平线

图2-48 插入的水平线效果

2.2.4 添加滚动字幕

滚动字幕是一种动态的文本效果，可以使网页增色不少，下面以在"qywh.html"网页中添加滚动字幕为例进行介绍，其具体操作如下。

（1）在"（更新至）"文本左侧单击鼠标定位插入点，按【Enter】键分段，在其空出来的上一行输入需要滚动的字幕内容，并为其应用"font02"格式，如图2-49所示。

（2）单击界面上方的 拆分 按钮，在左侧的代码视图中利用【Enter】键在输入的字幕内容上下方各空出一行，如图2-50所示。

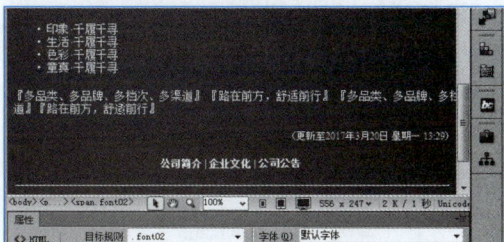

图2-49 输入并设置文本

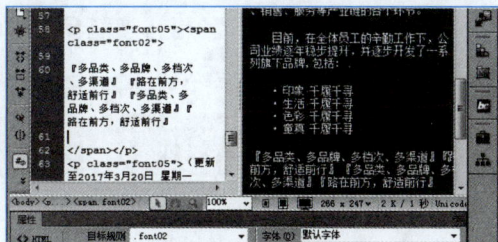

图2-50 设置代码

（3）在上方的空行中输入"<marquee behavior="alternate" scrollamount="10">"，在下方的空行中输入"</marquee>"，如图2-51所示。

（4）按【Ctrl+S】组合键保存网页，按【F12】键预览效果即可，如图2-52所示。

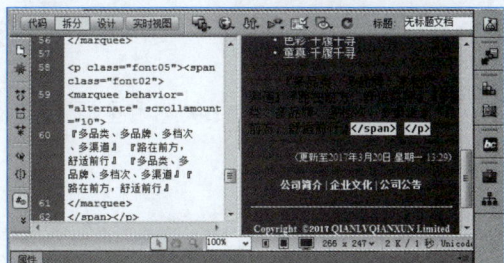

图2-51 输入代码

图2-52 预览效果

认识滚动字幕的参数

知识提示

滚动字幕的代码中重点涉及两个参数，即"behavior"和"scrollamount"，前者是指滚动方式，包括"alternate"（交替左右滚动）、"scroll"（通屏滚动）和"slide"（滚动到页面后停止）；后者是指滚动速度，后面的数字越大，滚动越快。

35

2.3 项目实训

2.3.1 制作"日记"网页

1．实训目标

本实训的目标是制作"日记"网页，该网页是用户记录日记的页面，因此，页面设置不能过于花哨，通常设置为基本的格式利于阅读即可。首先需要输入制作网页所需的文本，然后插入水平线和日期，最后再对文本的样式进行设置。完成后的网页效果如图2-53所示。

素材所在位置 效果文件\第2章\项目实训\diary.html

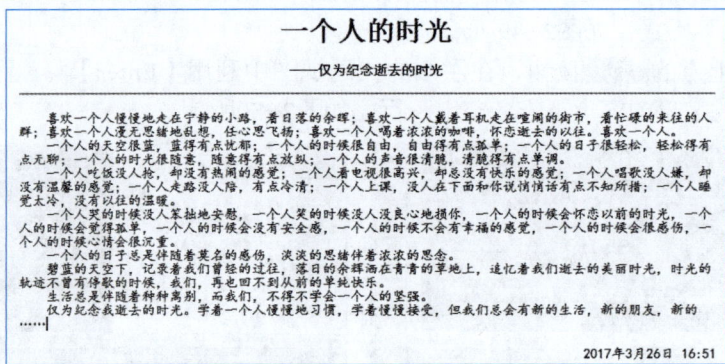

图2-53 "日记"网页

2．专业背景

在网页中使用文本时，注意以下几点可以使网页更为专业与合理。

● 最大限度地使用最少的文本传达最准确的信息，通过简洁的文本让浏览者不用费力地阅读网页内容。

● 网站中各个页面的文本要体现一致性，这样可以让整个网站显得更加统一、紧凑。如返回上一级页面的用词，可以统一为"返回"等。

● 网页文本的语气可以影响浏览者的心情，鼓励、引导的文本比警告和强调的文本更受用户青睐。

3．操作思路

完成本练习需要先输入文字，包括网页标题、副标题、正文、日期，然后插入水平线，最后再对网页中的文本样式进行设置，其操作思路如图2-54所示。

【步骤提示】

（1）新建网页并另存为"diary.html"网页，在网页中输入文本，主要结合文本的输入、空格、不换行分段、水平线、日期进行输入。

（2）选择标题文本，设置标题的格式为"标题1"，对齐方式为"居中对齐"。

（3）选择副标题文本，设置其文本字体为"黑体"，对齐方式为"居中"。

（4）选择所有的正文文本，设置文本的字体为"楷体"。

（5）选择日期文本，设置字体为"楷体"，对齐方式为"右对齐"。

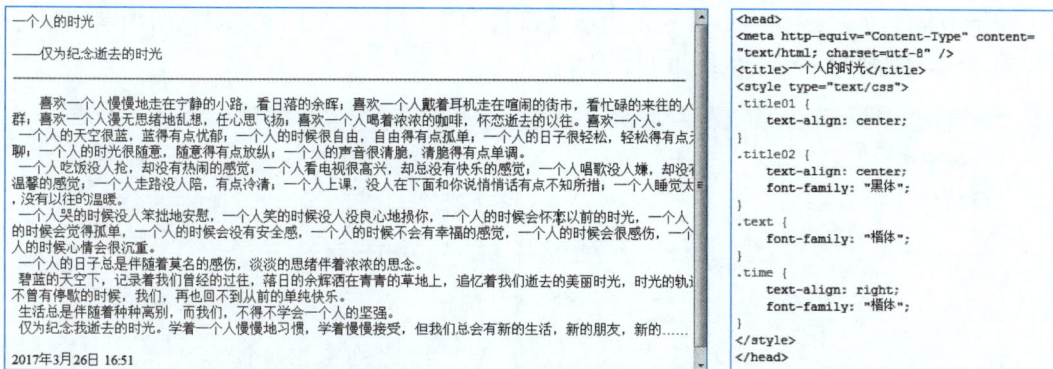

| ① 输入文本 | ② 设置文本样式 |

图2-54 "日记"网页的操作思路

2.3.2 制作"旅游"网页

1．实训目标

本实训将制作"旅游"网页，重点是对文本进行设置，让浏览者对页面中的推荐内容一目了然，从而为浏览者提供丰富的旅游景点资讯。完成后的参考效果如图2-55所示。

素材所在位置 素材文件\第2章\项目实训\踏青旅游\index.html
效果所在位置 效果文件\第2章\项目实训\踏青旅游\index.html

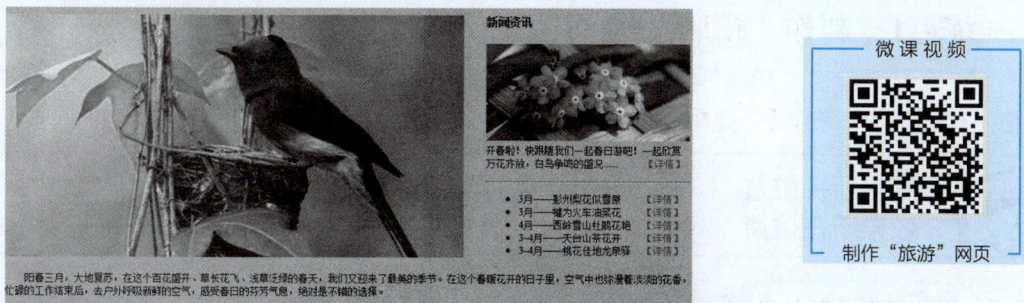

图2-55 "旅游"网页

微课视频

制作"旅游"网页

2．专业背景

现今，人们越来越看重以旅游的方式提高生活质量，许多旅游网站也就应运而生。好的旅游网站不仅收纳了大量的旅游景点资料、图片和线路等实用信息，而且具备搜索、下单和付款等功能，从而实现了挑选旅游景点、旅游线路、购买旅游产品等一条龙的电子商务服务系统。

3．操作思路

根据上面的实训目标，首先设置页面属性，然后输入文本并设置文本的样式，最后输入项目列表，并应用文本样式。本实训的操作思路如图2-56所示。

【步骤提示】

（1）打开"index.html"素材文档，打开"页面属性"对话框，设置"外观（CSS）"中的"大小"为"12"。

（2）输入"新闻资讯"和对应的文本，设置"新闻资讯"文本的格式为"标题3"，选择"【详情】"文本，设置其字体颜色为"#F30"（其目标规则为color01）。

（3）在下方插入水平线和项目符号，为项目符号中的"【详情】"文本应用相同的目标规则，输入剩余的文本完成网页的制作。

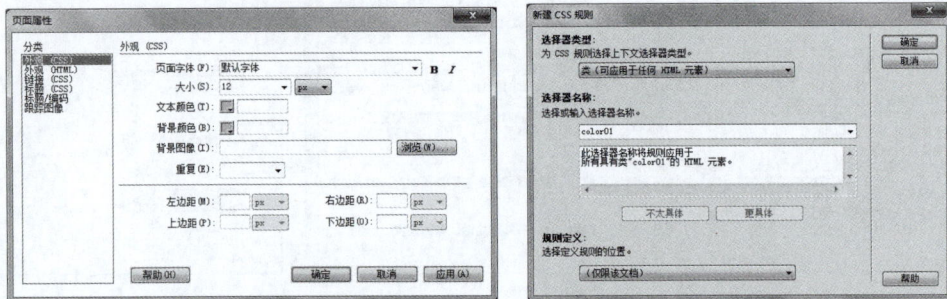

① 设置页面属性　　　　　② 设置文本样式

图2-56　"旅游"网页的操作思路

2.4　课后练习

本章主要介绍了在网页中输入和编辑文本的各种操作，包括文本的输入、分段、换行，日期和特殊符号的插入，文本的格式设置，水平线的插入，以及滚动字幕的创建等知识。本章是网页制作的基本内容，只有熟练掌握文本的各种设置方法后，才能创建出多姿多彩的网页效果。下面通过两个练习进一步巩固本章所学习的内容。

练习1：制作"招聘"网页

本练习要求在"招聘"网页中输入文本和其他文本对象，使网页的内容更加丰富、美观。完成后的效果如图2-57所示。

素材所在位置　素材文件\第2章\课后练习\招聘网页\zhaopin.html
效果所在位置　效果文件\第2章\课后练习\招聘网页\zhaopin.html

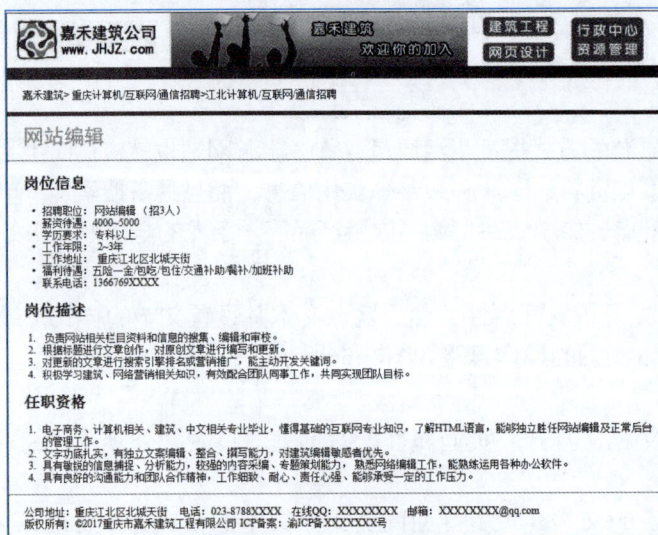

图2-57　"招聘"网页效果

要求操作如下。

- 打开"zhaopin.html"素材文件，在网页中输入相关内容，然后分段插入水平线。
- 选中插入的水平线，然后在"属性"面板中设置"高"为"3"，然后切换到"代码"视图中，在水平线的源代码"<hr size="3" "后输入"color="#064DA7""。
- 再次分段换行，然后输入相应的内容，并新建规则，设置字符格式为"黑体、24、#F90"。
- 换行再插入一条水平线，并在水平线下方输入相应的文本内容，然后为相关的文本添加项目符号和编号。
- 在网页正文下方再次插入水平线，然后在"版权所有："处插入版权符号即可。

练习2：制作"服装"网页

打开服装网页"fuzhuang.html"，在其中定义列表，并输入列表内容，然后在页面下方输入网页的信息，完成后的效果如图2-58所示。

素材所在位置 素材文件\第2章\课后练习\fuzhuang\fuzhuang.html
效果所在位置 效果文件\第2章\课后练习\fuzhuang\fuzhuang.html

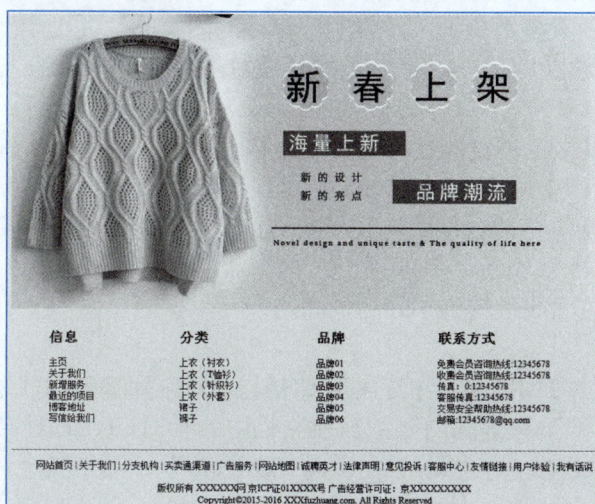

微课视频

制作"服装"网页

39

图2-58 "服装"网页效果

要求操作如下。

- 输入标题文本，并设置其格式为"标题2"。
- 在下方选择【插入】/【HTML】/【文本对象】/【定义列表】菜单命令，定义列表，并输入列表内容。
- 插入水平线和网页版权信息。当输入特殊符号时，可选择【插入】/【HTML】/【特殊符合】菜单命令，然后选择需要的符号。

2.5 技巧提升

1．网页头部文件设置

网页由head和body两部分组成，body是浏览器中看到的网页正文部分，而head则是一些网页的基本设置和附加信息，不会在浏览器中显示，但是对网页有着至关重要的作用。head（文件头）包括Meta、关键字、说明、刷新、基础和链接6个部分，下面分别进行介绍。

（1）Meta

Meta标签是文件头中一个起辅助作用的标签，通常用来记录当前页面的相关信息，如为搜索引擎robots定义页面主题、定义用户浏览器上的Cookie、鉴别作者、设定页面格式、标注关键字和内容提要等。选择【插入】/【HTML】/【文件头标签】/【Meta】菜单命令，可打开"META"对话框进行设置。

（2）关键字

关键字（keywords）是不可见的页面元素，它不会在浏览器窗口的任何区域显示，也不会对页面的呈现产生任何影响。它只是针对搜索引擎（如百度、Google）而做的一种技术处理，因为很多搜索引擎装置（通过蜘蛛程序自动浏览Web页面为搜索引擎收集信息以编入索引的程序），都会读取"关键字"Meta标签中的内容，然后将读取到的"关键字"保存到其数据库中并进行索引处理。选择【插入】/【HTML】/【文件头标签】/【关键字】菜单命令，可打开"关键字"设置对话框。在其中输入关键字即可。

（3）说明

说明（description）也是不可见的页面元素，主要是针对搜索引擎而作的一种技术处理，与"关键字"的作用非常类似，但大多数情况下"说明"标签的内容比"关键字"标签的内容要复杂一些，它主要是对网页或站点的内容进行简单概括或对网站主题进行简要说明。

（4）刷新

"刷新"（refresh）标签可以指定浏览器在一定时间后自动刷新，通常用于在显示了提示URL地址已改变的文本消息后，将用户从一个URL定向到另一个URL。当网页的地址发生变化时，使用"刷新"标签可使浏览器自动跳转到新的网页；当网页需要时常更新时，使用"刷新"标签可自动在网页中进行刷新，保证用户在浏览器中查看到的内容始终是最新的。实现的方法是重新加载当前页面或跳转到不同的页面。

（5）基础

"基础"（base）标签可设置页面中所有文档的相对路径与相对应的基础URL地址信息。通常情况下，浏览器会通过"基础"标签的内容把当前文档中的相对URL地址转换成绝对URL地址，如网站的"基础"URL地址为"http：//www.xxx.com/"，其中某个页面的相对URL地址为"abouts.html"，则转换后的绝对地址为："http：//www.xxx.com/abouts.html"。

2．插入Dreamweaver以外的特殊符号

Dreamweaver中提供的特殊符号是有限的，如果需要输入的特殊符号不在Dreamweaver提供的范围内，可利用中文输入法提供的特殊符号来解决问题。目前任意一款流行的中文输入法都拥有大量的特殊符号。以搜狗拼音输入法为例，只需单击该输入法状态条上的▦按钮，在打开的列表中选择"特殊符号"选项即可打开特殊符号界面，在其中选择需要插入的特殊符号所在的类型后，即可单击对应的特殊符号按钮进行插入。

3．查找和替换文本

如果在编辑网页的过程中需要查找某些文本或替换文本时，可按【Ctrl+F】组合键，打开"查找和替换"对话框，在"查找"文本框中输入需要查找的内容，在"替换"文本框中输入需要替换的内容，单击 查找下一个(N) 按钮可查找第一个内容；单击 查找全部(L) 按钮可查找所有内容；单击 替换(R) 按钮可替换第一个查找到的内容；单击 替换全部(A) 按钮可替换所有的内容。

CHAPTER 3

第3章
插入图像和多媒体对象

情景导入

　　米拉完成了一些基本的文本网页制作后，发现网页中若只有文本，显得非常枯燥，且许多漂亮的网页中都带有大量的图片和多媒体文件来美化，于是她向老洪请教起美化网页的相关方法。

学习目标

● 掌握"关于我们"页面的制作方法

　　如插入与编辑图像、美化与优化图像、创建鼠标指针经过图像等。

● 掌握"新品展台"页面的制作方法

　　如添加多媒体插件、添加背景音乐、插入SWF动画和插入FLV视频等。

案例展示

▲ "关于我们"页面效果

▲ "新品展台"页面效果

3.1 课堂案例：制作"关于我们"页面

老洪告诉米拉，"关于我们"网页的主要作用是让广大客户获得公司的联系方式，网页中不仅需要包含必备的文本内容，同时应该适当地添加一些图片，用以展现公司的形象，并辅助显示网页内容，从而起到宣传公司的作用。

要完成本案例，首先需要将收集的图片插入到网页中，并适当进行编辑，让图片更符合网页主题，接着需要插入辅助，并进行美化和优化处理，最后制作鼠标指针经过图像的特殊效果。本例完成后的参考效果如图3-1所示，下面具体讲解其制作方法。

素材所在位置 素材文件\第3章\课堂案例\gywm.html、img\
效果所在位置 效果文件\第3章\gywm.html

图3-1 "关于我们"页面最终效果

3.1.1 插入与编辑图像

图像可以更好地凸显出网页内容，它是网页最重要的元素之一。Dreamweaver具有强大的图形插入与编辑功能，使我们可以非常方便地完成图像网页的制作。本小节便将重点对这方面的知识进行讲解。

1．插入图像

网页中支持的图像格式有限，最常用的图像格式有JPG、GIF和PNG等，下面以在"gywm.html"网页中插入"factory.jpg"图像为例，介绍在Dreamweaver中插入图像的方法，其具体操作如下。

（1）在"全国统一客服……"文本上一行单击鼠标定位插入点，选择【插入】/【图像】菜单命令。

（2）打开"选择图像源文件"对话框，在其中选择提供的素材图片

微课视频

插入图像

"factory.jpg"选项，单击 ▭确定 按钮，如图3-2所示。

（3）打开"Dreamweaver"提示对话框，询问是否将图片复制到站点中，以便后期发布可以找到图片，单击 ▭是(Y) 按钮，如图3-3所示。

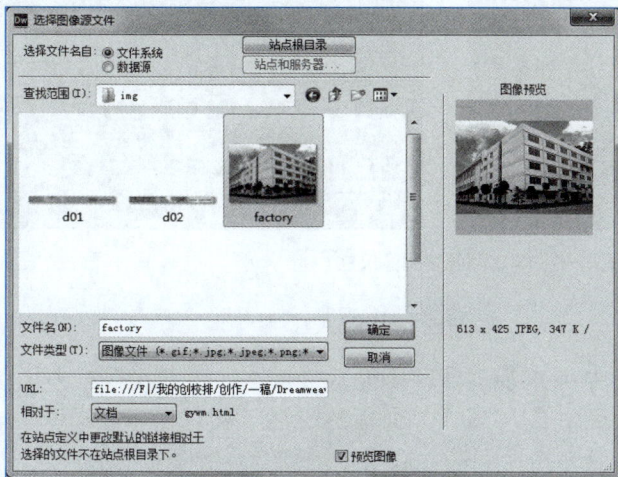

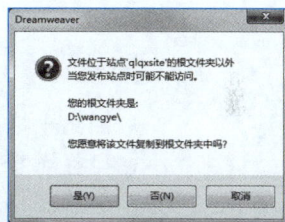

图3-2 选择图像　　　　　　　图3-3 将图像同步到站点

（4）打开"图像标签辅助功能属性"对话框，在"替换文本"下拉列表框中输入文本后，如果图片无法正常显示，便将显示输入的文本内容，这里就用系统的默认设置，单击 ▭确定 按钮，如图3-4所示。

（5）此时所选图片将插入到Dreamweaver中插入点所在的位置，效果如图3-5所示。

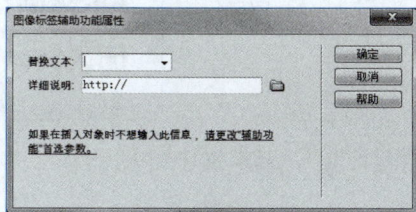

图3-4 设置图像替换文本　　　　　　　图3-5 插入到网页中的图像

多学一招

快速替换图片

插入图像后，在图像上单击鼠标右键，在弹出的快捷菜单中选择【源文件】命令，可快速打开该图像保存位置对应的对话框，在其中可选择其他图片快速替换插入的图片。

2．调整图像尺寸

插入到网页中的图像，其尺寸大小并不一定满足实际需要，因此需要对其进行调整。选择需调整尺寸的图像，拖动右边框上的控制点可调整图像宽度；拖动下边框上的控制点可调整图像高度；拖动右下角的控制点可同时调整图像高度和宽度；按住【Shift】键不放并拖动右下角的控制点可等比例调整图像大小，如图3-6所示。

图3-6　等比例调整图像尺寸

多学一招

精确控制图像大小

相比于拖动控制点直观地调整图像尺寸而言，若想精确控制图像大小，可在选择图像后，在"属性"面板的"宽"和"高"文本框中输入数字进行调整。但若未按比例输入数字，则可能导致图像变形。

3.1.2　美化与优化图像

当图像的效果在网页中呈现出来的感觉比预期差时，可利用Dreamweaver提供的美化和优化功能对图形做进一步处理。

1．调整图像亮度和对比度

微课视频

调整图像亮度和对比度

通过对图像的亮度和对比度进行调整，可以使图像效果更加精美。下面以在"gywm.html"网页中调整"factory.jpg"图像的亮度和对比度为例介绍调整的方法，其具体操作如下。

（1）选择网页中的图像，在"属性"面板中单击"亮度和对比度"按钮⚫，在打开的提示对话框中单击 确定(0) 按钮，如图3-7所示。

（2）打开"亮度/对比度"对话框，在"亮度"和"对比度"文本框中分别输入"40"和"20"，单击 确定 按钮即可，如图3-8所示。

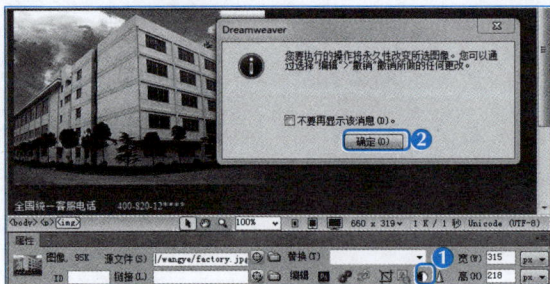

图3-7　确认设置

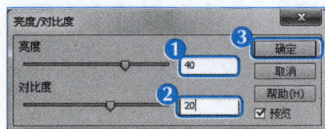

图3-8　调整亮度和对比度

2．锐化图像

锐化图像可以提高图像的清晰度，下面继续以调整"factory.jpg"图像为例介绍锐化图像的方法，其具体操作如下。

（1）选择网页中的图像，在"属性"面板中单击"锐化"按钮△，在打开的提示对话框中

单击 确定(0) 按钮，如图3-9所示。

（2）打开"锐化"对话框，在"锐化"文本框中输入"5"，单击 确定 按钮即可，如图3-10所示。

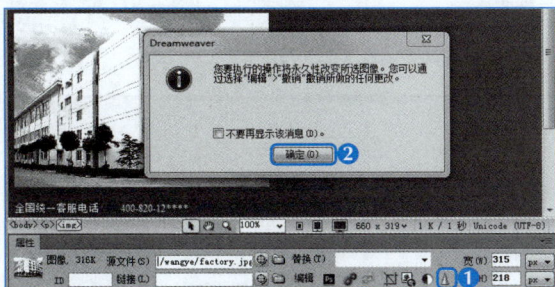

图3-9 确认设置

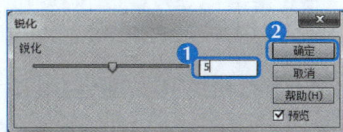

图3-10 调整锐化程度

锐化图像的注意事项

调整图像锐化程度时，只允许输入"0~10"之间的数字。需要注意的是，锐化程度越高，并不代表图像越清晰，反而只会让图像呈现出更为明显的颗粒感，从而降低了图像的品质。

3.裁剪图像

有些图像只需要呈现其中的一部分，此时可对图像进行裁剪以减少图像的大小，同时可加快网页的下载速度。下面以在"gywm.html"网页中裁剪"zs.jpg"图像为例介绍如何对图像进行裁剪，其具体操作如下。

（1）按【Ctrl+Shift+Space】组合键在"factory.jpg"图像后插入两个空格，然后插入提供的"zs.jpg"图像，如图3-11所示。

（2）选择插入的图像，单击"属性"面板中的"裁剪"按钮 ，在打开的提示对话框中单击 确定(0) 按钮，如图3-12所示。

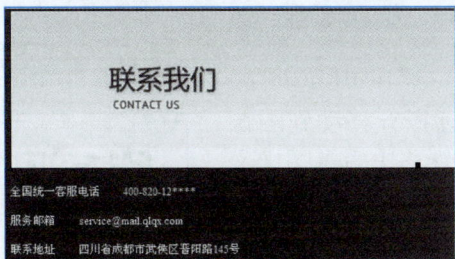

图3-11 插入图像

图3-12 确认裁剪

（3）此时图像上将出现裁剪区域，拖动该区域四周的控制点调整裁剪后保留的图像范围，如图3-13所示。

（4）调整好裁剪范围后按【Enter】键确认裁剪即可，效果如图3-14所示。

图3-13　调整裁剪范围

图3-14　裁剪后的图像效果

4．设置图像效果

设置图像效果是指通过调整图像的品质来得到最佳表现效果和最快下载速度。下面以设置"zs.jpg"图像的效果为例进行介绍，其具体操作如下。

（1）选择网页中的"zs.jpg"图像，单击"属性"面板中的"编辑图像设置"按钮 ，打开"图像优化"对话框，在"品质"文本框中输入"86"，如图3-15所示。

（2）单击 确定 按钮确认设置，效果如图3-16所示。

微 课 视 频

设置图像效果

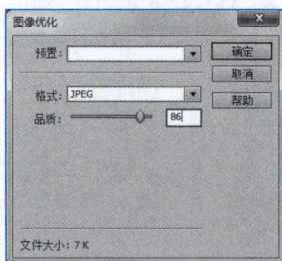

图3-15　调整图像品质

图3-16　优化图像后的效果

3.1.3　创建鼠标指针经过图像

鼠标指针经过图像是指在浏览网页时，将鼠标指针移动到图像上，会立刻显示出另外一张图像的效果，当鼠标指针移出后，图像又恢复为原始图像。下面以在"gywm.html"网页中创建鼠标指针经过图像为例介绍实现的方法，其具体操作如下。

微 课 视 频

创建鼠标指针经过图像

（1）将插入点定位到网页最后，选择【插入】/【图像对象】/【鼠标经过图像】菜单命令，如图3-17所示。

（2）打开"插入鼠标经过图像"对话框，单击"原始图像"文本框右侧的 浏览... 按钮，如图3-18所示。

（3）打开"原始图像："对话框，选择素材中提供的"d01.jpg"图像，单击 确定 按钮，如图3-19所示。

（4）返回"插入鼠标经过图像"对话框，按相同方法将"鼠标经过图像"设置为素材文件中的"d02.jpg"图像，单击 确定 按钮，如图3-20所示。

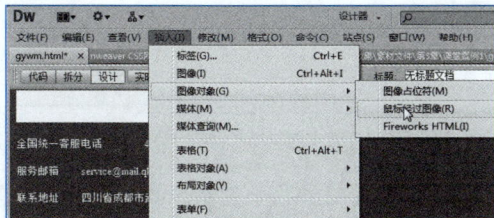

图3-17　插入鼠标经过图像

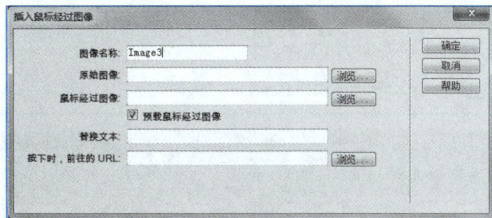

图3-18　浏览图像

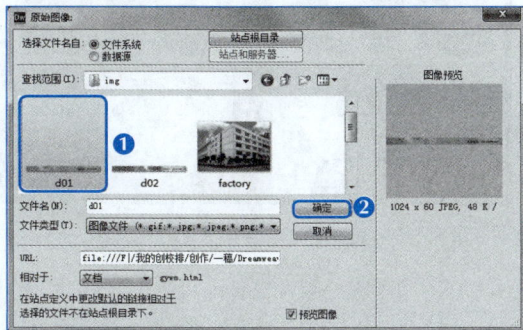

图3-19　选择原始图像

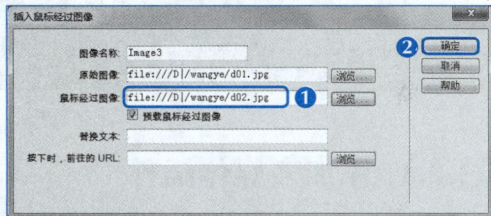

图3-20　设置鼠标经过图像

（5）按【Ctrl+S】组合键保存网页，按【F12】键预览网页效果，此时将鼠标指针移至网页下方的图像上，该图像将自动更改为"d02.jpg"图像的效果，如图3-21所示。

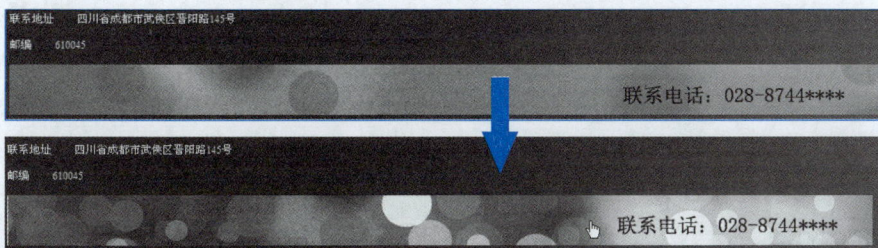

图3-21　鼠标经过图像的效果

知识提示

设置鼠标指针经过图像注意事项

　　首先原始图像和鼠标指针经过图像的尺寸尽量保持一致；其次原始图像和鼠标指针经过图像的内容要有一定的关联。一般可通过更改颜色、字体等方式设置鼠标指针经过的前后图像效果。

3.2　课堂案例：制作"新品展台"页面

　　老洪检查了米拉制作的"关于我们"页面后，发现效果不错，要求米拉再制作"新品展台"网页，并向其中添加多媒体对象，让该网页更加生动形象。

　　米拉首先为网页添加背景音乐，然后通过插入SWF动画和FLV视频等对象完善网页内容，使"新品展台"网页能够吸引更多的浏览者。本案例完成后的参考效果如图3-22所示。

素材所在文件 素材文件\第3章\课堂案例\xpzt\
效果所在位置 效果文件\第3章\xpzt.html

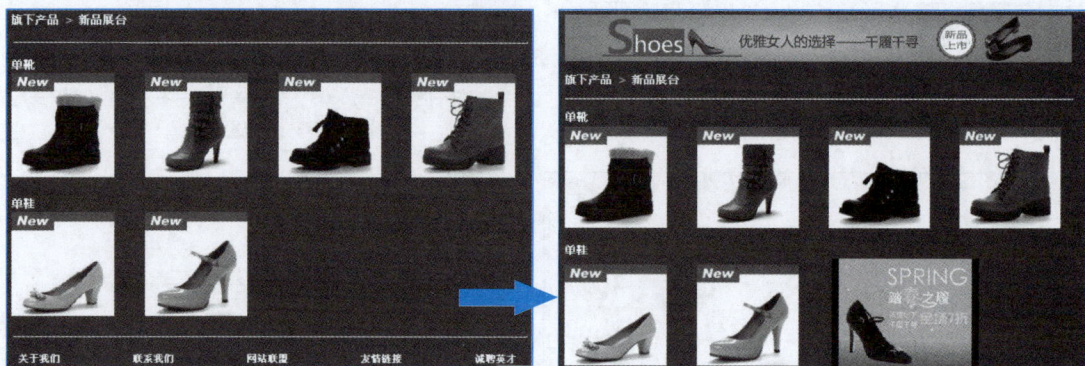

图3-22 "新品展台"页面最终效果

3.2.1 添加多媒体插件

使用Dreamweaver的媒体插件向网页中添加各种类型的媒体文件，如音乐和视频等。下面以在"xpzt.html"网页中利用插件添加"bgmusic. mp3"音乐为例，介绍添加多媒体插件的方法，其具体操作如下。

（1）打开"xpzt.html"网页，将插入点定位到网页首行空行中，选择【插入】/【媒体】/【插件】菜单命令，如图3-23所示。

（2）打开"选择文件"对话框，在其中选择"bgmusic.mp3"音乐文件，单击 确定 按钮，如图3-24所示。

微课视频

添加多媒体插件

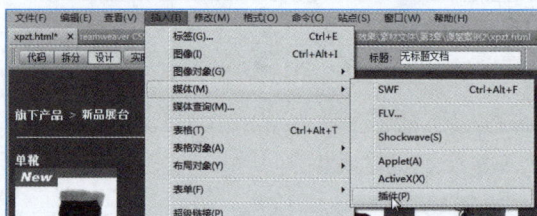

图3-23 插入插件

图3-24 选择插件

（3）选择插入音乐文件后创建的图标，在"属性"面板中将宽度和高度分别设置为"300"和"45"，如图3-25所示。

（4）保存并预览网页，此时将自动播放插入的音乐，且可在插件控制条中设置音乐的播放进度和声音大小等，如图3-26所示。

图3-25 设置插件尺寸

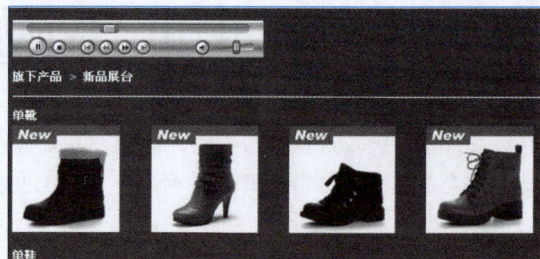

图3-26 预览网页

为什么要修改插件的宽和高参数

默认插入的插件尺寸为32像素×32像素，因此无法完整显示音乐控制条的界面，因此才需要更改其大小。同样，如果插入的是视频插件，也应该根据视频界面的大小设置插件尺寸。

3.2.2 添加背景音乐

虽然利用插件可以插入音乐，但同时会因为插件的存在而占用一定的网页空间。如果通过添加背景音乐的方式在网页中添加音乐，则可在打开页面时自动播放音乐，同时不会占据页面空间。下面以在"xpzt.html"网页中添加背景音乐为例进行介绍，其具体操作如下。

微课视频

添加背景音乐

（1）删除前面插入的插件，选择【插入】/【标签】菜单命令。

（2）打开"标签选择器"对话框，在左侧列表框中双击展开【HTML标签】文件夹，在其下的内容中双击【页面元素】选项，在展开的目录中选择【浏览器特定】选项，然后双击右侧列表框中的"bgsound"选项，如图3-27所示。

（3）打开"标签编辑器 - bgsound"对话框，单击"源"文本框右侧的 浏览… 按钮选择背景音乐文件，在"循环"下拉列表框中选择【（-1）】（无限）选项，如图3-28所示。

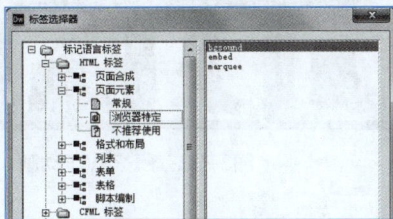
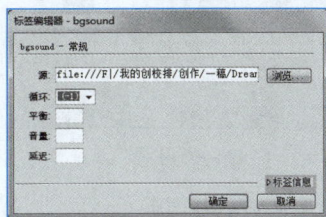

图3-27　选择标签　　　　　图3-28　设置背景音乐

通过代码快速添加背景音乐

直接在代码视图中输入"`<bgsound src="bgmusic.mp3" loop="-1" />`"代码，也可为网页添加"bgmusic.mp3"背景音乐，并无限循环播放。

（4）单击 确定 按钮并关闭对话框，返回"标签选择器"对话框，单击 关闭(C) 按钮，保存并预览网页即可听到插入的音乐。

3.2.3 插入SWF动画

SWF动画被广泛地应用于网站中，网页上常见的动态闪烁的文字和图片等对象基本上都是SWF动画，在Dreamweaver中可以很方便地插入该对象。下面以在"xpzt.html"网页中插入"banner.swf"动画为例进行介绍，其具体操作如下。

微课视频

插入 SWF 动画

（1）将插入点定位在网页开始处，选择【插入】/【媒体】/【SWF】菜单命令。

（2）打开"选择 SWF"对话框，选择提供的"banner.swf"动画文件，单击 确定 按钮，如

图3-29所示。

（3）打开"Dreamweaver"对话框，单击 是(Y) 按钮将文件复制到站点中，如图3-30所示。

（4）打开"对象标签辅助功能属性"对话框，默认其中的设置，单击 确定 按钮，如图3-31所示。

图3-29　选择SWF动画　　　　图3-30　确认复制文件　　　　图3-31　设置对象标题

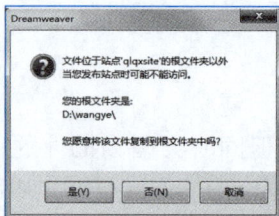

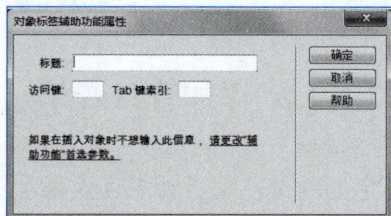

（5）插入SWF动画后，在"属性"面板中单击选中 ☑循环(L) 复选框和 ☑自动播放(U) 复选框，如图3-32所示。

（6）保存并预览网页，此时将显示出插入的SWF动画效果，如图3-33所示。

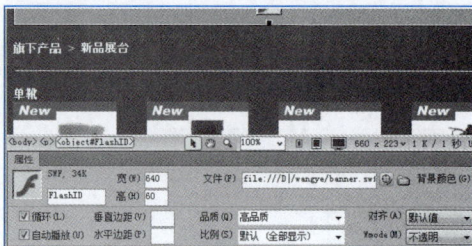

图3-32　设置SWF动画

图3-33　预览SWF动画

3.2.4　插入FLV视频

FLV视频是网页中使用最广泛的视频格式，具有体积小、下载速度快、清晰度高等优点。Dreamweaver提供了插入FLV视频的功能，下面以在"xpzt.html"网页中插入"xc.flv"视频为例进行介绍，其具体操作如下。

（1）将插入点定位到最后一张图片的空格后面，选择【插入】/【媒体】/【FLV】菜单命令，如图3-34所示。

（2）打开"插入 FLV"对话框，在"URL"文本框后单击 浏览… 按钮，选择提供的"xc.flv"视频文件，在"宽度"文本框中输入"200"，"高度"文本框中输入"150"，单击选中 ☑ 自动播放 复选框和 ☑ 自动重新播放 复选框，单击 确定 按钮，如图3-35所示。

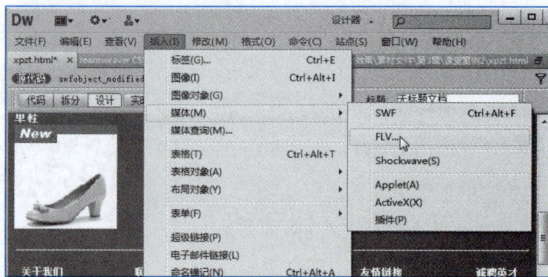

微课视频
插入 FLV 视频

图3-34　插入FLV视频

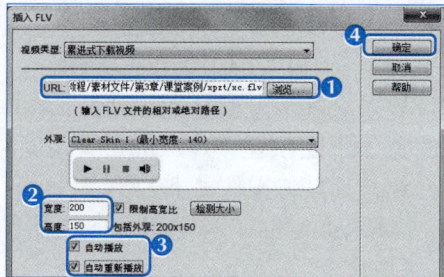

图3-35　设置FLV视频参数

（3）此时将在网页的插入点处插入选择的FLV视频文件，按【Ctrl+S】组合键保存网页，如图3-36所示。

（4）按【F12】键预览网页效果，此时插入的FLV视频对象将自动开始播放，且可通过视频上的控制条控制视频的播放、暂停或停止状态，如图3-37所示。

图3-36　保存设置

图3-37　预览网页

行业提示

添加多媒体对象的注意事项

　　在网页中添加相关的多媒体对象可以丰富页面，但在选择素材时需要注意，选择的视频、动画或音乐文件不宜过大，以免减慢加载速度，影响浏览者观看，最好选择时间短且画面精美的多媒体对象。

3.3　项目实训

3.3.1　制作"旅游导航"网页

1. 实训目标

　　本实训的目标是制作"快乐旅游"网站的"旅游导航"网页，要求充分利用各种多媒体文件来丰富网页内容。本实训的效果如图3-38所示。

微课视频

制作"旅游导航"网页

素材所在位置　素材文件\第3章\项目实训\daohang-travel.html、dh.jpg、banner.swf、01.jpg、02.jpg、03.jpg

效果所在位置　效果文件\第3章\项目实训\daohang-travel.html

图3-38　"旅游导航"网页

2．专业背景

网站中的导航网页一般起内容导航或功能导航的作用。通过设置该页面的内容导航可以随时浏览网站的其他网页；功能导航则是可以将相关功能集中到此页面，让浏览者在其中完成最主要的互动功能操作。

本次实训制作的网页属于功能导航网页，通过将住宿查询和用户登录的功能集中到其中，让浏览者可以方便地预定住宿。

3．操作思路

完成本实训主要包括添加SWF动画、插入与编辑图像，以及美化与优化图像等内容，其操作思路如图3-39所示。

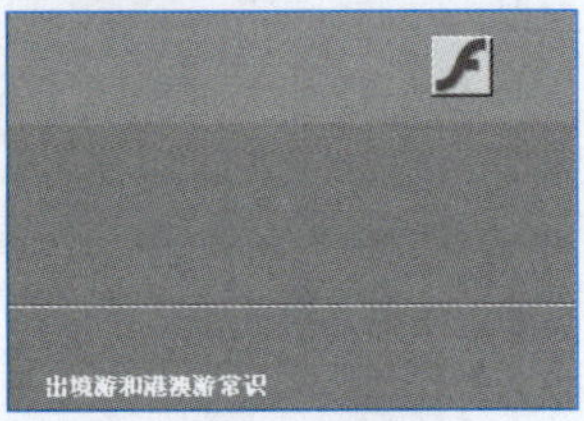

① 插入SWF动画 　　　　② 插入与编辑图像 　　　　③ 美化与优化图像

图3-39　"旅游导航"网页的操作思路

【步骤提示】

（1）打开"daohang-travel.html.tif"网页，插入"banner.swf"动画。

（2）依次插入"dh.jpg""01.jpg""02.jpg"和"03.jpg"图像，并调整图像尺寸，为图像添加边框。

（3）适当调整"03.jpg"图像的对比度、亮度和锐化程度。

（4）适当调整各图像的品质，增加图像的下载速度。

3.3.2　制作"科技产品"网页

1．实训目标

本实训要求制作"科技产品"网页，通常，科技类产品其功能和概念比较抽象，在制作这类网页时，通常会采用形象的图片和使用方法或制作原理视频来具体展现，因此，这里通过插入Flash文件、图像、图像占位符来直观地展示网页中的内容，并对图像进行编辑，最后输入文本。完成后的效果如图3-40所示。

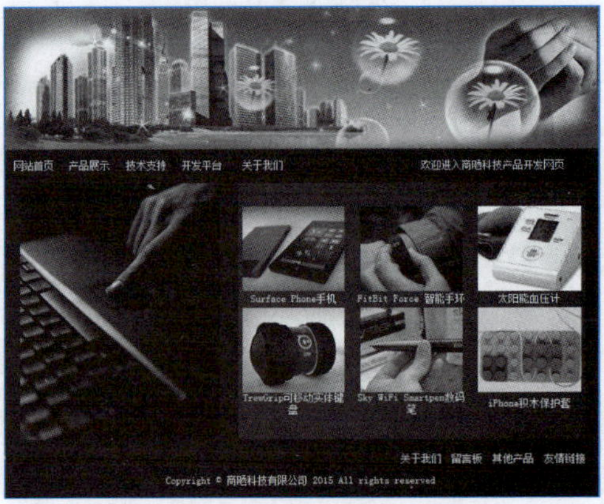

图3-40　"科技产品"网页效果

微课视频

制作"科技产品"网页

2．专业背景

目前的图像格式非常多，但需要注意的是，能在网页中使用的格式只有JEPG、GIF、PNG。这3种图像格式的特点介绍如下。

（1）JEPG图像

- 支持1670万种颜色，可以设置图像质量，其图像大小由其质量高低决定，质量越高文件越大，质量越低文件越小。
- 是一种有损压缩，在压缩处理过程中，图像的某些细节将被忽略，从而局部变得模糊，但一般非专业人士看不出来。不支持GIF格式的背景透明和交错显示。

（2）GIF图像

- 网页上使用最早、应用最广的图像格式，能被所有图像浏览器兼容。
- 是一种无损压缩，在压缩处理过程中不降低图像品质，而是减少显示色，最多支持256色的显示，不适合于有光晕、渐变色彩等颜色细腻的图片和照片。
- 支持背景透明的功能，便于图像更好地融合到其他背景色中。
- 可以存储多张图像，并能以动态显示。

（3）PNG图像

- 网络专用图像，兼具GIF格式图像和JPEG格式图像的优点。
- 是一种无损压缩，压缩技术比GIF优秀。
- 支持颜色数量达1670万种，同时包括索引色、灰度、真彩色图像，支持Alpha通道透明。

3．操作思路

完成本练习需要先插入Flash文件，然后插入图片并进行编辑，最后插入图像占位符，其操作思路如图3-41所示。

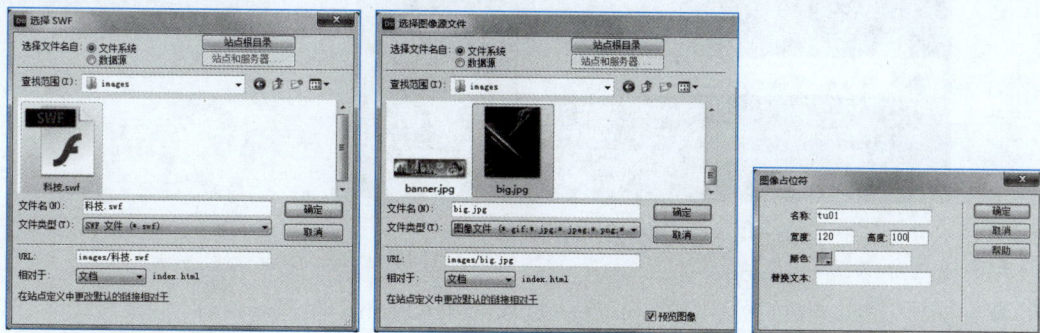

① 插入SWF文件　　　② 插入图片　　　③ 插入图像占位符

图3-41 "科技产品"网页的操作思路

【步骤提示】

（1）打开"index.html"素材网页，在表格第一行中插入"科技.swf"素材文件。

（2）在第3行第2列中插入图片"big.jpg"，并对图片进行裁剪和缩放操作，使其适合网页。

（3）在表格中插入图像占位符，设置其宽、高分别为"120""100"。然后双占位符选择图像源文件，分别为"01.jpg"~"06.jpg"。

（4）输入图像占位符图片所对应的文本，完成网页的制作。

3.4　课后练习

本章主要介绍了在网页中插入图像和多媒体对象的操作，包括插入图像、编辑图像、美化图像、优化图像、插入多媒体插件、插入页面背景音乐、插入SWF动画和插入FLV视频等知识。本章内容同样是网页制作的基础，只有掌握了这些对象的插入与使用方法，才能制作出形象生动、图文并茂的网页。

练习1：制作"游戏介绍"网页

本练习要求制作"游戏介绍"网页，首先插入Flash动画，然后通过插入一个视频文件，使其嵌入在网页中，完成后的参考效果如图3-42所示。

| 素材所在位置 | 素材文件\第3章\课后练习\game\index.html |
| 效果所在位置 | 效果文件\第3章\课后练习\game\index.html |

微课视频

制作"游戏介绍"网页

图3-42　"游戏介绍"网页效果

要求操作如下。

● 打开"index.html"素材文档，在网页顶部插入Flash文件"top.swf"。

● 将光标插入点定位到网页中间，选择【插入】/【媒体】/【插件】菜单命令，在打开的对话框中选择素材文件"cod7.avi"。

● 选择插入的插件，在"属性"面板中设置其宽、高分别为"512""288"。

练习2：美化"服装"网页

本练习要求打开"fuzhuang.html"网页，先插入背景音乐，然后插入图像，在导航下方通过图像占位符进行图像的添加，并输入和设置文字的样式，完成后的效果如图3-43所示。

图3-43 "服装"网页效果

素材所在位置 素材文件\第3章\课后练习\clothes\index.html
效果所在位置 效果文件\第3章\课后练习\clothes\index.html

要求操作如下。

● 打开"index.html"网页，通过插入标签的方法插入背景音乐"music.mp3"。
● 在导航文本上方选择【插入】/【图像】菜单命令，插入"top.jpg"素材图像。
● 在下方的位置插入图像占位符。

3.5 技巧提升

1．插入ActiveX控件

ActiveX控件是一种常用的软件组件，使用ActiveX控件，可快速在网址、应用程序、开发工具中加入特殊功能。用户可通过ActiveX控件方便地插入多媒体效果、交互式对象以及其他复杂程序，使网页效果更加丰富。其方法为：单击"常用"工具栏"媒体"按钮 后的 按钮，在打开的下拉列表中选择【ActiveX】选项；或选择【插入】/【媒体】/【ActiveX】菜单命令，在打开的"对象辅助标签功能属性"对话框中设置相关参数即可。然后选择插入的ActiveX控件，在"属性"面板中单击选中 源文件 复选框并选择源文件即可。

2．网页中常用的音乐文件格式

在网页中可插入的音乐文件有多种，常见的格式有MP3、WAV、MIDI、RA、RAM等，这些格式的音乐文件介绍如下。

● **MP3格式：** MP3格式是一种压缩格式，其声音品质可以达到CD音质。MP3技术可以对文件进行流式处理，可边收听边下载。若要播放MP3文件，访问者必须下载并安装辅助应用程序或插件，如QuickTime、Windows Media Player、RealPlayer。
● **WAV格式：** WAV文件具有较好的声音品质，大多数浏览器都支持此类格式文件并且不要求插件。该格式文件通常都较大，因此在网页中的应用受到了一定的限制。
● **MIDI格式：** 大多数浏览器支持MIDI文件，并且不需要插件。MIDI文件不能被录制并且必须使用特殊的硬件和软件在计算机上合成。MIDI文件的声音品质非常好，但不同的声卡所获得的声音效果可能不同。

- **RA、RAM格式：** RA、RAM文件具有非常高的压缩程度，文件大小比MP3小。这些文件支持流式处理，需要下载并安装RealPlayer辅助应用程序或插件才可以播放。
- **RM格式：** RM格式是RealNetworks公司开发的一种媒体视频文件格式，可以根据网络数据传输的不同速率制定不同的压缩比率，从而实现低速率在Internet上进行视频文件的实时传送和播放。它主要包含RealAudio、RealVideo、RealFlash 3个部分。

3．如何设置最小化浏览器后仍播放背景音乐

将音乐插入到Flash动画中，并设置Flash动画的大小为1px，这样在网页中插入该Flash动画后，即使最小化浏览器，音乐仍会照常播放。

CHAPTER 4

第4章
在网页中创建超链接

情景导入

　　米拉掌握了基本的网页内容制作方法，但却发现自己制作的网页和互联网上的网页不太一样。老洪说现在制作的网页只是单个的文件，还没有建立超链接，然后教米拉创建超链接的方法。

学习目标

● 掌握"公司地图"页面的制作方法

　　如创建文本超链接、图像超链接、外部超链接、图像热点超链接等。

● 掌握"给我们留言"页面的制作方法

　　如锚点超链接、电子邮件超链接、文件超链接、空链接和脚本链接等。

案例展示

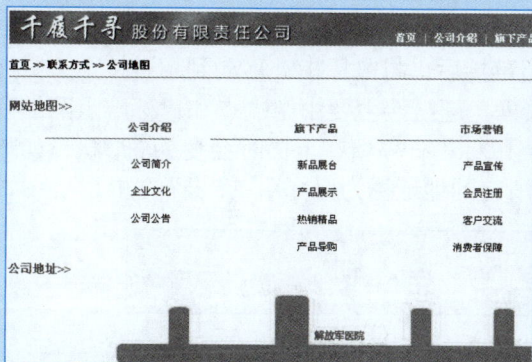

▲ "公司地图"页面效果

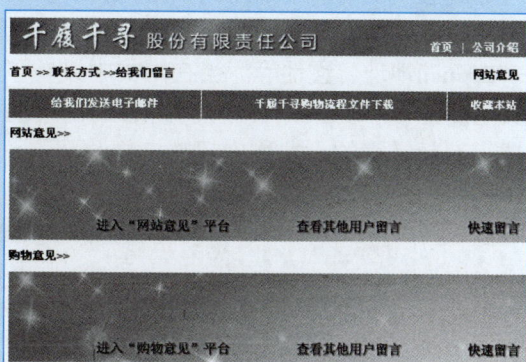

▲ "给我们留言"页面效果

4.1 课堂案例：制作"公司地图"页面

"公司地图"网页不仅能显示公司的地址，而且能展示网站结构。老洪告诉米拉，为了充分发挥"公司地图"网页的作用，需要在其中添加许多超链接，以实现通过"公司地图"网页就能浏览网站中其他页面的目的。

要完成此任务，需要涉及文本超链接、图像超链接、外部超链接以及图像热点超链接的创建。本案例完成后的参考效果如图4-1所示，下面具体讲解其制作方法。

素材所在位置 素材文件\第4章\课堂案例\gsdt\
效果所在位置 效果文件\第4章\课堂案例\gsdt.html

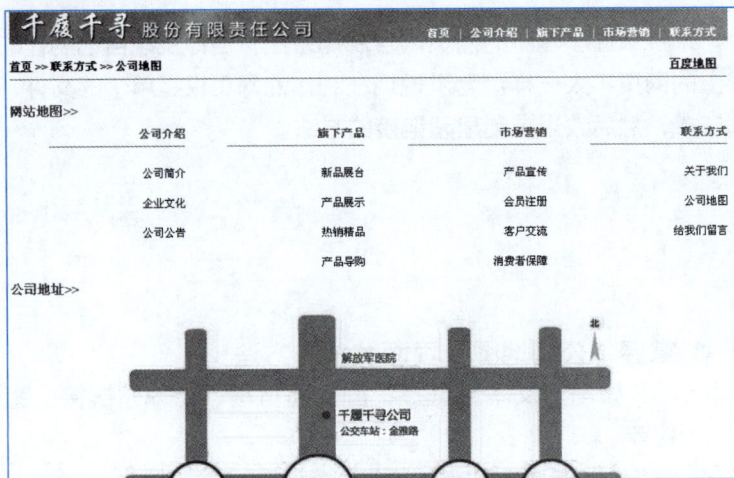

图4-1 "公司地图"页面最终效果

4.1.1 认识超链接

超链接可以将网站中的每个网页关联起来，是制作网站必不可少的元素。为了更好地认识和使用超链接，下面将对超链接的相关知识进行介绍。

1．超链接的定义

超链接与其他网页元素不同的是，它更强调一种相互关系，即从一个页面指向一个目标对象的连接关系，这个目标对象可以是一个页面或相同页面中的不同位置，还可以是图像、E-mail地址、文件等。当在网页中设置了超链接后，将鼠标指针移动到超链接上，鼠标指针呈 显示，单击鼠标时则可跳转到链接的页面。超链接主要由源端点和目标端点两部分组成，有超链接的一端称为超链接的源端点（当鼠标指针停留在上面时会变为 形状，如图4-2所示），单击超链接源端点后跳转到的页面所在的地址称为目标端点，即"URL"。

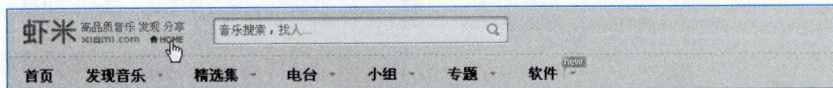

图4-2 超链接

"URL"是英文"Uniform Resource Locator"的缩写，表示"统一资源定位符"，它定义了一种统一的网络资源的寻找方法，所有网络上的资源，如网页、音频、视频、Flash、压缩文件等，均可通过这种方法来访问。

"URL"的基本格式为："访问方案 :// 服务器 : 端口 / 路径 / 文件 # 锚记"，例如"http://baike.baidu.com:80/view/10021486.htm#2"，下面分别介绍各个组成部分。

- **访问方案**：用于访问资源的 URL 方案，这是在客户端程序和服务器之间进行通信的协议。访问方案有多种，比如引用 Web 服务器的方案是超文本协议（HTTP），除此以外，还有文件传输协议（FTP）和邮件传输协议（SMTP）等。
- **服务器**：提供资源的主机地址，可以是 IP 地址或域名，如上例中的"baike.baidu.com"。
- **端口**：服务器提供该资源服务的端口，一般使用默认端口，HTTP 服务的默认端口是"80"，通常可以省略。当服务器提供该资源服务的端口不是默认端口时，一定要加上端口才能访问。
- **路径**：资源在服务器上的位置，如上例中的"view"说明地址访问的资源在该服务器根目录的"view"文件夹中。
- **文件**：就是具体访问的资源名称，如上例中访问的是网页文件"10021486.htm"。
- **锚记**：HTML 文档中的命名锚记，主要用于对网页的不同位置进行标记，是可选内容，当网页打开时，窗口将直接呈现锚记所在位置的内容。

2．超链接的类型

超链接的类型主要有以下几种。

- **相对链接**：这是最常见的一种超链接，它只能链接网站内部的页面或资源，也称内部链接，如"ok.html"链接表示页面"ok.html"和链接所在的页面处于同一个文件夹中；又如"pic/banner.jpg"表明图片"banner.jpg"在创建链接的页面所处文件夹的"pic"文件夹中。一般来讲，网页的导航区域基本上都是相对链接。
- **绝对链接**：与相对链接对应的是绝对链接，绝对链接是一种严格的寻址标准，包含了通信方案、服务器地址、服务端口等，如"http://baike.baidu.com/img/banner.jpg"，通过它就可以访问"http://baike.baidu.com"网站内部"img"文件夹中的"banner.jpg"图片，因此绝对链接也称为外部链接。网页中涉及的"友情链接"和"合作伙伴"等区域就是绝对链接。
- **文件链接**：当浏览器访问的资源是不可识别的文件格式时，浏览器就会打开下载窗口提供该文件的下载服务，这就是文件链接的原理。运用这一原理，网页设计人员可以在页面中创建文件链接，链接到将要提供给访问者下载的文件，访问者单击该链接就可以实现文件的下载。
- **空链接**：空链接并不具有跳转页面的功能，而是提供调用脚本的按钮。在页面中为了实现一些自定义的功能或效果，常常在网页中添加脚本，如JavaScript和VBScript，而其中许多功能是与访问者互动的，比较常见的是"设为首页"和"收藏本站"等，它们都需要通过空链接来实现，空链接的地址统一用"#"表示。
- **电子邮件链接**：电子邮件链接提供浏览者快速创建电子邮件的功能，单击此类链接后即可进入电子邮件的创建向导，其最大特点是预先设置好收件人的邮件地址。
- **锚点链接**：用于跳转到指定的页面位置。适用于当网页内容超出窗口高度，需使用滚动条辅助浏览的情况。使用命名锚记需插入命名锚记并链接命名锚点。

3．超链接的路径

超链接根据链接路径的不同可分为以下几种类型。

● **文档相对路径**：文档相对路径是本地站点链接中最常用的链接形式，使用相对路径无需给出完整的URL地址，可省去URL地址的协议，只保留不同的部分即可。相对链接的文件之间相互关系并没有发生变化，当移动整个文件夹时不会出现链接错误的情况，也就不用更新链接或重新设置链接，因此使用文档相对路径创建的链接在上传网站时非常方便。

● **绝对链接**：这类链接给出了链接目标端点完整的URL地址，包括使用的协议，如"http://mail.sina.net/index.html"。绝对链接在网页中主要用作创建站外具有固定地址的链接。

● **站点根目录相对路径**：这类链接是基于站点根目录的，如"/tianshu/xiaoshuo.htm"，在同一个站点中网页的链接可采用这种方法。

4.1.2 创建文本超链接

文本超链接是网页中使用最多的超链接之一。下面以在"gsdt.html"网页中创建"首页"文本超链接为例进行介绍，其具体操作如下。

（1）打开"gsdt.html"网页，选择"首页"文本，单击"属性"面板中的 HTML 按钮，然后单击"链接"文本框右侧的"浏览文件"按钮 ，如图4-3所示。

（2）打开"选择文件"对话框，选择素材中提供的"index.html"网页文件，单击 确定 按钮，如图4-4所示。

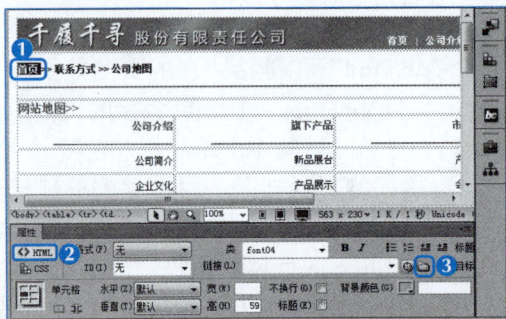

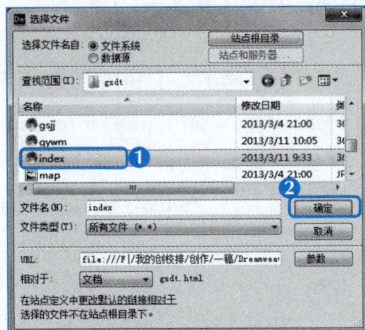

图4-3 选择文本　　　　　　　　　　图4-4 指定链接的网页

（3）打开"Dreamweaver"提示对话框，单击 是(Y) 按钮，确认将网页文件复制到站点中，如图4-5所示。

（4）完成文本超链接的创建，此时"首页"文本的格式将呈现超链接文本独有的格式，即"蓝色+下划线"格式，如图4-6所示。保存设置的网页。

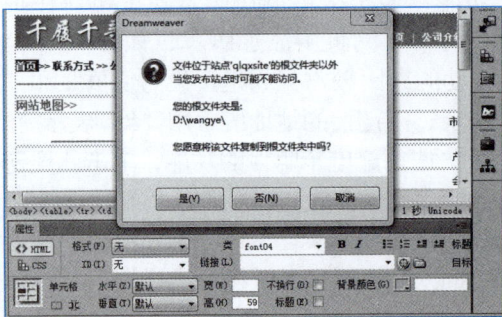

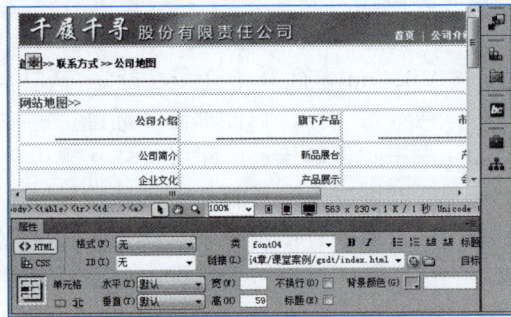

图4-5 确认复制　　　　　　　　　　图4-6 完成超链接的创建

微课视频

创建文本超链接

（5）按【F12】键预览网页，单击创建的"首页"文本超链接，如图4-7所示。

（6）此时将快速打开"index.html"网页，实现超链接的跳转功能，如图4-8所示。

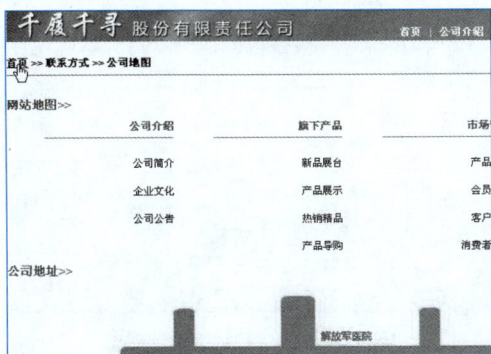

图4-7 单击文本超链接

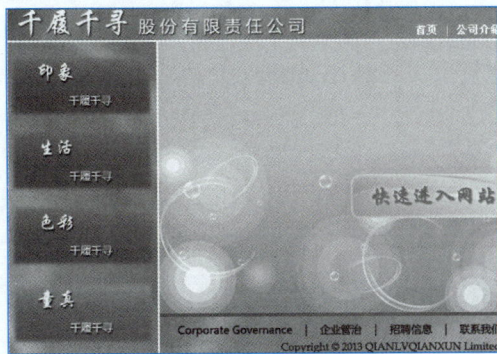

图4-8 打开链接的网页

多学一招

创建超链接的其他方法

创建超链接时，还可在"属性"面板的"目标"下拉列表框中设置链接目标的打开方式，包括"blank""new""parent""self"和"top"等5种选项可供选择。其中"blank"表示链接目标会在一个新窗口中打开；"new"表示链接将在新建的同一个窗口中打开；"parent"表示如果是嵌套框架，则在父框架中打开；"self"表示在当前窗口或框架中打开，这是默认方式；"top"表示将链接的文档载入整个浏览器窗口，从而删除所有框架。

4.1.3 创建图像超链接

61

图像超链接也是一种常用的链接类型，其创建方法与文本超链接类似，下面以在"gsdt.html"网页中创建图像超链接为例进行介绍，其具体操作如下。

（1）选择网页上方的banner图片，单击"属性"面板中"链接"文本框右侧的"浏览文件"按钮，如图4-9所示。

（2）打开"选择文件"对话框，选择素材中提供的"gsjj.html"网页文件，单击 确定 按钮，如图4-10所示。

微课视频

创建图像超链接

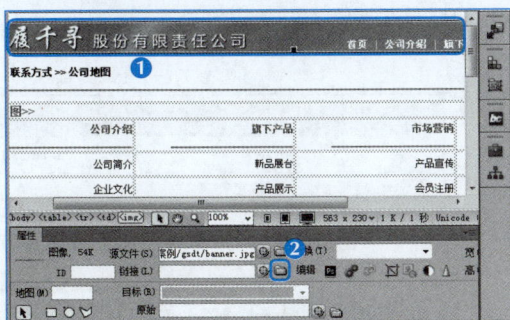

图4-9 选择图像

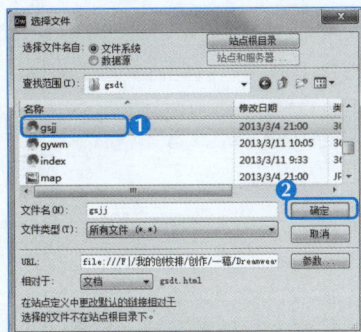

图4-10 指定链接的网页

（3）打开"Dreamweaver"提示对话框，单击 是(Y) 按钮，确认将网页文件复制到站点中，如图4-11所示。

（4）完成图像超链接的创建，此时所选图像的"链接"文本框中将显示链接文件路径，如图4-12所示，保存设置的网页。

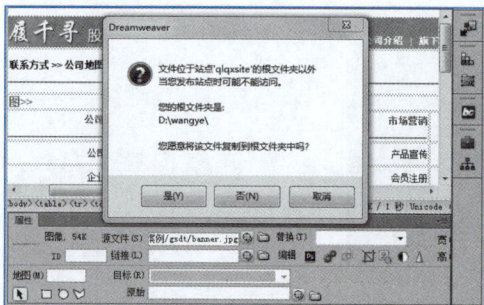

图4-11　确认复制

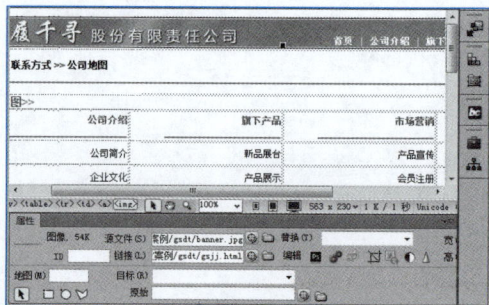

图4-12　完成超链接的创建

（5）按【F12】键预览网页，单击创建的图像超链接，如图4-13所示。

（6）此时将快速打开"gsjj.html"网页，完成图像超链接的创建，如图4-14所示。

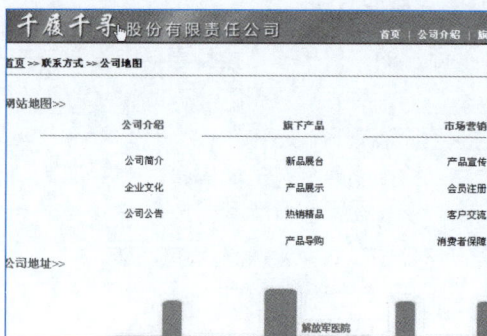

图4-13　单击图像超链接

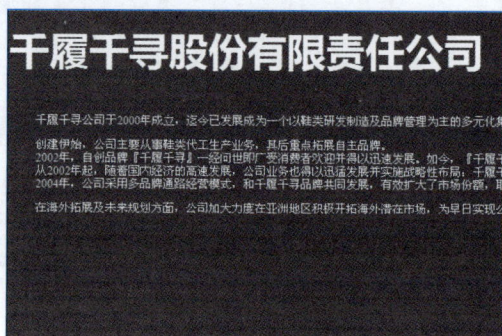

图4-14　打开链接的网页

4.1.4　创建外部超链接

外部超链接即链接到其他网站的网页中，这类链接需要完整的URL地址，因此需要通过输入的方式来创建。下面以在"gsdt.html"网页中创建"百度地图"外部超链接为例进行介绍，其具体操作如下。

（1）选择网页上方的"百度地图"文本，在"属性"面板的"链接"文本框中直接输入"http://map.baidu.com/"，如图4-15所示。

（2）完成外部超链接的创建，此时所选文本的格式同样会发生变化，如图4-16所示，保存设置的网页。

微课视频

创建外部超链接

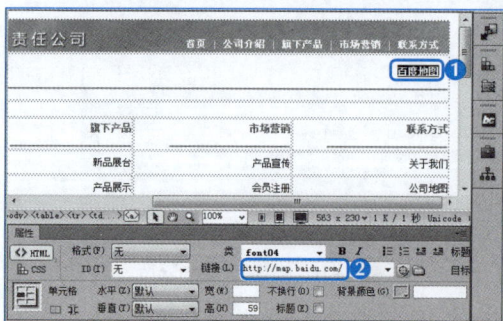

图4-15　选择文本并输入地址

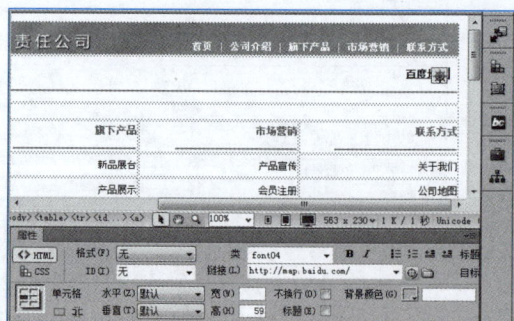

图4-16　完成创建

（3）按【F12】键预览网页，单击创建的外部超链接，如图4-17所示。

（4）此时将访问"百度地图"网页，效果如图4-18所示。

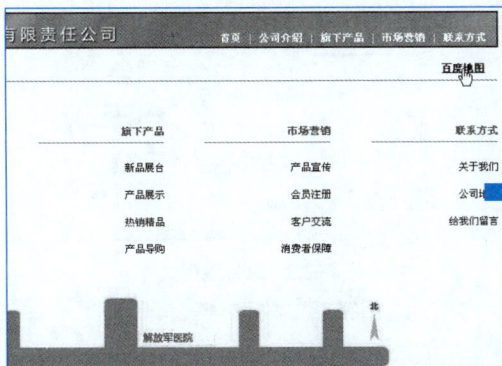

图4-17　单击外部超链接

图4-18　访问对应的网页

多学一招

如何提高外部链接的正确率

创建外部超链接时，可先访问需要链接的网页，在地址栏中复制其地址，并粘贴到Dreamweaver"属性"面板的"链接"文本框中，即可有效地完成外部超链接的创建。

4.1.5　创建图像热点超链接

图像热点超链接是一种非常实用的链接工具，它可以将图像中的指定区域设置为超链接对象，从而实现单击图像上的不同区域，跳转到指定页面的功能。下面以在"gsdt.html"网页中使用矩形热点工具创建图像热点超链接为例进行介绍，其具体操作如下。

微课视频

创建图像热点超链接

（1）选择网页上方的图像，单击"属性"面板中的"矩形热点工具"按钮，如图4-19所示。

（2）在图像上"首页"区域的位置拖动鼠标光标绘制热点区域，如图4-20所示。

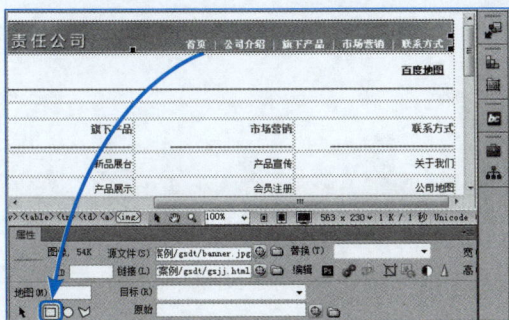

图4-19　选择热点工具

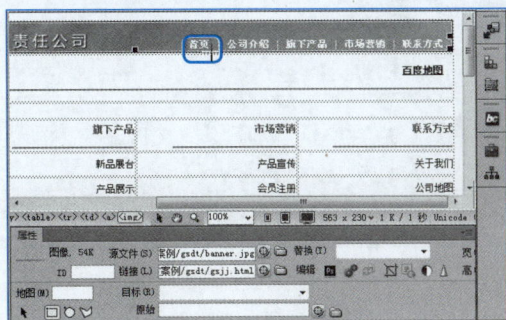

图4-20　绘制热点区域

（3）释放鼠标后单击"属性"面板中"链接"文本框右侧的"浏览文件"按钮，如图4-21所示。

（4）打开"选择文件"对话框，选择"index.html"网页文件，单击 确定 按钮，如图4-22所示。

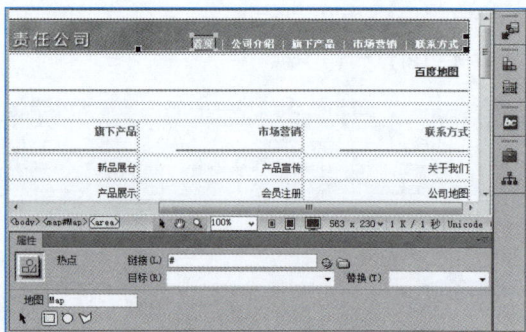

图4-21 创建超链接

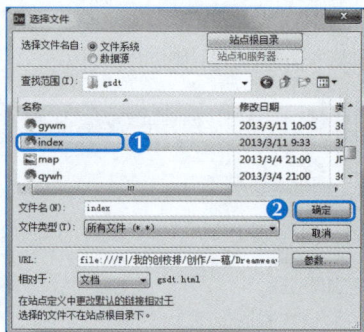

图4-22 选择网页文件

（5）按相同方法在图像的其他位置绘制热点区域，并创建超链接，如图4-23所示。

（6）保存并预览网页，单击图像上的"首页"区域，如图4-24所示。

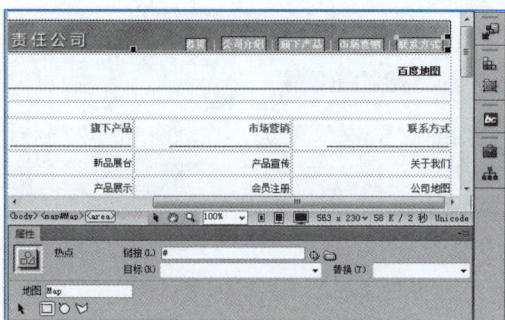

图4-23 绘制其他热点区域

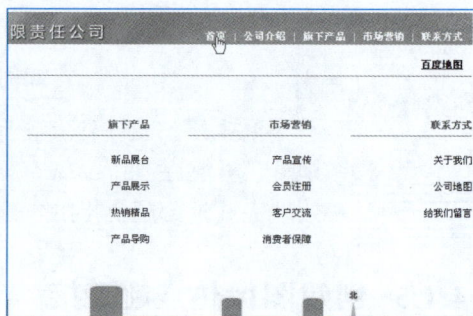

图4-24 单击热点区域

（7）此时将打开链接的"index.html"网页，如图4-25所示。

（8）按【BackSpace】键返回之前的网页，单击"公司介绍"区域，如图4-26所示。

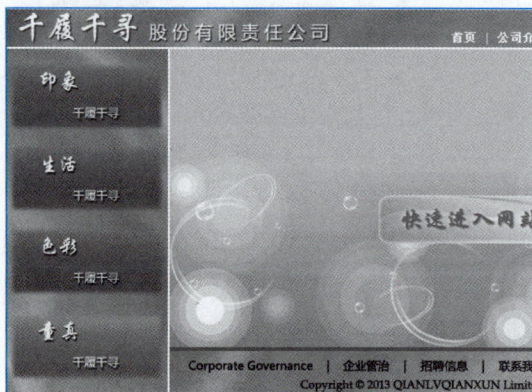

图4-25 跳转至指定的网页

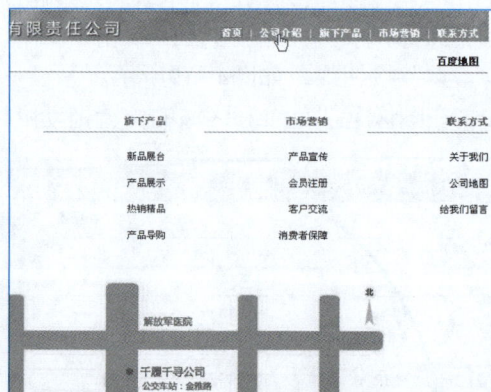

图4-26 单击其他热点区域

（9）此时将打开链接的"gsjj.html"网页，如图4-27所示。

（10）如果单击网页图像上的"旗下产品"区域，则将打开链接的"cpzs.html"网页，效果
如图4-28所示。

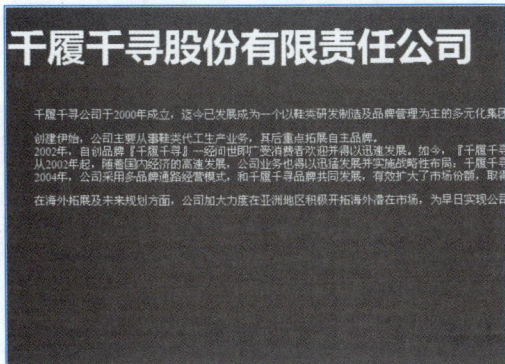

图4-27 跳转至指定的网页

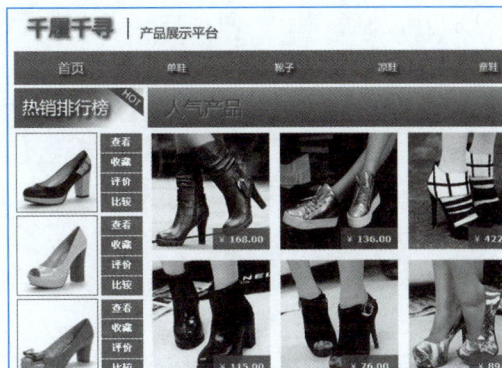

图4-28 跳转至指定的网页

4.2 课堂案例：制作"给我们留言"页面

老洪让米拉练习在"给我们留言"网页中为指定的对象创建超链接，以实现快速定位网页位置、启动电子邮件软件、下载资源以及收藏网页等各种功能。

米拉通过查阅资料，明白需要利用锚链接、电子邮件链接、文件链接、空链接以及脚本链接等多种超链接才能实现。本案例完成后的参考效果如图4-29所示，下面具体讲解其制作方法。

素材所在文件 素材文件\第4章\课堂案例\gwmly\
效果所在位置 效果文件\第4章\课堂案例\gwmly.html

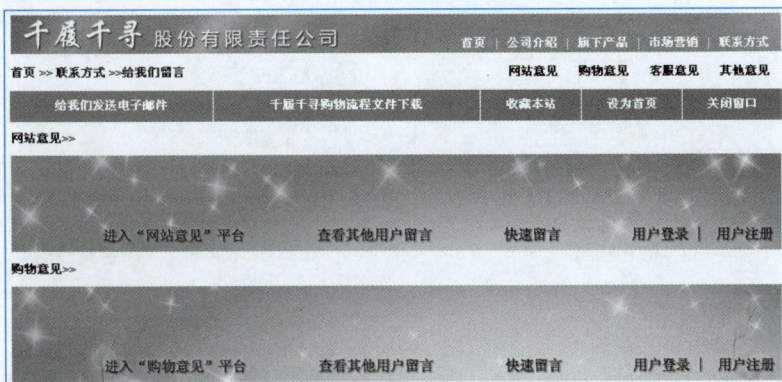

65

图4-29 "给我们留言"页面最终效果

4.2.1 创建锚点超链接

利用锚点超链接可以实现在同一网页中快速定位的效果，这在网页内容非常多的情况下非常有用。创建锚点超链接需要插入并命名锚记，然后对锚记进行链接。

1. 命名锚记

命名锚记的作用在于创建锚点超链接时能有对应的锚点依据。下面以在"gwmly.html"网页中命名锚记为例进行介绍，其具体操作如下。

（1）在"网站意见>>"文本左侧单击鼠标定位插入点，在"插入"面板中选择【常用】插入栏，并选择【命名锚记】选项，如图4-30所示。

（2）打开"命名锚记"对话框，在"锚记名称"文本框中输入"wangzhan"，单击 确定 按钮，如图4-31所示。

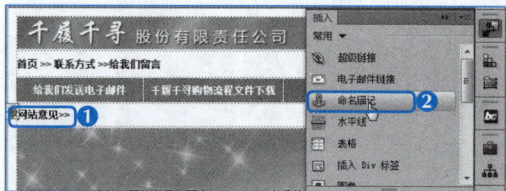
图4-30 定位锚点位置

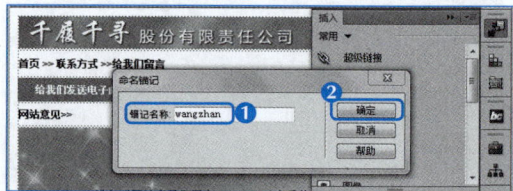
图4-31 命名锚点

（3）插入点所在位置出现一个类似船锚的标记，表示该位置已创建锚点。

（4）在"购物意见>>"文本左侧单击鼠标定位插入点，在"插入"面板中选择【常用】插入栏，并选择【命名锚记】选项，在打开的"命名锚记"对话框的"锚记名称"文本框中输入"gouwu"，单击 确定 按钮，如图4-32所示。

（5）即可在"购物意见>>"文本左侧创建一个锚点，按照相同方法在"客服意见>>"文本左侧和"其他意见>>"文本左侧创建锚点，名称分别为"kefu"和"qita"，如图4-33所示。

> **知识提示**
>
> ## 命名锚记的注意事项
>
> 命名锚记时，需要注意锚记名称不能是大写英文字母或中文，且名称也不能以数字开头。另外，在预览网页时，创建的锚点图标不会出现在网页中，因此创建锚点时不用考虑其对网页内容的影响。

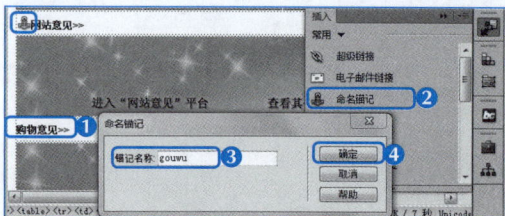
图4-32 命名锚点

图4-33 命名其他锚点

2．链接锚记

创建锚点后即可为指定的文本创建锚点超链接。下面以在"gwmly.html"网页中创建锚点超链接为例进行介绍，其具体操作如下。

微课视频

链接锚记

（1）选择网页上方的"网站意见"文本，在"属性"面板的"链接"文本框中输入"#wagnzhan"，如图4-34所示。

（2）按【Enter】键确认创建锚点链接，此时"网站意见"文本也将应用文本超链接的格式，如图4-35所示。

（3）按相同方法继续为"购物意见""客服意见"文本和"其他意见"文本创建对应名称的锚点链接，效果如图4-36所示。

（4）保存并预览网页，单击"客服意见"超链接，如图4-37所示。

（5）此时将快速显示当前网页中的"客服意见>>"内容区域，效果如图4-38所示。

（6）若单击"购物意见"锚点链接，则将快速定位到当前网页中的"购物意见>>"内容区域，效果如图4-39所示。

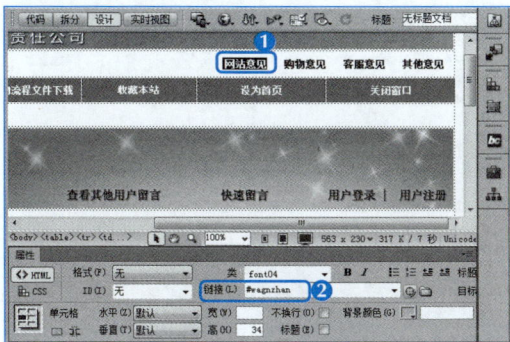

图4-34 输入链接地址

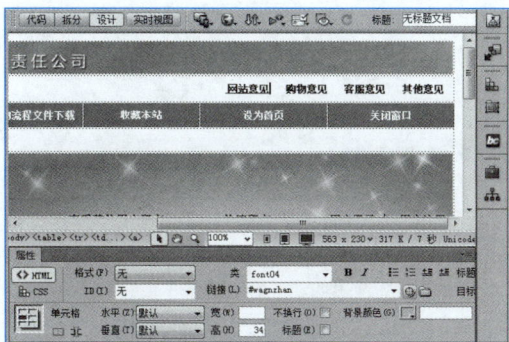

图4-35 创建锚点链接

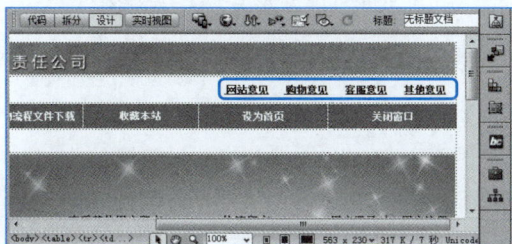

图4-36 创建其他锚点链接

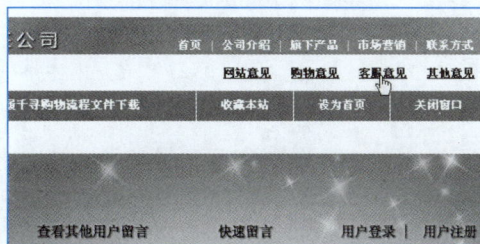

图4-37 单击锚点链接

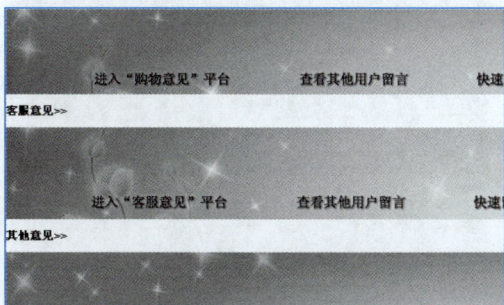

图4-38 跳转到锚点位置

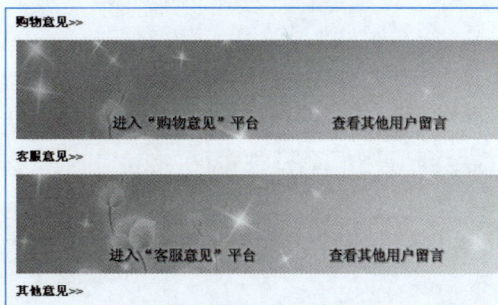

图4-39 跳转到锚点位置

4.2.2 创建电子邮件超链接

在网页中创建电子邮件超链接，可以方便网页浏览者利用电子邮件给网站发送相关邮件。下面以在"gwmly.html"网页中创建电子邮件超链接为例，介绍创建电子邮件超链接的方法，其具体操作如下。

微课视频

创建电子邮件超链接

（1）选择网页上方"给我们发送电子邮件"文本，在"属性"面板的"链接"文本框中输入"mailto:qlqx.vip@sina.com"，如图4-40所示。

（2）按【Enter】键，保存并预览网页，单击"给我们发送电子邮件地址"超链接，如图4-41所示，此时将启动Outlook电子邮件软件（计算机上需安装有此软件），浏览者只需输入邮件内容并发送邮件即可。

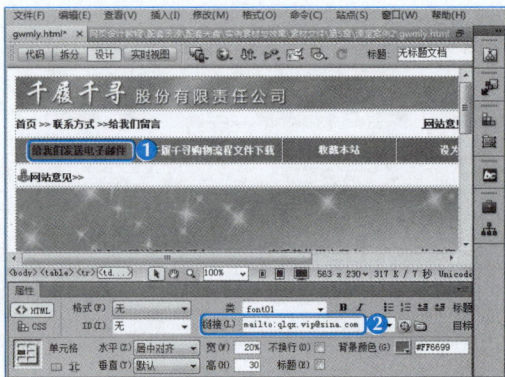

图4-40　创建电子邮件超链接

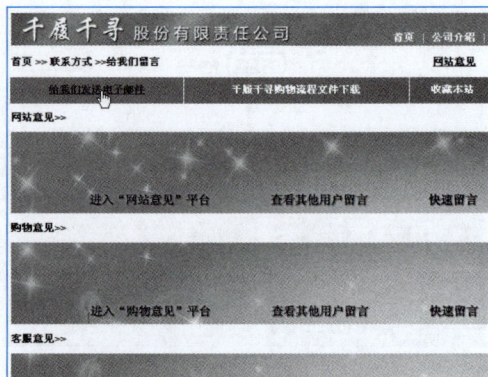

图4-41　单击电子邮件超链接

通过对话框创建电子邮件链接

多学一招

在"插入"面板的【常用】工具栏中选择【电子邮件链接】选项，此时将打开"电子邮件链接"对话框，在"文本"中输入链接的文本内容，在"电子邮件"文本框中输入邮件地址，单击 确定 按钮即可在当前插入点处为"文本"中的文本创建超链接，如图4-42所示。需要注意的是，在"电子邮件"文本框中无需输入"mailto:"，但若直接在"属性"面板的"链接"文本框中输入电子邮件地址时，则必须输入该内容。

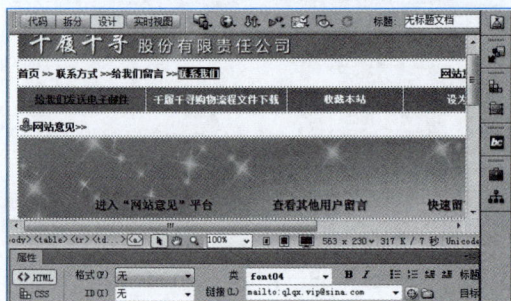

图4-42　利用对话框创建电子邮件链接

4.2.3　创建文件超链接

文件超链接可以实现网页资源的下载功能。下面以在"gwmly.html"网页中创建文件超链接为例进行介绍，其具体操作如下。

（1）选择网页上方"千履千寻购物流程文件下载"文本，在"属性"面板中单击"链接"文本框右侧的"浏览文件"按钮，如图4-43所示。

（2）打开"选择文件"对话框，选择素材中提供的"购物流程.rar"，单击 确定 按钮，如图4-44所示。

（3）打开"Dreamweaver"提示对话框，单击 是(Y) 按钮，如图4-45所示。

（4）保存并预览网页，单击"千履千寻购物流程文件下载"文本超链接，如图4-46所示。

（5）打开"文件下载"对话框，单击 保存(S) 按钮，如图4-47所示。

微课视频

创建文件超链接

（6）此时将打开"另存为"对话框，设置下载资源的保存位置和名称，单击 保存(S) 按钮即可
将其从网站中保存到电脑中，如图4-48所示。

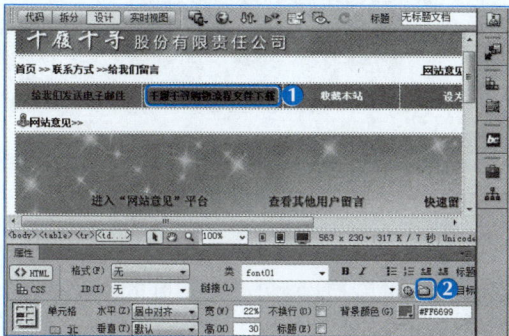

图4-43 选择文本对象

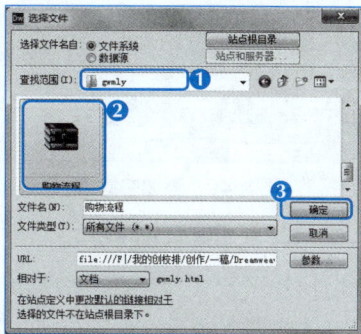

图4-44 选择下载的资源

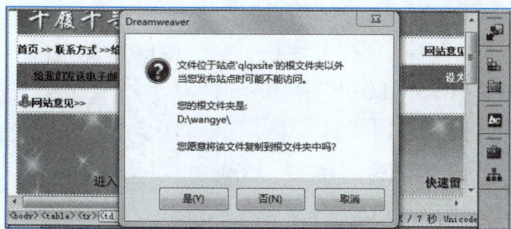

图4-45 确认复制

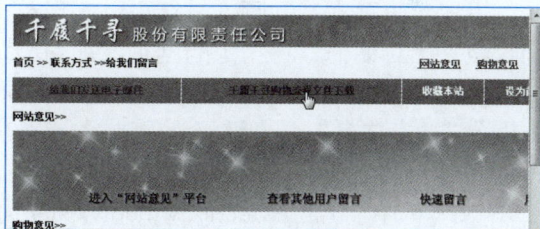

图4-46 单击文本超链接

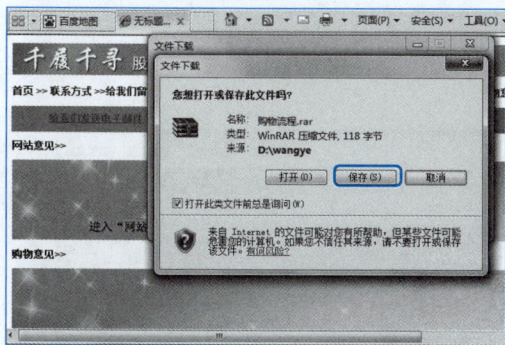

图4-47 下载资源

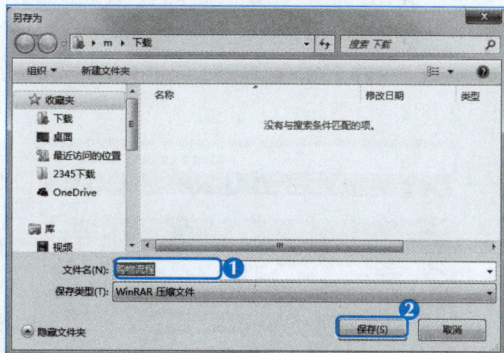

图4-48 保存资源

4.2.4 创建空链接

空链接不产生任何跳转的效果，一般为了统一网页外观，会为页
面中的文本或图像添加空链接。下面以在"gwmly.html"网页中创建空
链接为例，介绍空链接的创建方法，其具体操作如下。

（1）选择网页上方的"设为首页"文本，在"属性"面板的"链接"
文本框中输入"#"，如图4-49所示。

（2）按【Enter】键创建空链接。保存网页设置并预览网页，单击"设
为首页"超链接，可发现页面并没有发生任何改变，如图4-50
所示。

微课视频

创建空链接

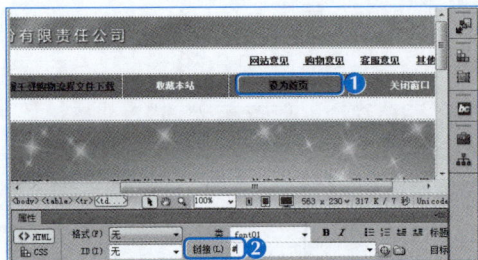

图4-49　添加空链接

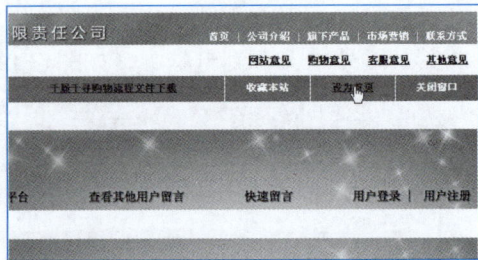

图4-50　单击空链接

4.2.5　插入脚本链接

　　脚本链接的设置较为复杂，但其可以实现许多功能，让网页产生更强的互动效果。下面介绍最常用的几种脚本链接的设置方法，包括"收藏本站""关闭窗口"和"设为首页"等。

1．设置"收藏本站"脚本链接

　　设置"收藏本站"脚本链接可以实现单击超链接后，打开"添加到收藏夹"对话框，将指定的网页添加到浏览器收藏夹中，以实现快速从浏览器的收藏夹中访问网页的目的。下面以在"gwmly.html"网页中设置"收藏本站"脚本链接为例进行介绍，其具体操作如下。

微课视频

设置"收藏本站"
脚本链接

（1）选择网页上方的"收藏本站"文本，在"属性"面板的"链接"
　　　文本框中输入"javascript:window.external.addFavorite('http://www.
　　　qlqx.net','千履千寻')"，其前半部分的内容是固定的，后半部分小
　　　括号中的前一个对象是需收藏网页的地址，后一个对象是该网页在收藏夹中显示的名
　　　称，如图4-51所示。

（2）按【Enter】键创建脚本链接。保存网页设置并预览网页，单击"收藏本站"超链接，
　　　如图4-52所示。

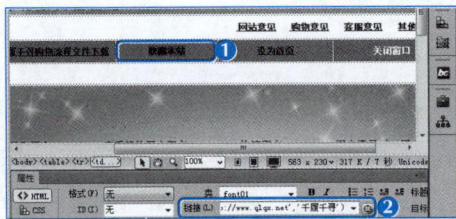

图4-51　设置脚本链接

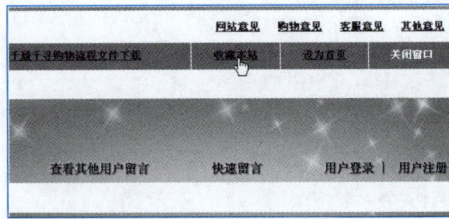

图4-52　单击脚本链接

（3）打开"添加收藏"对话框，默认设置，直接单击 添加(A) 按钮，如图4-53所示。

（4）此后在IE浏览器的菜单栏上选择【收藏夹】菜单项，在打开的下拉列表中即可看到收
　　　藏的"千履千寻"网页，如图4-54所示。

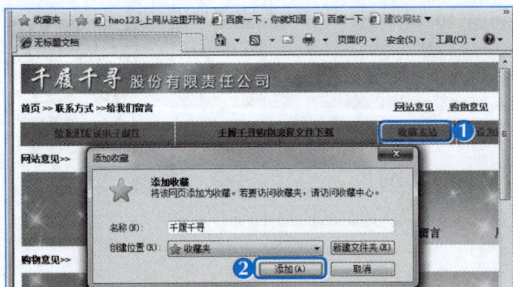

图4-53　添加到收藏夹

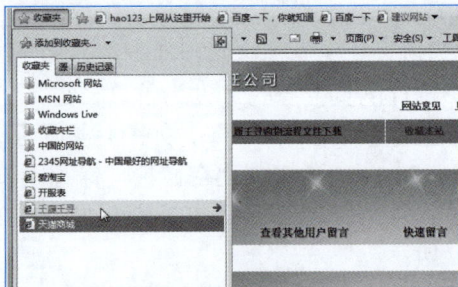

图4-54　查看收藏夹

70

2．设置"关闭窗口"脚本链接

设置"关闭窗口"脚本链接可以实现单击超链接后，提示是否确认关闭当前访问页面的功能。下面以在"gwmly.html"网页中设置"关闭窗口"脚本链接为例进行介绍，其具体操作如下。

（1）选择网页上方的"关闭窗口"文本，在"属性"面板的"链接"文本框中输入"javascript:window.close()"，如图4-55所示。

（2）按【Enter】键创建脚本链接。保存网页设置并预览网页，单击"关闭窗口"超链接，如图4-56所示。

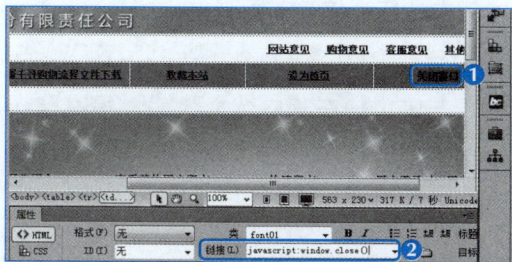

图4-55　设置脚本链接

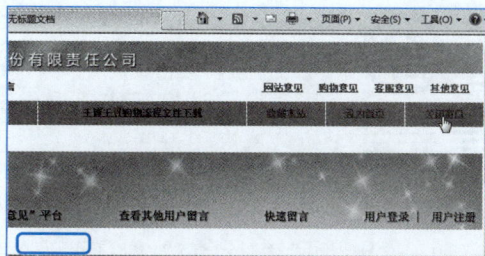

图4-56　单击脚本链接

（3）打开Windows提示对话框，提示是否关闭当前正在访问的页面，单击 是(Y) 按钮，如图4-57所示。

（4）此后在IE浏览器中将关闭该网页页面，并显示其他未关闭的网页内容，效果如图4-58所示。

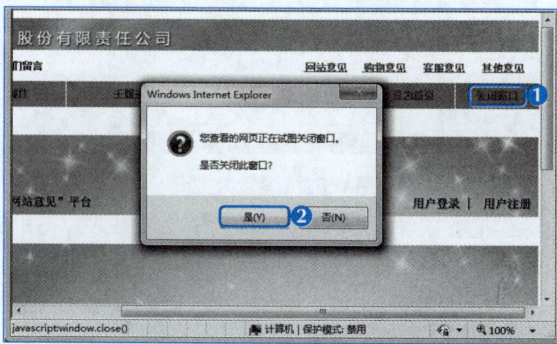

图4-57　提示是否关闭

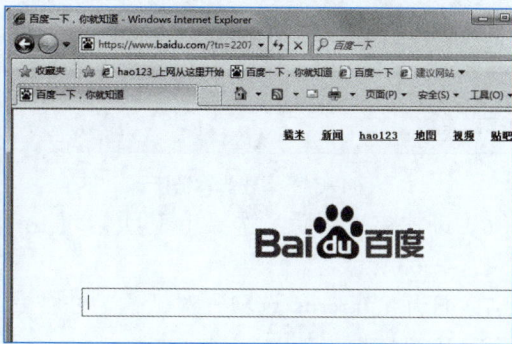

图4-58　显示未关闭的网页

3．设置"设为首页"脚本链接

设置"设为首页"脚本链接可以实现将当前网页设置为主页的目的，当打开浏览器后将自动访问该网页内容。下面以在"gwmly.html"网页中设置"设为首页"脚本链接为例进行介绍，其具体操作如下。

（1）选择网页上方的"设为首页"文本，单击工具栏上的 代码 按钮。

（2）找到"设为首页"文本左侧的空链接代码""#""，在该代码右侧单击鼠标定位插入点，然后输入空格，如图4-59所示。

（3）输入"设为首页"的脚本代码"onClick="this.style.behavior='url(#default#homepage)';this.setHomePage('http://www.qlqx.net/')""，如图4-60所示。

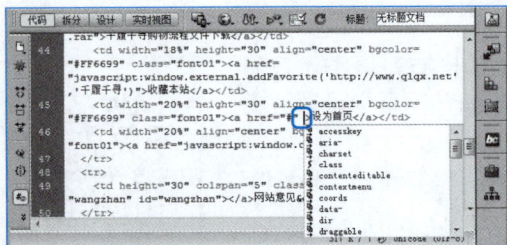

图4-59　输入空格

图4-60　输入脚本代码

知识提示

为什么在代码中输入空格后会打开下拉列表

这是Dreamweaver自带的代码提示功能，在"代码"窗口中输入空格后，将自动打开代码提示下拉列表，供用户在其中选择代码，提高代码输入速度和正确率。

（4）保存网页设置并预览网页，单击"设为首页"超链接，如图4-61所示。

（5）打开"添加或更改主页"对话框，单击选中 ⊙ 将此网页用作唯一主页(U) 单选项，单击 是(Y) 按钮，如图4-62所示。

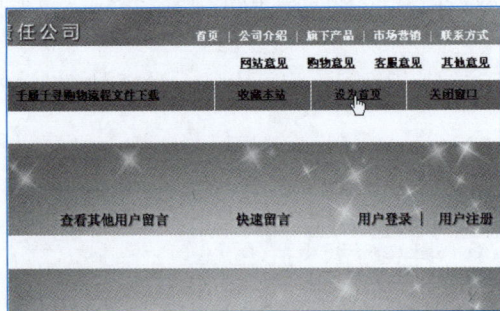

图4-61　单击脚本链接

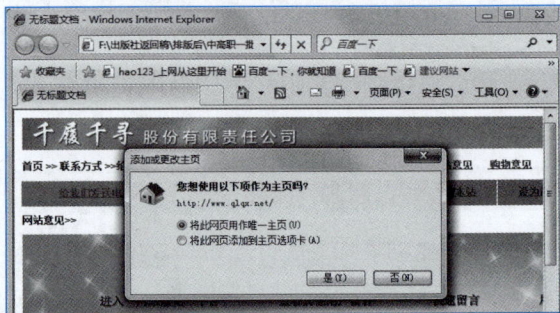

图4-62　设置为主页

（6）设置完主页后，选择【工具】/【Internet选项】菜单命令，查看是否设置成功，如图4-63所示。

（7）打开"Internet选项"对话框，在"常规"选项卡的"主页"栏中即可查看此浏览器的主页地址，如图4-64所示。

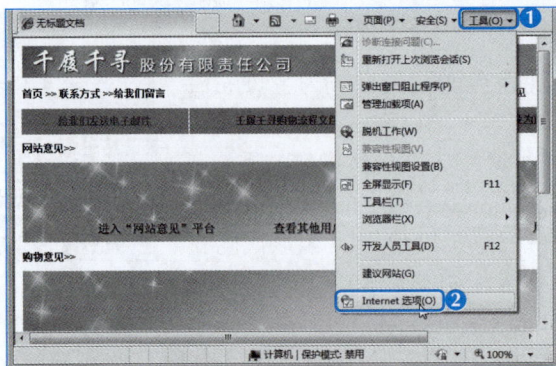

图4-63　查看浏览器选项

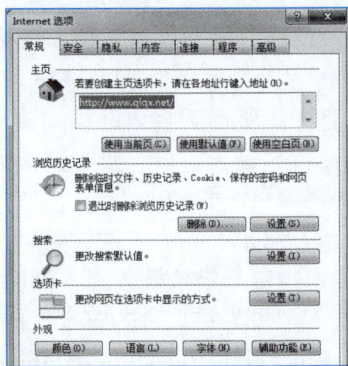

图4-64　成功设置为首页

4.3 项目实训

4.3.1 制作"精品路线"网页

1．实训目标

本实训的目标是制作"精品线路"网页，要求在提供的网页中通过添加各种超链接完成网页之间的关联效果。其中要求在网页上方的banner图像、导航路径以及网页下方的功能区中均实现超链接效果。本实训的重点在于练习超链接的创建，由于已经将一个极其简单的"精品线路"网页制作好，只要直接在其上完成超链接创建即可，效果如图4-65所示。

微课视频

制作"精品路线"网页

素材所在位置 素材文件\第4章\项目实训\jplx\
效果所在位置 效果文件\第4章\项目实训\jpxl-travel.html

图4-65 "精品路线"网页

2．专业背景

"精品线路"网页在整个旅游类网站中起着画龙点睛的作用，它把所有浏览者访问、下单次数最多的旅游线路统计并归纳起来，为后续浏览者提供实时有用的信息，一方面可以方便大家在最短时间内找到最热门、最完美的旅游线路，一方面也进一步对这些旅游方案做了推广，并进一步推广了整个网站。

3．操作思路

完成本实训主要包括文本超链接的创建、图像热点超链接的创建、电子邮件超链接的创建以及脚本链接的创建等操作，其操作思路如图4-66所示。

【步骤提示】

（1）打开"jpxl-travel.html"网页，为上方导航路径上的"首页"和"景点介绍"文本创建超链接。

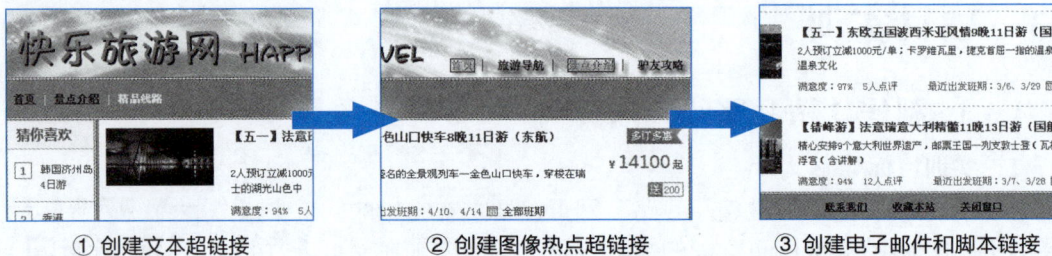

① 创建文本超链接　　　② 创建图像热点超链接　　　③ 创建电子邮件和脚本链接

图4-66　"精品路线"网页的操作思路

（2）选择网页顶端的图像，利用矩形热点工具为"首页"和"景点介绍"文本区域创建热点超链接。

（3）选择网页下方的"联系我们"文本，通过直接输入的方式创建电子邮件链接，邮箱地址为"happytravel@sina.com"。

（4）选择网页下方的"收藏本站"文本，利用脚本代码创建超链接，其中网址为"www.happytravel.net"，收藏时的名称为"快乐旅游网"。

（5）选择网页下方的"关闭窗口"文本，利用脚本代码创建超链接。

4.3.2　制作"产品介绍"网页

1. 实训目标

本实训要求制作"产品介绍"网页，为"tea.html"网页文档中的文本、图片创建超链接来巩固文本和图片超链接的创建方法。完成后的效果如图4-67所示。

微课视频
制作"产品介绍"网页

素材所在位置　素材文件\第4章\项目实训\tea\tea.html
效果所在位置　效果文件\第4章\项目实训\tea\tea.html

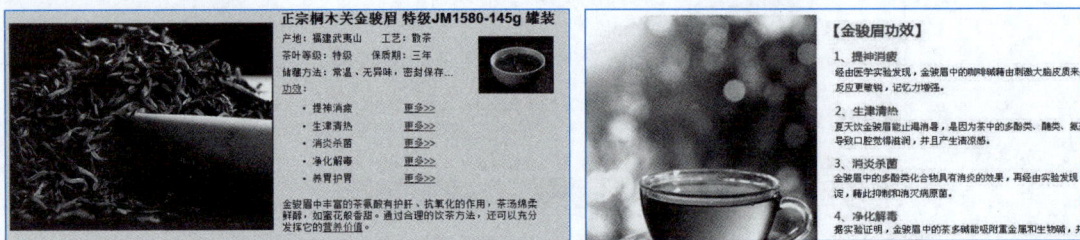

图4-67　"产品介绍"网页效果

2. 专业背景

本实训在制作文本超链接时，同样可以为文本创建热点超链接来实现。但在实际工作中，网页使用热点超链接的情况比较少，因为热点超链接在绘制时不容易得到精确的热点区域，其次，当网页中使用了AP Div布局文本或图片内容，且有部分重叠时，热点超链接不易被选中，因此，工作中在设计网页时通常不采用热点超链接的方式来实现，因此，本实训采用了文本超链接。

3. 操作思路

完成本实训需要为网页中的图片和文本添加超链接，其操作思路如图4-68所示。

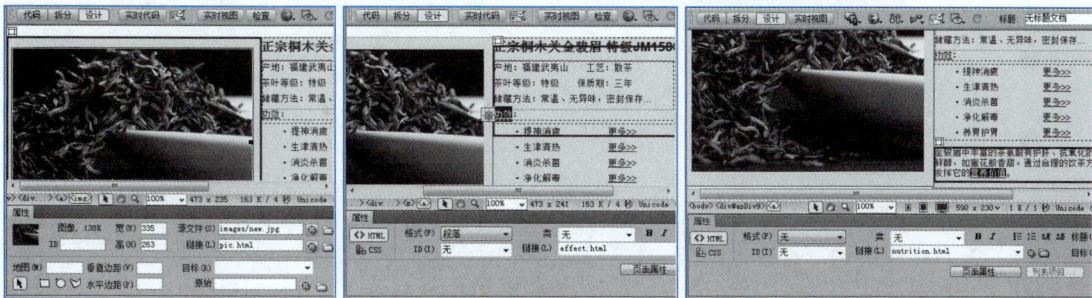

① 图片超链接　　　　　　② 文本超链接　　　　　　③ 文本超链接

图4-68　"产品介绍"网页的操作思路

【步骤提示】

（1）打开"tea.html"素材网页，选择页面左侧的图片文件，在"属性"面板中的"链接"下拉列表框中输入"pic.html"，然后为右侧的图片设置相同的链接文件。

（2）选择文本"功效"，在"属性"面板中的"链接"下拉列表框中输入"effect.html"，然后为下方的"更多>>"文本设置相同的链接文件。

（3）选择文本"营养价值"，在"属性"面板中的"链接"下拉列表框中输入"nutrition.html"，完成后保存网页并预览效果。

4.4　课后练习

本章主要介绍了各种超链接在网页中的创建方法，包括文本超链接的创建、图像超链接的创建、外部超链接的创建、图像热点超链接的创建、锚点超链接的创建、电子邮件超链接的创建、文件超链接的创建、空链接的创建和脚本链接的创建等知识。本章内容是制作网页的基础，读者应认真学习和掌握，并灵活运用到各种网页上。

练习1：制作"订单"网页

本练习要求制作"订单"网页，主要包括文本、图片、电子邮件、空链接等操作，并通过页面属性设置来设置超链接的属性，完成后的参考效果如图4-69所示。

微课视频

制作"订单"网页

素材所在位置　素材文件\第4章\课后练习\order\
效果所在位置　效果文件\第4章\课后练习\order\order.html

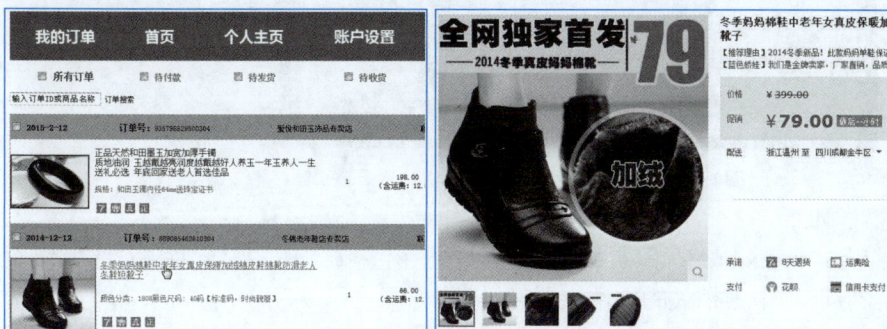

图4-69　"订单"网页效果

75

要求操作如下。

- 打开"order.html"素材文档，设置"所有订单"文本的链接为"order.html"，设置"待付款""待发货""待收货""待评价"文本的链接为"#"。
- 选择第一条订单中的图片，设置其链接为"pro1.html"，选择图片右侧的文本，设置其链接为"pro1.html"。
- 将光标插入点定位在文本"联系我们"后，选择【插入】/【电子邮件】菜单命令，打开"电子邮件链接"对话框，在其中设置电子邮件链接。
- 选择第一条订单中的文本"订单详情"，设置其链接为"info1.html"。
- 使用相同的方法，为第二条订单的图片和右侧文本设置链接"pro2.html"，并设置电子邮件链接，然后设置"订单详情"的链接为"info2.html"。
- 单击"属性"面板中的 页面属性 按钮，在打开的对话框中设置"链接（CSS）"属性，包括链接颜色（#F60）、下划线样式（仅在变换图像时显示下划线）。

练习2：制作"个人主页"网页

本练习要制作"个人主页"网页，要求网页有声有色，需要先在网页里添加文本、SWF动画和图像，然后为文本设置超级链接，完成后的效果如图4-70所示。

| 素材所在位置 | 素材文件\第4章\课后练习\myhome\index.html |
| 效果所在位置 | 效果文件\第4章\课后练习\myhome\index.html |

微课视频

制作"个人主页"网页

图4-70 "个人主页"网页效果

要求操作如下。

- 打开"index.html"网页，在网页中添加相关文本和多媒体对象，丰富网页内容。
- 在导航栏中为相关的文本设置超链接。

4.5 技巧提升

1. 检查超链接

网站中网页的数量一般都较多，超链接的数量也就会非常多，在创建超链接时难免就会出现创建错误的情况。为了有效地解决这一问题，网站制作行业的专业人员一般都会使用Dreamweaver中提供的"链接检查器"功能对所有网页的超链接情况进行检查，以便及时排除错误的链接或断掉的链接。其方法为：选择【窗口】/【结果】/【链接检查器】菜单命令，在打开的"链接检查器"面板上的下拉列表框中选择需要检查的对象后，单击左侧的"检查链接"按钮▶，在打开的下拉列表中选择检查范围即可开始检查超链接情况。若检查出错误链接，直接在其上进行修改即可。

2. 在站点范围内更改链接

当需要对包含链接的页面进行修改时，可手动更改所有链接，以指向其他位置。其方法是：在"文件"面板中选择需要进行更改的网页，选择【站点】/【改变站点范围的链接】菜单命令，打开"更改整个站点链接"对话框，在"变成新链接"文本框中输入需要更改的链接，单击 确定(O) 按钮即可。

3. 设置自动更新链接

用户也可设置网页自动更新链接，当页面发生变动时，提示用户进行更新。其方法是：选择【编辑】/【首选参数】菜单命令，打开"首选参数"对话框，选择【常规】选项卡，在右侧的"移动文件时更新链接"下拉列表框中选择【总是】选项，即可自动更新指向该文档的所有链接。

4. 修改超链接显示方式

Dreamweaver中默认的超链接样式是蓝色文字加下划线。但实际制作的网页风格有可能与默认超链接的样式不协调，此时便可根据需要对超链接样式进行更改，下面就对这方面的知识进行介绍。选择【修改】/【页面属性】菜单命令，或单击"属性"面板中的 页面属性... 按钮，均可打开"页面属性"对话框，在左侧的"分类"列表框中选择【链接（CSS）】选项，在界面右侧便可设置超链接样式，其中各选项的作用介绍如下。

- **链接字体**：设置创建为超链接后的文本字体样式，并可利用右侧的 **B** 和 *I* 按钮对字体进行加粗或倾斜处理。
- **大小**：设置创建为超链接后的文本字体大小，可直接输入，也可在下拉列表框中选择。
- **链接颜色**：设置创建为超链接后的文本颜色。
- **变换图像链接**：设置当鼠标指针移到超链接上时文本显示的颜色。
- **已访问链接**：设置已经访问过（即单击过）的超链接文本的颜色。
- **活动链接**：设置当鼠标指针在超链接文本上单击时文本显示的颜色。
- **下划线样式**：设置超链接文本的下划线样式，在该下拉列表框中共有4个选项，其中"始终有下划线"选项表示无论哪种情况都显示下划线；"始终无下划线"选项表示无论哪种情况都不显示下划线；"仅在变换图像时显示下划线"选项表示只有当鼠标指针移到超链接上时，超链接文本才会显示下划线；"变化图像时隐藏下划线"选项表示只有当鼠标指针在超链接上单击时，超链接文本才不会显示下划线。

CHAPTER 5

第5章
布局网页版面

情景导入

经过一个月的学习，米拉已掌握了网页制作的基本操作，能够制作一些简单的网页了。而她对自己的要求也更高，打算向老洪学习布局复杂网页的相关知识，并尝试采用不同的方法来实现。

学习目标

- 掌握使用表格布局"产品展示"网页的方法

  如创建表格、调整表格结构、设置表格和单元格属性、在表格中插入内容等。

- 掌握使用Div制作"千履千寻"首页的方法

  如创建、选择、设置、移动、对齐AP Div和更改堆叠顺序，以及插入各种元素等。

- 掌握使用框架制作"公司公告"网页的方法

  如创建、保存、删除框架和框架集，设置框架和框架集属性等。

案例展示

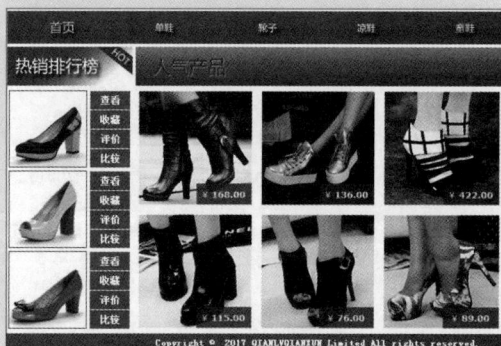

▲ "产品展示"页面效果

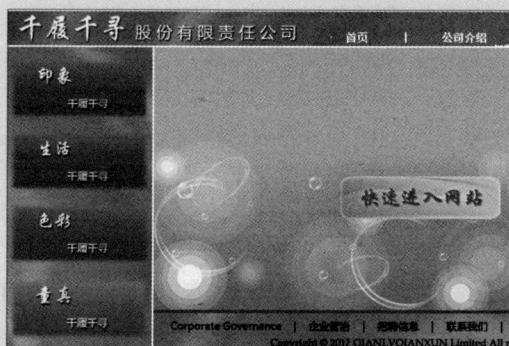

▲千履千寻网站首页效果

5.1 课堂案例：使用表格布局"产品展示"网页

老洪告诉米拉，布局网页最简单的方法就是使用表格，老洪接下来要制作的"产品展示"网页就是利用表格布局的页面。

通常用于产品展示的网页会包含大量的产品信息，若不对网页进行布局，则会导致最终的网页效果太凌乱，因此，可通过表格的方式对页面进行布局，让需要展示的产品依次排列显示。要完成本例效果，需要通过创建表格、嵌套表格以及调整表格来规划表格的整体结构，然后在各个单元格中插入文本和图像等内容。本例完成后的参考效果如图5-1所示，下面具体讲解其制作方法。

> **素材所在位置** 素材文件\第5章\课堂案例\cpzs\
> **效果所在位置** 效果文件\第5章\课堂案例\cpzs.html

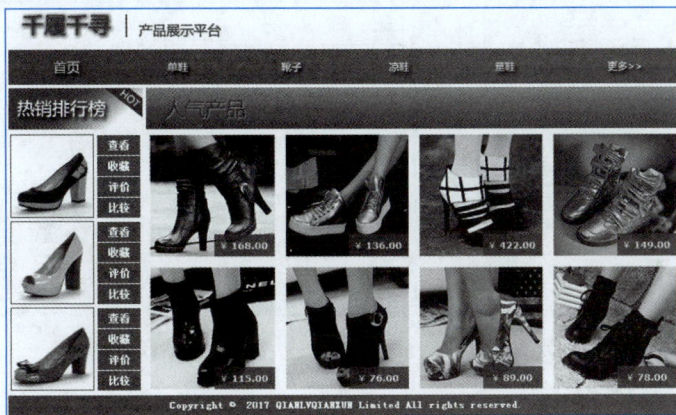

图5-1 "产品展示"页面最终效果

5.1.1 创建表格

创建表格是指在网页中插入普通表格和嵌套表格，其中嵌套表格是指在表格的某个单元格中所插入的表格。下面以在"cpzs.html"网页中插入表格和嵌套表格为例进行介绍，其具体操作如下。

（1）打开素材中的"cpzs.html"网页，选择【插入】/【表格】菜单命令或按【Ctrl+Alt+T】组合键。

（2）打开"表格"对话框，将表格行数和列数分别设置为"4"和"2"，将表格宽度设置为"800 像素"，将单元格边距和单元格间距均设置为"1"，单击 确定 按钮，如图5-2所示。

（3）保持插入表格的选择状态，在"属性"面板的"对齐"下拉列表框中选择"居中对齐"选项，如图5-3所示。

（4）单击表格第1列第3行的单元格，将插入点定位到其中，再次选择【插入】/【表格】菜单命令。

（5）打开"表格"对话框，将表格行数和列数分别设置为"3"和"2"，将表格宽度设置为"100 百分比"，将单元格边距和单元格间距均设置为"1"，单击 确定 按钮，如图5-4所示。

微课视频

创建表格

79

（6）此时在4×2的表格中便嵌套了一个3×2的表格，效果如图5-5所示。

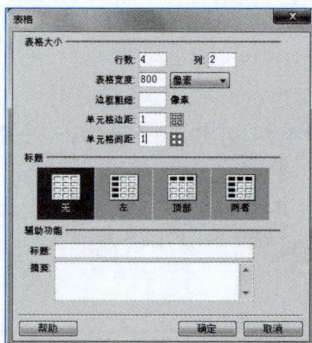

图5-2　设置表格参数

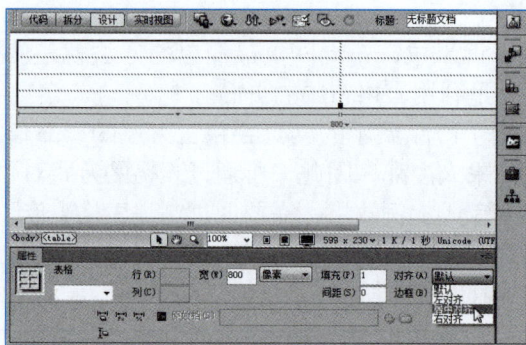

图5-3　设置表格对齐方式

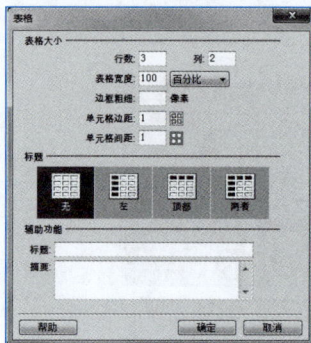

图5-4　设置表格参数

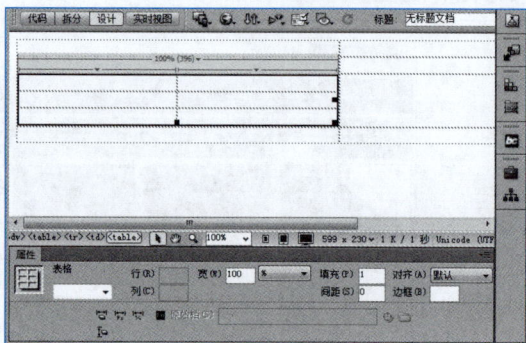

图5-5　嵌套的表格

5.1.2　调整表格结构

调整表格结构主要是指表格内单元格的合并与拆分、表格行高列宽的调整以及行和列的插入与删除等操作。

1．选择表格和单元格

选择表格和单元格是调整表格结构的前提，Dreamweaver中主要有以下几种选择表格和单元格的方法。

● **选择整个表格**：将鼠标光标移到表格边框线上，当表格边框的颜色变为红色且鼠标光标变为形状时，单击鼠标可选择整个表格，如图5-6所示。

图5-6　选择整个表格

● **选择单个单元格**：将鼠标光标定位到要选择的单元格上方，单击鼠标即可选择该单元格，如图5-7所示。

图5-7　选择单元格

● **选择多个单元格**：按住【Ctrl】键不放的同时，依次单击需要选择的单元格，可同时选择这些不连续的多个单元格，如图5-8所示。

图5-8　选择多个单元格

● **选择整行**：将鼠标光标移到表格一行的左侧，当鼠标光标变为➡形状且该行边框的颜色变为红色时，单击鼠标即可选择该行，如图5-9所示。

图5-9　选择整行

● **选择整列**：将鼠标光标移到表格某列的上方，当鼠标光标变为⬇形状且该列边框的颜色变为红色时，单击鼠标即可选择该列，如图5-10所示。

图5-10　选择整列

2．合并与拆分单元格

合并单元格是指将多个相邻的单元格合并为一个单元格；拆分单元格则是将一个单元格拆分为若干行若干列。通过对表格中的单元格进行合并和拆分，可以更为自主地调整表格的布局结构。下面以在"cpzs.html"网页中合并与拆分单元格为例进行介绍，其具体操作如下。

微课视频

合并与拆分单元格

（1）拖动鼠标指针选择表格中第一行的两个单元格，在"属性"面板中单击"合并单元格"按钮▣，如图5-11所示。

（2）此时所选两个单元格便合并成一个单元格，继续选择表格最后一行的两个单元格，再次单击"合并单元格"按钮▣。

（3）合并单元格后，选择嵌套表格中第1行第2列的单元格，单击"属性"面板中的"拆分单元格"按钮▤。

（4）打开"拆分单元格"对话框，单击选中◉行(R)单选项，将行数设置为"4"，单击

确定 按钮，如图5-12所示。

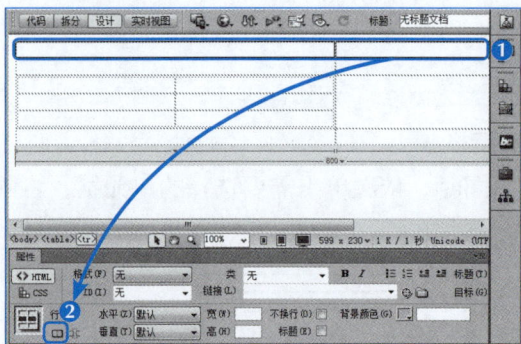

图5-11　合并单元格

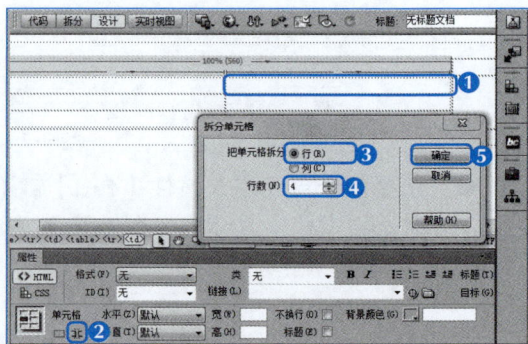

图5-12　设置拆分行数

（5）此时所选单元格将拆分成4行1列的单元格，如图5-13所示。

（6）按照相同方法将嵌套表格第2列其余两个单元格也拆分成4行1列的单元格，如图5-14所示。

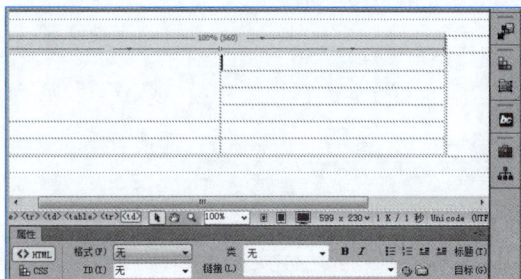

图5-13　拆分单元格后的效果

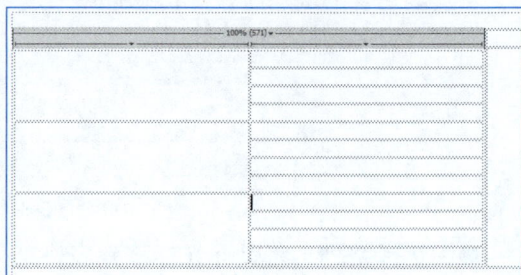

图5-14　拆分其他单元格

3．调整表格行高和列宽

　　为了更好地在表格中显示内容，一般都需要对表格的行高和列宽进行调整。在Dreamweaver中可通过拖动行列线或输入行高与列宽的具体数值等方法对表格行高与列宽进行调整，下面以在"cpzs.html"网页中调整表格行高和列宽为例进行介绍，其具体操作如下。

（1）将鼠标光标移至表格列线上，当其变为◆╂▶形状时，按住鼠标左键不放并向左拖动鼠标，此时表格下方将同步显示当前列的宽度数据。拖动到列宽为"162"时，释放鼠标即可，如图5-15所示。

（2）按相同方法拖动嵌套表格的列线，将第一列的列宽设置为"99"，如图5-16所示。

微课视频

调整表格行高和列宽

图5-15　向左拖动列线减小列宽

（3）选择表格最后一行单元格，在"属性"面板的"高"文本框中输入"23"，按【Enter】
键调整该行行高，如图5-17所示。

图5-16　向右拖动列线增加列宽

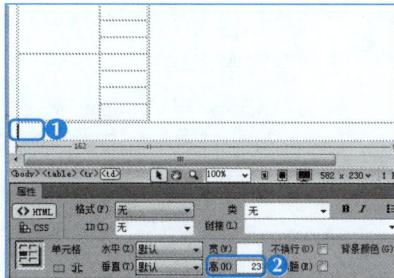

图5-17　直接输入行高数值

快速设置单元格行高和列宽

在输入行高或列宽的数值时，可直接输入百分比数字快速进行调整。
比如表格宽200像素，要水平放置4个大小相同的对象时，则可将4个单元
格的宽度设置为"25%"，Dreamweaver将自动计算各对象所占的列宽数值。

4.插入与删除行或列

编辑表格的过程中，有可能出现表格行数或列数不足或过多的情况，此时可通过插入或
删除行或列的方法，及时对表格结构进行调整。

● **插入行或列**：选择某个单元格，在其上单击鼠标右键，在弹出的快捷菜单中选择
【表格】/【插入行或列】菜单命令，打开"插入行或列"对话框，在"插入"栏
中设置插入的对象，在下方的数值框中设置插入的数量，在"位置"栏中设置插入
的位置，最后单击 确定 按钮即可，如图5-18所示。

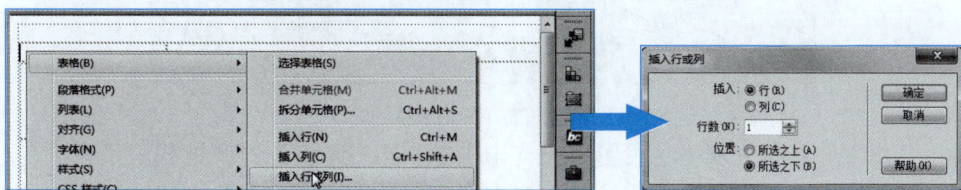

图5-18　利用快捷菜单插入行或列

● **删除行或列**：选择需删除的行或列，在其上单击鼠标右键，在弹出的快捷菜单中选
择【表格】/【删除行】命令可删除行，在弹出的快捷菜单中选择【表格】/【删除
列】命令则可删除列。

右键快捷菜单【表格】命令的作用

在单元格上单击鼠标右键，在弹出的快捷菜单中选择【表格】命令
后，可在弹出的子菜单中对表格执行各种操作。另外，选择整个表格，
然后按【Delete】键可删除整个表格。

5.1.3 设置表格和单元格属性

通过设置属性，可以更改表格或单元格的边框粗细、背景颜色以及对齐方式等效果，本节将介绍如何设置表格和单元格属性。

1．设置表格属性

设置表格属性时，首先需要选择整个表格，然后在"属性"面板中利用各种参数进行设置，如图5-19所示。"属性"面板部分参数的作用介绍如下。

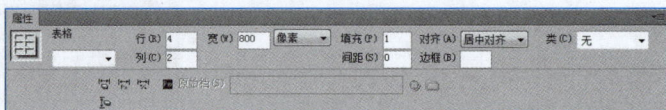

图5-19　设置表格属性的面板

- **"行"和"列"文本框**：设置表格的行数和列数。
- **"宽"文本框**：设置表格的宽度，在其后的下拉列表框中可选择单位，包括像素和百分比。
- **"填充"文本框**：设置单元格边界和单元格内容之间的距离（以像素为单位）。
- **"间距"文本框**：设置相邻单元格之间的距离。
- **"对齐"下拉列表框**：设置表格与同一段中其他网页元素之间的对齐方式。
- **"边框"文本框**：设置边框的粗细。

2．设置单元格属性

设置单元格属性时，可先选择单元格或将插入点定位到该单元格中，也可利用【Ctrl】键同时选择多个单元格，然后在"属性"面板中对各参数进行设置即可，如图5-20所示。该面板部分参数的作用介绍如下。

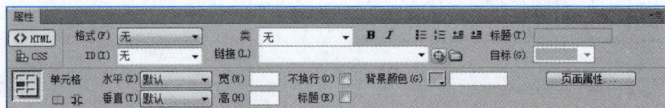

图5-20　设置单元格属性的面板

- **"水平"下拉列表框**：设置单元格中内容水平方向上的对齐方式。
- **"垂直"下拉列表框**：设置单元格中内容垂直方向上的对齐方式。
- **"宽"文本框**：设置单元格的宽度，与设置表格宽度的用法相同。
- **"高"文本框**：设置单元格的高度。
- **不换行(0)□复选框**：单击选中该复选框可防止换行，让所有文本都在同一行上显示。
- **标题(E)□复选框**：单击选中该复选框可将所选的单元格的格式设置为表格标题单元格。默认情况下，这种表格标题单元格的内容为粗体并且居中显示。
- **"背景颜色"文本框**：设置单元格的背景颜色。

5.1.4 在表格中插入内容

完成表格的插入与结构调整后，便可在表格的各个单元格中插入或输入需要的内容，本节将对这方面的内容进行介绍。

1．输入文本

在表格中输入文本的方法很简单，只需将插入点定位到单元格中，输入文本后对文本进行适当设置即可。下面以在"cpzs.html"网页中输入并设置文本为例进行介绍，其具体操作如下。

（1）在嵌套表格中选择第2列单元格，然后设置背景颜色为"#FF3366"，并为外侧表格的最后一行单元格设置相同的背景颜色，在设置了背景颜色的第一个单元格中单击鼠标定位插入点，输入"查看"，如图5-21所示。

（2）选择输入的文本，建立"font01"格式，设置字体格式为"11号、加粗、白色、居中对齐"，如图5-22所示。

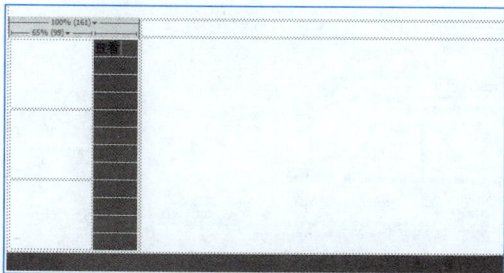

图5-21　输入文本　　　　　　　　　　　　图5-22　设置文本格式

（3）选择输入并设置了格式的文本所在的单元格，按【Ctrl+C】组合键复制，并依次在下方相邻的3个单元格中粘贴，并设置为居中对齐，如图5-23所示。

（4）修改复制的文本内容，如图5-24所示。

图5-23　复制文本　　　　　　　　　　　　图5-24　修改文本

（5）同时选择输入了文本的4个单元格，按【Ctrl+C】组合键复制，并粘贴到下方的单元格中，如图5-25所示。

（6）在最后一行单元格中输入版权文本，并应用"font01"格式即可，如图5-26所示。

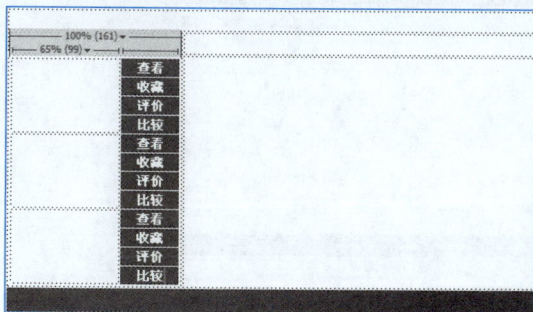

图5-25　复制文本　　　　　　　　　　　　图5-26　输入文本

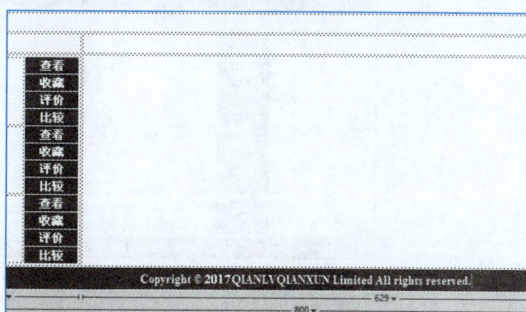

2．插入其他网页元素

除了输入文本外，在表格中同样可以插入图像和SWF动画等对象，且方法与在网页中直接插入相应对象的操作完全相同。下面以在"cpzs.html"网页中插入图像为例进行介绍，其具体操作如下。

（1）在表格第一行单元格中单击鼠标定位插入点，选择【插入】/【图像】菜单命令，如图5-27所示。

（2）打开"选择图像源文件"对话框，选择提供的"dh.jpg"图像文件，单击 确定 按钮，如图5-28所示。

图5-27　插入图像

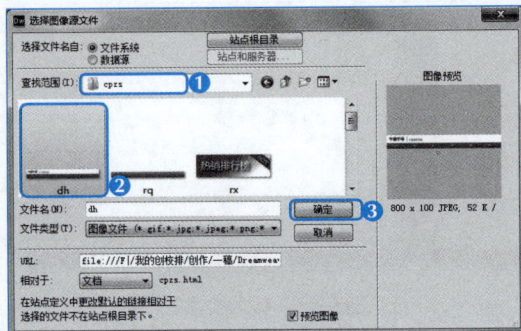

图5-28　选择图像

（3）打开"Dreamweaver"提示对话框，单击 是(Y) 按钮，如图5-29所示。

（4）打开"图像标签辅助功能属性"对话框，默认设置，单击 确定 按钮，如图5-30所示。

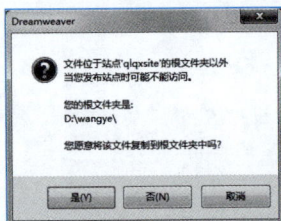

图5-29　确认同步图像

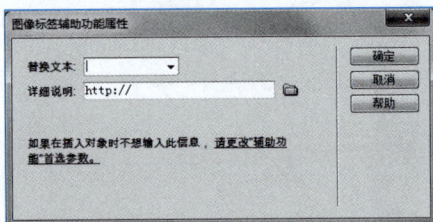

图5-30　设置图像替换文本

（5）此时将在单元格中插入选择的图像，效果如图5-31所示。

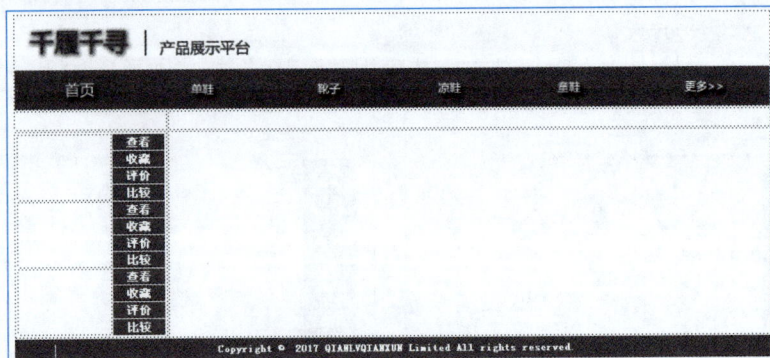

图5-31　插入的图像效果

（6）按照相同方法在其他单元格中插入图像，效果如图5-32所示。最后保存网页并预览效

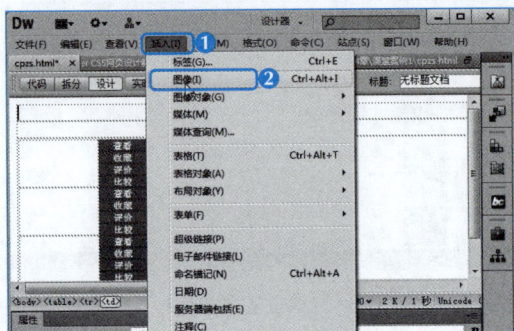
微课视频

插入其他网页元素

果即可。

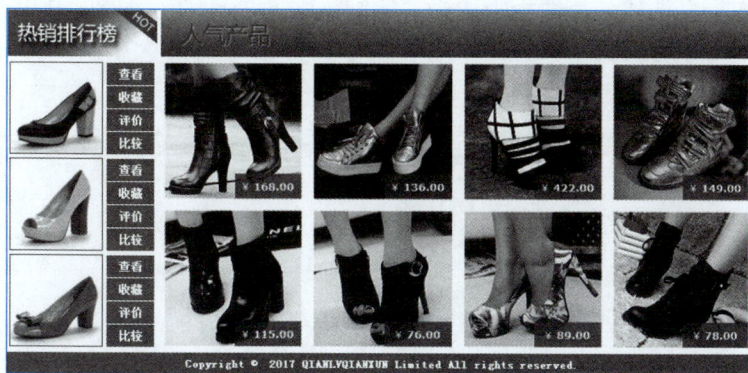

图5-32　插入其他图像

5.2　课堂案例：使用AP Div制作"千履千寻"首页

老洪告诉米拉，AP Div是布局网页灵活性最大的元素，具有可移动性，可以在页面内任意创建和移动，是非常有用的网页布局工具，因此，米拉决定使用AP Div来制作"千履千寻"网站首页。

千履千寻网站首页需要具有公司的相关导航链接，并且界面简洁，布局合理，因此首先要绘制AP Div对象，并通过选择、调整大小、移动和对齐等操作编辑AP Div对象，然后在各个AP Div中输入文本和插入图像即可。本案例完成后的参考效果如图5-33所示，下面具体讲解其制作方法。

素材所在文件　素材文件\第5章\课堂案例\qlqx\
效果所在位置　效果文件\第5章\课堂案例\index.html

图5-33　"千履千寻"网站首页最终效果

5.2.1　创建AP Div

要想在网页中创建AP Div，需要利用到"插入"面板中的"布局"工具栏中的工具。下面以在"index.html"网页中创建多个AP Div为例进行介绍，其具体操作如下。

微课视频

创建 AP Div

（1）打开"index.html"网页，单击展开"插入"面板，单击 常用 按钮，在打开的下拉列表中选择【布局】选项，在面板中选择"绘制 AP Div"工具，如图5-34所示。

（2）在网页任意区域按住鼠标左键并拖动鼠标光标绘制所需大小的AP Div，如图5-35所示。

图5-34　选择"绘制AP Div"工具

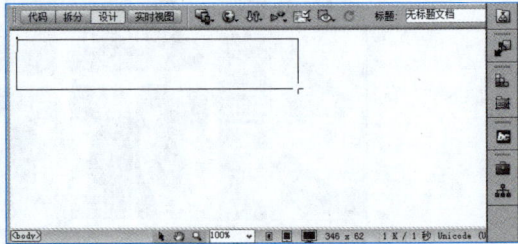

图5-35　绘制AP Div

（3）释放鼠标即可完成AP Div的创建，如图5-36所示。

（4）重复相同的方法，利用"插入"面板的"绘制 AP Div"工具绘制其他AP Div元素，如图5-37所示。

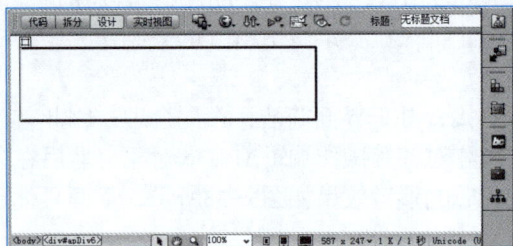

图5-36　绘制的AP Div效果

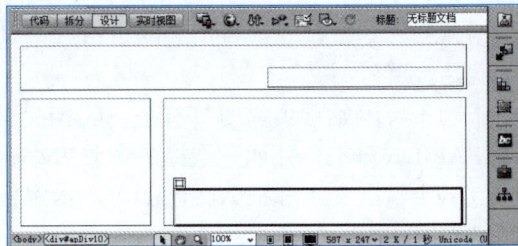

图5-37　绘制其他AP Div元素

5.2.2　选择AP Div

使用AP Div布局网页时，需要对其进行一系列设置，但在这之前应该掌握如何选择AP Div。在Dreamweaver中选择单个AP Div和多个AP Div的方法分别如下。

● **选择单个AP Div**：单击AP Div的边框即可选择该AP Div，如图5-38所示。

● **选择多个AP Div**：按住【Shift】键的同时依次选择需要的AP Div或单击AP Div的边框即可同时选择多个AP Div，如图5-39所示。

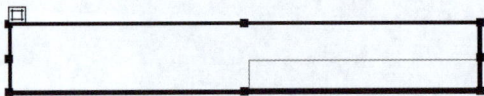

图5-38　选择单个AP Div

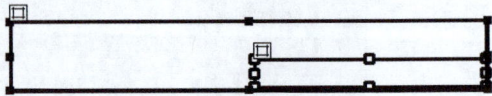

图5-39　选择多个AP Div

5.2.3　设置AP Div尺寸

通过绘制的方式创建的AP Div，其尺寸不一定满足实际需要，此时可以通过"属性"面板对AP Div的尺寸进行进一步设置。下面以在"index.html"网页中设置AP Div尺寸为例进行介绍，其具体操作如下。

（1）单击网页最上方的AP Div边框将其选择，此时可在"属性"面板的"宽"和"高"文本框中查看AP Div的当前尺寸大小，如图5-40所示。

微课视频

设置 AP Div 尺寸

（2）分别将"宽"和"高"文本框中的数字分别修改为"792px"和"40px"，此时AP Div的尺寸将同步发生变化，如图5-41所示。

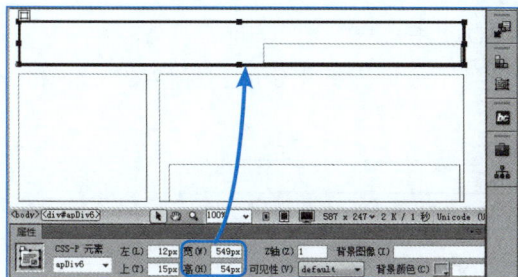

图5-40　选择AP Div查看大小　　　　　　　　图5-41　设置AP Div尺寸

（3）将中央的AP Div宽度和高度设置为"405px"和"17px"，如图5-42所示。

（4）将左侧的AP Div的宽度和高度分别设置为"168px"和"360px"，如图5-43所示。

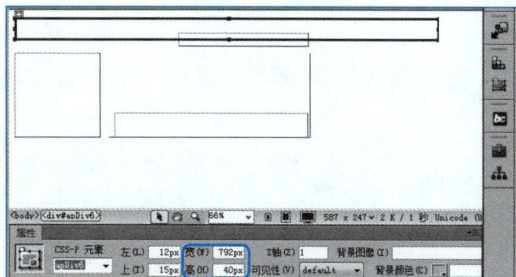

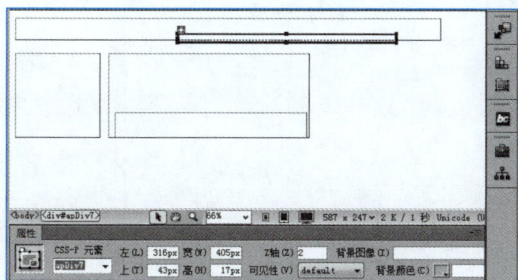

图5-42　调整中央AP Div尺寸　　　　　　　　图5-43　调整左侧AP Div尺寸

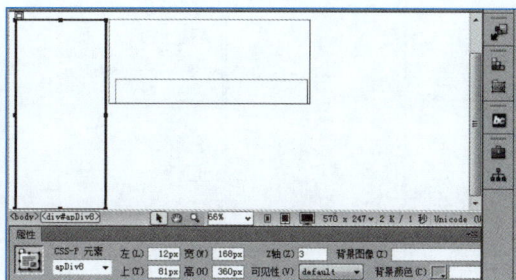

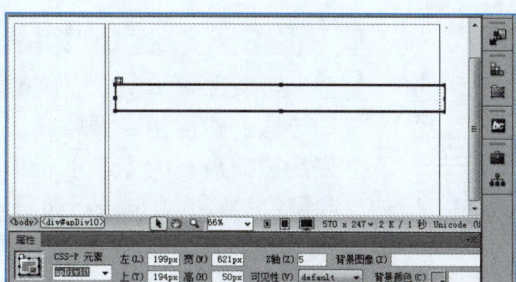

（5）将右侧的AP Div宽度和高度分别设置为"622px"和"360px"，如图5-44所示。

（6）将下方的AP Div宽度和高度分别设置为"621px"和"50px"，如图5-45所示。

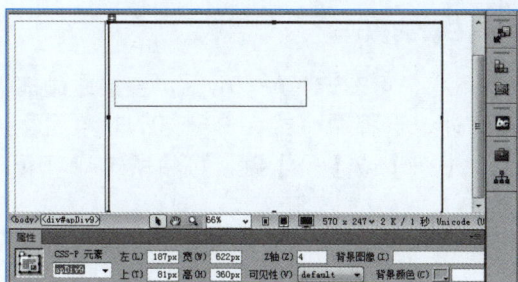

图5-44　调整右侧AP Div尺寸　　　　　　　　图5-45　调整下方AP Div尺寸

5.2.4　移动AP Div

在绘制并调整了AP Div的大小后，由于尺寸发生了变化，其位置也相应变动，此时需要通过移动AP Div对其进行调整。下面以调整"index.html"网页中的AP Div为例介绍移动AP Div的方法，其具体操作如下。

（1）在需移动的AP Div边框上按住鼠标左键不放，将其拖曳到需要的目标位置，如图5-46所示。

微课视频

移动 AP Div

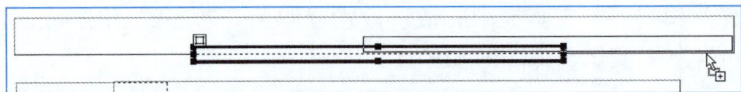

图5-46　拖动AP Div边框

（2）释放鼠标后，所拖动的AP Div对象便被移动到了鼠标光标指定的目标位置，如图5-47所示。

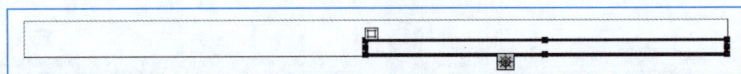

图5-47　移动后的AP Div

（3）按照相同方法继续调整其他AP Div的位置即可，参考如图5-48所示。

图5-48　移动其他AP Div

多学一招

其他AP Div的操作

　　如果对AP Div的大小精度要求不高，可在选择AP Div后，直接通过拖动边框上的控制点调整其尺寸。另外，选择单个或多个AP Div对象后，直接按键盘上的【↑】、【↓】、【←】或【→】键，可将所选AP Div向键位对应的方向进行微移。

5.2.5　对齐AP Div

　　移动AP Div的操作虽然直观、方便，但却无法保证能将AP Div排列整齐。在Dreamweaver CS6中，可通过对齐功能将若干AP Div按指定边缘进行对齐。下面以在"index.html"网页中对齐AP Div为例进行介绍，其具体操作如下。

（1）按住【Shift】键的同时选择上方的两个AP Div对象，选择【修改】/【排列顺序】/【右对齐】菜单命令，如图5-49所示。

（2）继续选择【修改】/【排列顺序】/【对齐下缘】菜单命令，如图5-50所示。

（3）此时所选两个AP Div对象的右侧和下方将完全重合，效果如图5-51所示。

微课视频

对齐AP Div

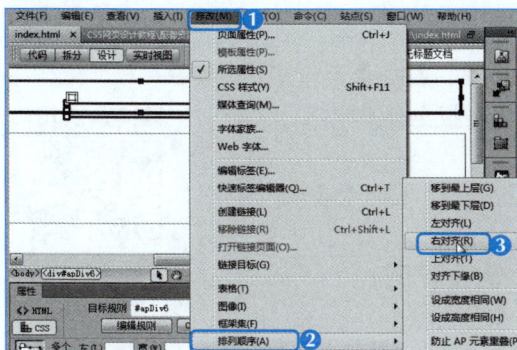

图5-49 按右边缘对齐AP Div

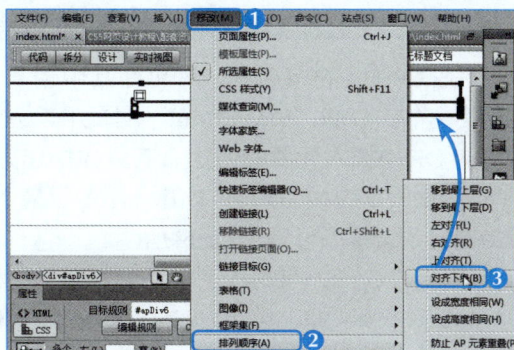

图5-50 按下边缘对齐AP Div

图5-51 对齐后的AP Div效果

（4）按照相同的方法，利用【修改】/【排列顺序】菜单下的子命令对齐其他AP Div对象，参考效果如图5-52所示。

知识提示

对齐AP Div的注意事项

在对齐AP Div时，一定要注意选择AP Div的先后属性，假设有甲、乙两个AP Div，如果需要让甲AP Div对齐到乙AP Div的右边缘，则应先选择甲AP Div，再选择乙AP Div，然后选择【修改】/【排列顺序】/【右对齐】菜单命令。换句话说，后选择的AP Div是对齐时的参考对象。

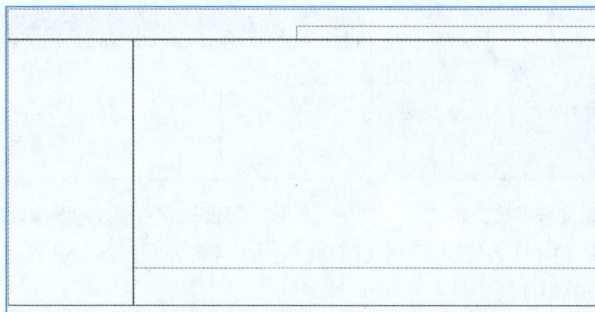

图5-52 对齐其他AP Div

5.2.6 更改AP Div堆叠顺序

当多个AP Div发生了重叠，就会涉及堆叠顺序的问题，更改堆叠顺序可以控制显示的区域或遮挡的区域，其方法为：选择需调整堆叠顺序的AP Div对象，选择【修改】/【排列顺序】/【移到最上层】（或【移到最下层】）菜单命令即可。如图5-53所示即为将尺寸较小的AP Div移到最上层和移到最下层时的对比效果。

图5-53 AP Div的不同堆叠顺序产生的效果

5.2.7 在AP Div中插入各种元素

完成AP Div的布局后，就可在其中输入文本或插入网页元素了。下面以在布局好的"index.html"网页中输入文本并插入图像为例，介绍在AP Div中插入元素的方法，其具体操作如下。

微课视频

在 AP Div 中插入各种元素

（1）在最上方的AP Div中单击鼠标定位插入点，选择【插入】/【图像】菜单命令，如图5-54所示。

（2）打开"选择图像源文件"对话框，选择素材中提供的"banner.jpg"图像文件，单击 确定 按钮，如图5-55所示。

图5-54 插入图像　　　　　　　　　图5-55 选择图像

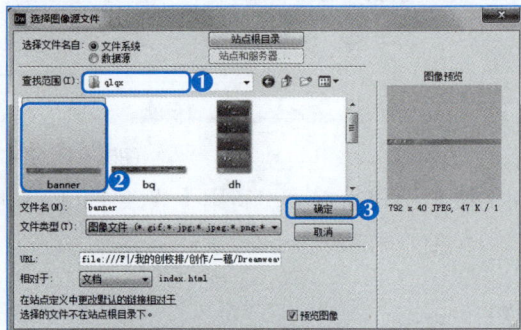

（3）打开"图像标签辅助功能属性"对话框，默认其中的设置，直接单击 确定 按钮，如图5-56所示。

（4）此时将在AP Div中插入选择的图像，效果如图5-57所示。

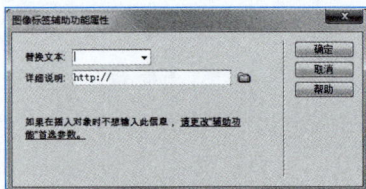

图5-56 设置图像替换文本　　　　　图5-57 插入的图像效果

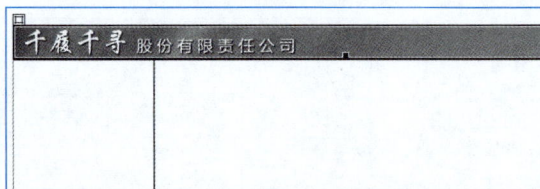

（5）在右侧较小的AP Div中单击鼠标定位插入点，输入如图5-58所示的文本（可通过空格键控制各文本的间距）。

（6）选择输入的文本，利用"属性"面板将字体格式设置为"12号、加粗、右对齐、白色"，效果如图5-59所示。

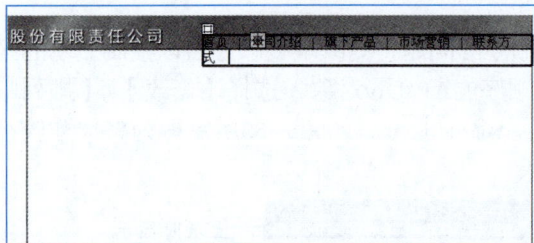

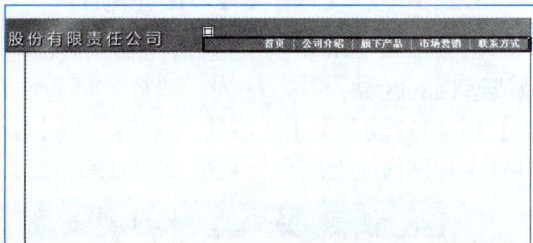

图5-58 输入文本　　　　　　　　　图5-59 设置文本格式

（7）按照相同方法在其他空白AP Div中插入素材中提供的图像文件，效果如图5-60所示，最后保存网页并预览效果即可。

图5-60　插入图像的效果

5.3　课堂案例：使用框架制作"公司公告"网页

　　米拉在浏览一些企业网站时发现某些网站在浏览部分区域的同时，其他区域固定不动。米拉想将这种功能也应用到接下来要做的"公司公告"网页中。老洪告诉她，这是通过框架布局网页实现的。

　　要制作这种效果的网页，首先需要创建框架页，然后对框架集和框架进行适当调整与编辑，最后在各个框架中指定需要显示的网页源文件即可。本案例完成后的参考效果如图5-61所示，下面具体讲解其制作方法。

> **素材所在文件**　素材文件\第5章\课堂案例\gsgg\
> **效果所在位置**　效果文件\第5章\gsgg.html

93

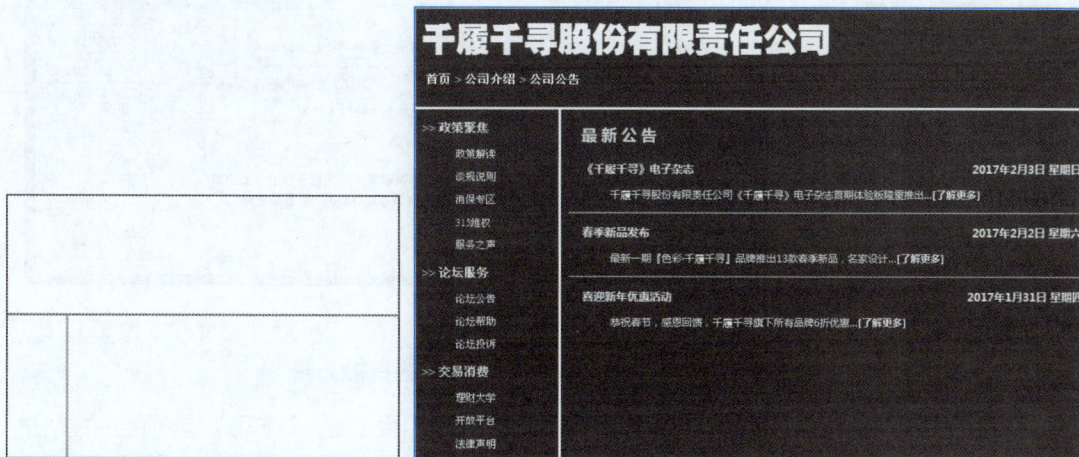

图5-61　"公司公告"网页最终效果

5.3.1　了解框架和框架集

　　框架是浏览器窗口中的一个区域，可以显示与浏览器窗口的其余部分中所显示的内容无关的HTML文档。

　　框架技术主要通过框架集和单个框架来实现。框架集其实是一个页面，用于定义在文档中显示多个文档框架结构的html网页，它定义了一个文档窗口中显示网页的框架数、框架大小、嵌入框架的网页、其他可定义的属性等，默认情况下，框架集文档中的内容不会显示在浏览器中，用户可将框架集看作是一个容纳和组织多个文档的容器。而单个框架就是框架集中被组织和显示的一个文档。

框架网页之所以能够实现在同一窗口中显示内容，其实质是通过超链接，将网站的目录或导航条与具体的内容页面进行链接，将各框架所对应网页的内容一并显示在同一个窗口中，给浏览者的感觉就如在一个网页中。使用框架布局最常用的布局模式是将窗口的左侧或顶部区域设置为目录区，用于显示文件的目录或导航条；而将右侧面积较大的区域设置为页面的主体区域。通过在文件目录和文件内容之间建立超链接，实现页面内容的访问。

5.3.2　创建框架集与框架

利用Dreamweaver提供的框架功能创建框架集与框架是非常方便的操作。下面介绍如何创建框架集与框架。

1．创建框架集

利用Dreamweaver提供的"新建"功能可以很方便地创建框架集，下面以创建"上方固定"框架集为例进行介绍，其具体操作如下。

（1）新建HTML空白网页，并将其保存为"index.html"，将插入点定位到空白位置，选择【插入】/【HTML】/【框架】/【对齐上缘】菜单命令。

（2）在打开的对话框中保持默认设置后，单击 确定 按钮，完成框架的创建，如图5-62所示。

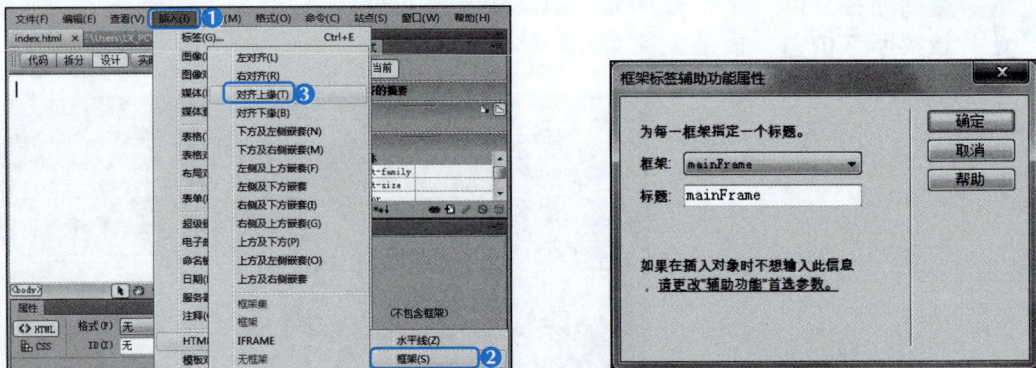

图5-62　创建框架

> **创建框架和框架集的其他方法**
>
> 新建空白的HTML文档，在"插入"面板的"布局"选项组中单击【框架】列表，在显示的列表中选择需要的框架集样式；新建空白的HTML文档，选择【修改】/【框架集】菜单命令，在打开的子菜单中选择相应的框架集样式即可。

（3）按【Shift+F2】组合键，打开"框架"面板，选择mainFrame框架，将鼠标指针移至框架左边框线上，按住鼠标左键拖动边框线至合适的大小，释放鼠标完成拆分框架的操作，如图5-63所示。

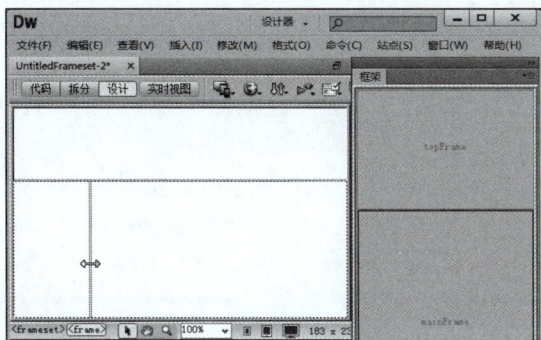

图5-63 拆分框架

框架网页的优缺点

　　框架网页的优点在于可以在一个页面中显示多个网页内容，利用这一特点，制作时就可以在某些框架区域放置固定内容，从而实现让浏览者在一个主要的网页区域就可以很方便地浏览整个网站的大致内容的目的，且不需要切换窗口。

　　但是，框架网页也有自身的局限性，大多数的搜索引擎都无法识别网页中的框架，或无法对框架中的内容进行索引或搜索，从而无法有效达到推广网站的目的。因此框架网页一般适用于制作网站的后台管理、公告和维护等辅助页面。

2. 选择框架集与框架

　　选择框架集或框架需要利用"框架"面板来实现，首先需要选择【窗口】/【框架】菜单命令打开"框架"面板，然后按照下述方法实现框架集与框架的选择。

● **选择框架集**：在"框架"面板中框架集的边框上单击即可选择整个框架集，当框架集被选择后，其边框将呈虚线显示，如图5-64所示。

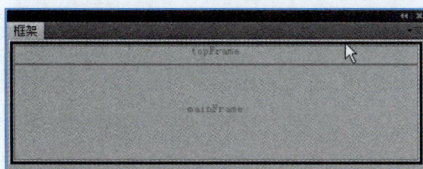

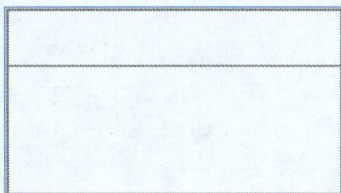

图5-64 选择框架集

● **选择框架**：在"框架"面板中的某个框架区域内单击鼠标即可选择该框架，被选择的框架在"框架"面板中以粗黑实线显示，在网页窗口中该框架的边框将呈虚线显示，如图5-65所示。

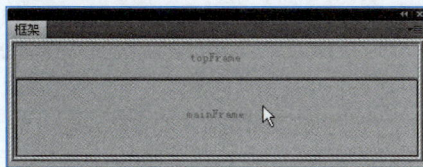

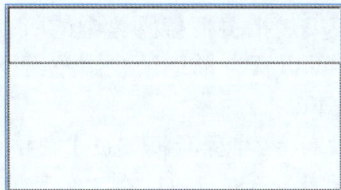

图5-65 选择框架

3．创建自定义框架

当利用"新建文档"对话框无法创建出需要的框架格局时，可在某个框架的基础上创建自定义框架。下面以在前面创建的框架网页中创建自定义框架为例进行介绍，其具体操作如下。

微课视频

创建自定义框架

（1）在"框架"面板中单击下方的框架区域将其选择，如图5-66所示。

（2）将鼠标指针移至网页中所选框架的左边框上，使其变为↔形状，如图5-67所示。

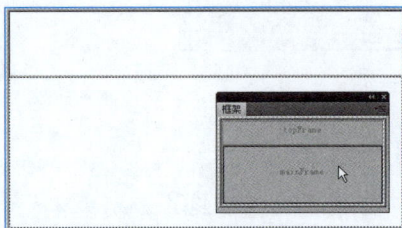

图5-66　选择框架

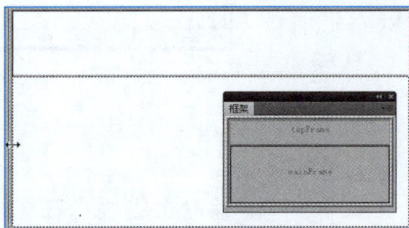

图5-67　定位鼠标指针

（3）按住鼠标左键不放并向右侧拖动，如图5-68所示。

（4）释放鼠标即可将下方的框架拆分为两个框架，同时"框架"面板中也将同步更新框架集的结构，效果如图5-69所示。

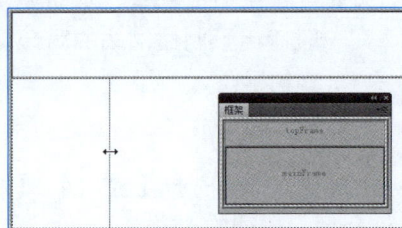

图5-68　拆分框架

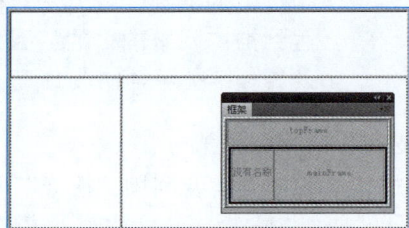

图5-69　完成框架的创建

知识提示

自定义框架名称

创建的自定义框架默认是没有名称的，若想为其设置名称，可在"框架"面板中将其选择，然后在"属性"面板的"框架名称"文本框中输入需要的名称即可。

5.3.3　保存框架集与框架

保存框架网页和保存普通网页的操作有所不同，可以单独保存某个框架文档，也可以保存整个框架集文档等。

微课视频

保存框架集

1．保存框架集

保存框架集是指将框架网页中的所有框架内容以及框架集本身都进行保存。下面以保存前面所创建框架网页的框架集为例进行介绍，其具体操作如下。

（1）选择【文件】/【保存框架页】菜单命令，如图5-70所示。

（2）打开"另存为"对话框，在"保存在"下拉列表框中设置保存位置，在"文件名"下拉列表框中输入"gsgg.html"，单击 保存(S) 按钮即可完成保存框架集的操作，如图5-71所示。

为什么没有出现"保存框架页"选项

选择"文件"菜单后,如果未出现"保存框架页"命令,有可能是没有选择整个框架集。只需在"框架"面板中重新选择整个框架集,再选择【文件】/【保存框架页】菜单命令即可。

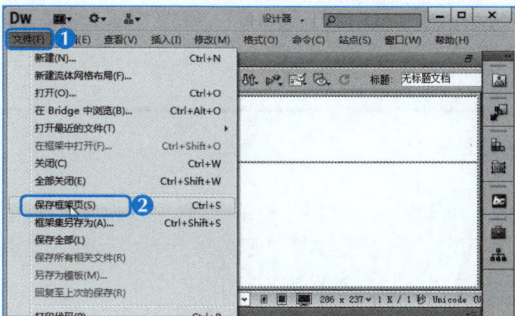

图5-70 保存框架页

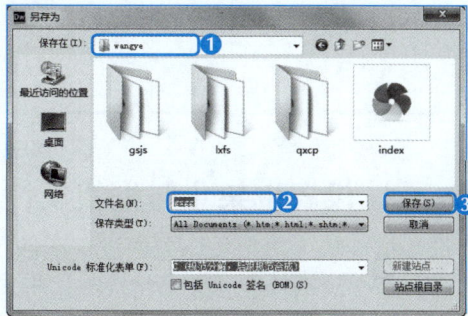

图5-71 设置保存位置和名称

2. 保存框架文档

保存框架文档的方法与保存框架集有所不同,它是指对框架集中指定的单个框架网页进行保存。其方法为:在网页中需保存的框架区域单击鼠标定位插入点,选择【文件】/【保存框架】菜单命令,在打开的"另存为"对话框中设置框架的保存位置和名称后,单击 保存(S) 按钮即可,如图5-72所示。

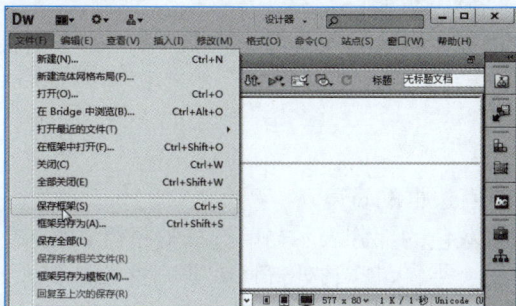

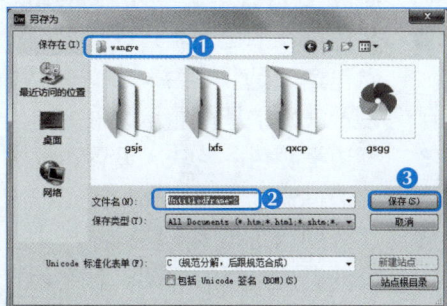

图5-72 保存单个框架网页

3. 保存所有框架文档

选择【文件】/【保存全部】菜单命令,可在打开的"另存为"对话框中完成框架集及所有框架网页文档的保存工作,如图5-73所示。在保存时,通常先保存框架集网页文档,再保存各个框架网页文档,被保存的当前文档所在的框架或框架集边框将以粗实线显示。

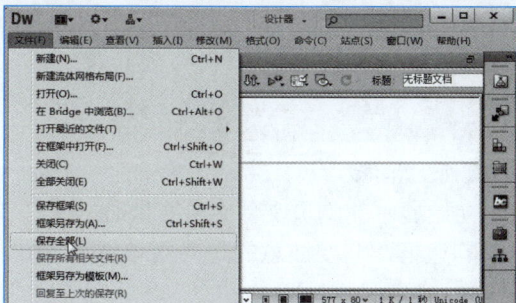

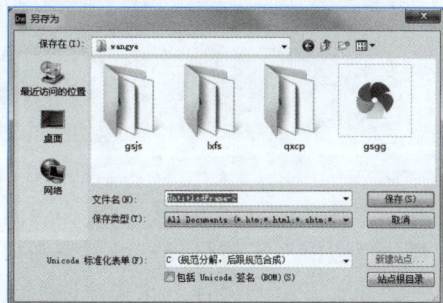

图5-73 保存所有框架文档

5.3.4 删除框架

删除框架与创建自定义框架的操作相反，只需将要删除的框架边框拖动至页面外即可，如图5-74所示。

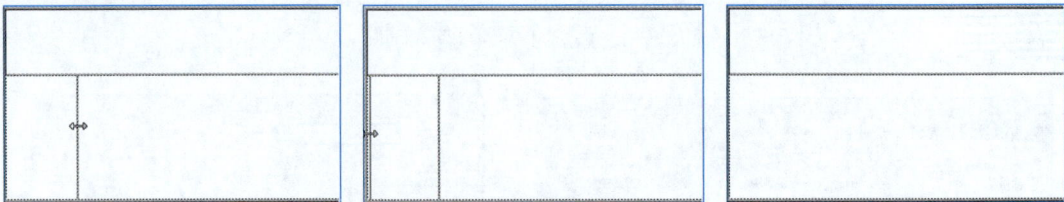

图5-74 删除框架

5.3.5 设置框架集与框架属性

选择框架集或框架后，可通过"属性"面板中的参数对框架集或框架的属性进行设置，如空白边距、滚动特性、大小特性和边框特性等。本小节将介绍这方面的相关知识。

1．设置框架集属性

选择需设置属性的框架集后，"属性"面板中出现如图5-75所示的参数。其中部分参数的作用介绍如下。

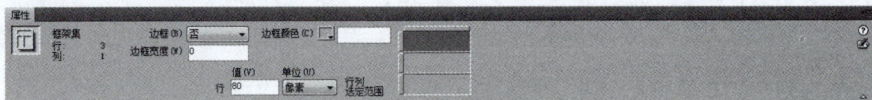

图5-75 框架集的属性设置面板

- ● **"边框"下拉列表**：设置在浏览器中查看网页时是否在框架周围显示边框效果，其中包括"是""否"和"默认值"3种选项，其中"默认值"表示根据浏览器自身设置来确定是否显示边框。
- ● **"边框颜色"色块**：设置边框的颜色。
- ● **"边框宽度"文本框**：设置框架集中所有边框的宽度。
- ● **"行列选定范围"栏**：图框中显示为深灰色的部分表示当前选择的框架，浅灰色表示没有被选择的框架。若要调整框架的大小，可在该处选择需要调整的框架，然后在"值"文本框中输入数字。
- ● **"值"文本框**：指定选择框架的大小。
- ● **"单位"下拉列表**：设置框架尺寸的单位，可以是像素、百分比等。

2．设置框架属性

设置框架属性时一定要先选择需设置属性的框架，然后利用如图5-76所示的"属性"面板进行设置。其中部分参数的作用介绍如下。

图5-76 框架集的属性设置面板

- ● **"源文件"文本框**：设置在当前框架中初始显示的网页文件名称和路径。
- ● **"边框"下拉列表**：设置是否显示框架的边框，需要注意的是，当该选项设置与框架集设置冲突时，此选项设置才会有作用。

- **"滚动"下拉列表**：设置框架显示滚动条的方式，包括"是""否""自动""默认"4个选项。其中"是"表示显示滚动条；"否"表示不显示滚动条；"自动"表示根据窗口大小显示滚动条；"默认"表示根据浏览器自身设置显示滚动条。
- ☑不能调整大小(R) **复选框**：单击选中该复选框将不能在浏览器中通过拖曳框架边框来改变框架大小。
- **"边框颜色"文本框**：设置框架边框的颜色。
- **"边界宽度"文本框**：设置当前框架中的内容距左右边框的距离。
- **"边界高度"文本框**：设置当前框架中的内容距上下边框的距离。

5.3.6 制作框架网页

制作框架网页就是为框架集中的各个框架指定显示的网页文件。下面通过为前面保存的"gsgg.html"框架网页指定网页文件为例进行介绍，其具体操作如下。

（1）在"框架"面板中选择上方的框架，然后单击"属性"面板中"源文件"文本框右侧的"浏览文件"按钮 ，如图5-77所示。

（2）打开"选择HTML文件"对话框，选择提供的"top.html"网页文件，单击 确定 按钮，如图5-78所示。

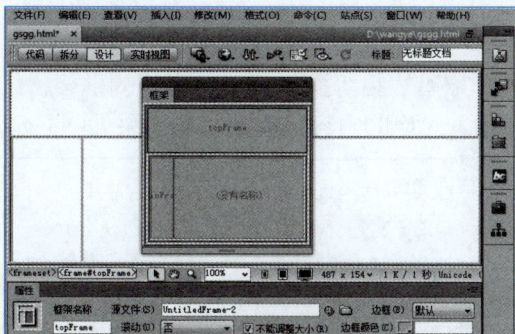

图5-77 选择框架　　　　　图5-78 指定网页文件

（3）打开"Dreamweaver"提示对话框，单击 是(Y) 按钮，如图5-79所示。

（4）所选框架中便插入了指定的网页文件，如图5-80所示。

图5-79 确认复制　　　　　图5-80 查看效果

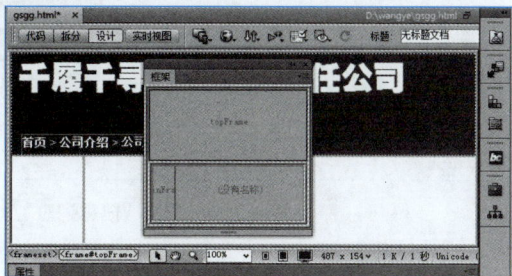

（5）使用相同的方法为其他框架页添加内容，完成后的效果如图5-81所示。

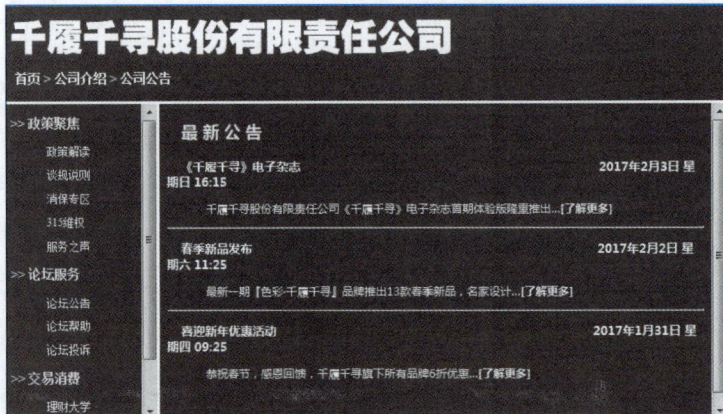

图5-81　为其他框架指定网页

5.4　项目实训

5.4.1　制作"信息列表"网页

1．实训目标

本实训的目标是制作"信息列表"网页，"信息列表"网页主要是罗列出网站的信息，以便浏览者快速查找和观看，通过插入表格、嵌套表格等操作，确定表格的框架，结合单元格的合并与拆分等操作调整表格结构，最后输入对应的内容，完成后的效果如图5-82所示。

素材所在位置　素材文件\第5章\项目实训\info\images\
效果所在位置　效果文件\第5章\项目实训\info\info.html

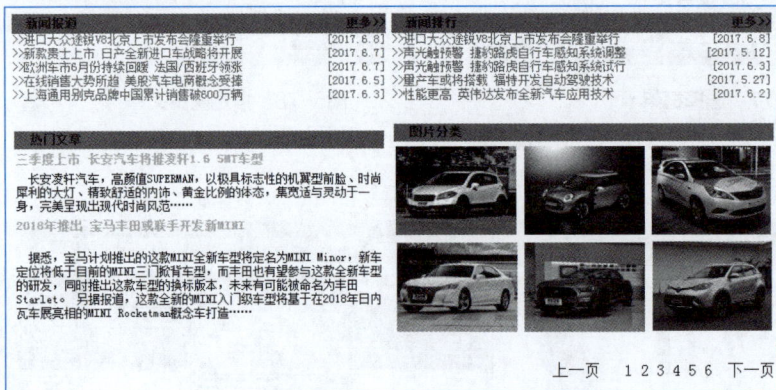

微课视频

制作"信息列表"
网页

图5-82　"信息列表"网页

2．专业背景

合理的版面设计可以使网页效果更加漂亮，目前常见的网页版式设计类型主要有骨骼型、满版型、分割型、中轴型、曲线型、倾斜型、对称型、焦点型、三角型、自由型10种，下面分别简单介绍。

● **骨骼型**：骨骼型是一种规范、合理的分割版式的设计方法，通常将网页主要布局设

计为3行2列、3行3列或3行4列，如"果蔬网"网站就是采用该方式进行版式设计的。

- **满版型**：满版型是指页面以图像充满整个版面，并配上部分文字。优点是视觉效果直观、给人一种高端大气的感觉，且随着网络宽带的普及，该设计方式在网页中的运用越来越多。
- **分割型**：分割型是指将整个页面分割为上下或左右两部分，分别安排图像和文字，这样图文结合的网页给人一种协调对比美，并且用户可以根据需要调整图像和文字的比例。
- **中轴型**：中轴型是指沿着浏览器窗口的中线将图像或文字进行水平或垂直方向的排列，优点是水平排列给人平静、含蓄的感觉，垂直排列给人舒适的感觉。
- **曲线型**：曲线型指图像和文字在页面上进行曲线分割或编排，从而产生节奏感。通常适合性质比较活泼的网页使用。
- **倾斜型**：倾斜型是指将页面主题形象或重要信息倾斜排版，以吸引注意力，通常适合一些网页中活动页面的版式设计。
- **对称型**：对称分为绝对对称和相对对称，通常采用相对对称的方法来设计网页版式，可避免页面过于呆板。
- **焦点型**：焦点型版式设计是将对比强烈的图片或文字放在页面中心，使页面具有强烈的视觉效果，通常用于一些房地产类网站的设计。
- **三角型**：将网页中各种视觉元素呈三角形排列，可以是正三角，也可以是倒三角，突出网页主题。
- **自由型**：自由型的版式设计页面较为活泼，没有固定的格式，总体给人轻快、随意、不拘于传统布局方式的感觉。

3．操作思路

完成本实训需要先插入一个表格，然后对表格进行嵌套表格、单元格属性设置等操作，并在表格中填充内容并设置文本属性，其操作思路如图5-83所示。

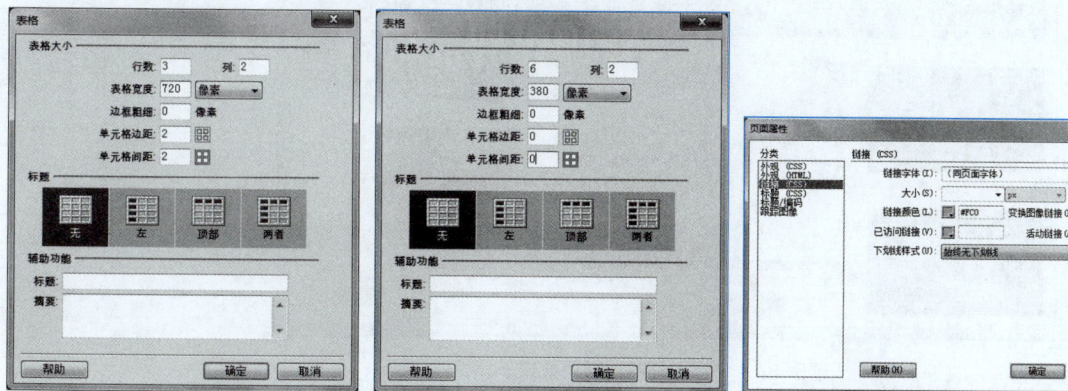

① 插入表格　　② 嵌套表格　　③ 设置连接属性

图5-83　"信息列表"网页的操作思路

【步骤提示】

（1）新建"info.html"网页文档，在其中插入一个3行2列，宽度为"720像素"，单元格边距和单元格间距都为"2"的表格，并设置表格对齐方式为"居中对齐"。

（2）在第1行的第1列中插入一个6行2列，宽度为"380像素"，单元格边距和单元格间距都为"0"的表格。

（3）设置插入的表格第1行背景颜色为"#2C9BD0"，宽度为"296像素"，高度为"20像素"，并在第1行第1列中输入文本"新闻报道"，新建"font01"样式，样式为"12号、加粗、#009"。在第1行第2列中输入文本"更多>>"，为其应用相同的样式。

（4）在第2行中输入内容，新建"font02"样式，设置样式为"12号、#2C9BD0"，依次在下方的行中输入文本，并应用相同的样式。选择该嵌套表格，将鼠标光标定位到原始表格的第1行第2列中，将其复制并粘贴到其表格中，修改表格中的文本。

（5）在原始表格的第2行第1列中嵌套一个5行1列，宽度为"380像素"，单元格边距和单元格间距都为"2"的表格。在第1行中输入文本"热门文章"，并应用"font01"样式。

（6）在第2行输入文章标题并设置为"空链接"，新建"font03"样式，设置文本"加粗"，然后在第3行输入相应的文本。

（7）在剩余的2行中输入文章标题和内容，并应用对应的样式，然后设置链接样式的"链接颜色"为"#FC0"，"下划线样式"为"始终无下划线"。

（8）在原始表格的第2行第2列插入一个4行3列，宽度为"380像素"，单元格边距和单元格间距都为"2"的表格，在其中输入文本并插入图像，最后在原始表格最后一行中输入文本。

5.4.2 制作"歇山园林"网页

1．实训目标

本实训要求制作"歇山园林"网页，该网页为企业网站网页，可通过框架的各种操作来完成网站的布局，然后向框架中添加内容即可，完成后的效果如图5-84所示。

图5-84 "歇山园林"网页效果

微课视频

制作"歇山园林"网页

| 素材所在位置 | 素材文件\第5章\项目实训\index\ |
| 效果所在位置 | 效果文件\第5章\项目实训\index\ |

2．专业背景

进行版式设计时，需要注意版式设计的基本准则，下面总结了一些基本的建议，希望对读者有所帮助。

- **网页版式**：保持文件最小体积，以便快速下载；将重要信息放在第一个满屏区域；页面长度不要超过3个满屏；设计时应用多个浏览器测试效果；尽量少使用动画效果。
- **文本**：对同类型的文本使用相同的设计，重要的元素在视觉上要更加突出；对网页中的文本格式进行设置时不要将所有文字设置为大写；不要大量使用斜体设置；不要将文字格式同时设置为大写、倾斜、加粗；不要随意插入换行符；尽量少使用<H5>、<H6>标签，不设置标题格式为五级或六级。
- **图像**：对图像中的文字进行平滑处理；尽量将图像文件大小控制在30KB以下；消除透明图像周围的杂色；不要显示链接图像的蓝色边框线；插入图像时对每个图像都设置替代文本，以便于图像无效时显示替代文本。
- **美观性**：避免网页中的所有内容都居中对齐；不要使用太多颜色，选择一两种主色调和一种强调色即可；不要使用复杂的图案平铺背景，容易给人凌乱的感觉；设置有底纹的文字颜色时最好不要设置为黑底白字，尤其是对网页中大量的小文字进行设计时，可以选择一种柔和的颜色来反衬，也可使用底纹色的反色。
- **主页设计**：网站的主页要体现站点的标志和主要功能；对导航功能进行层次设计，并提供搜索功能；主页中的文字要精炼或使用一些暗示浏览者浏览其他页面内容的导读；主页中放置的内容应该是网站比较特色的功能板块，以吸引浏览者的点击率。

3．操作思路

完成本实训需要先创建框架，然后将框架保存，最后向框架中添加相关的内容并调整框架大小等，其操作思路如图5-85所示。

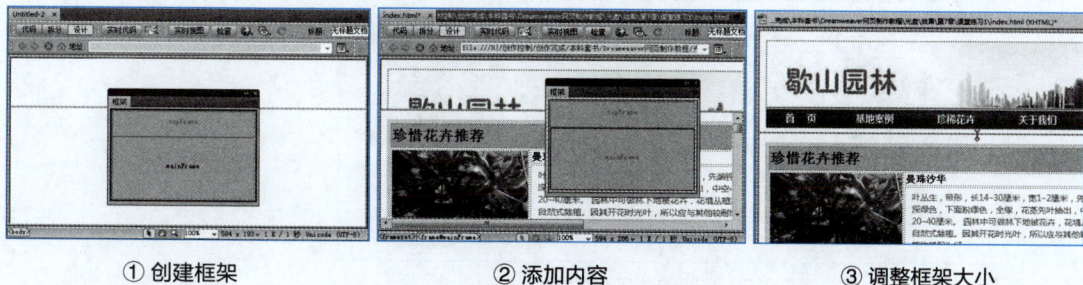

① 创建框架　　　　　② 添加内容　　　　　③ 调整框架大小

图5-85　"歇山园林"网页的操作思路

【步骤提示】

（1）新建一个上方固定的框架网页文档，将框架集保存为"index.html"。

（2）在上方的框架中通过链接网页的方法添加内容为"top.html"页面，下方框架链接"hhtj.html"页面。

（3）完成后调整上方框架大小到合适位置，然后保存即可。

5.5　课后练习

本章主要介绍了网页布局的相关知识，包括使用表格布局网页、AP Div布局网页和框架布局网页等。本章内容是学习网页制作的重点和核心内容之一，对于掌控整个网页版面和风格设计有至关重要的作用，读者应认真学习和掌握，并达到灵活运用和举一反三的程度。

练习1：制作"团购"网页

本练习要求制作"团购"网页，结合表格的插入、编辑、文本样式的设置等知识来完成，参考效果如图5-86所示。

素材所在位置 素材文件\第5章\课后练习\tuangou\images\
效果所在位置 效果文件\第5章\课后练习\tuangou\tuangou.html

微课视频

制作"团购"网页

图5-86 "团购"网页效果

要求操作如下。

- 将网页另存为"tuangou.html"，选择"一口价"部分，并修改表格中的内容。
- 在其上方插入一个1行3列的表格，在第1行中输入文本并设置文本格式，在第2行中插入水平线。
- 将第3行拆分为2列，在第1列中插入图片，在第2列中插入一个4行1列的表格，在其中输入表格内容并进行设置。

练习2：制作"OA后台管理"网页

本练习要使用框架结构制作一个"OA后台管理"的主页面，要求能实现OA办公系统的基本功能，便于使用者操作和查看，参考效果如图5-87所示。

素材所在位置 素材文件\第5章\课后练习\htg1\
效果所在位置 效果文件\第5章\课后练习\htg1\oa.html

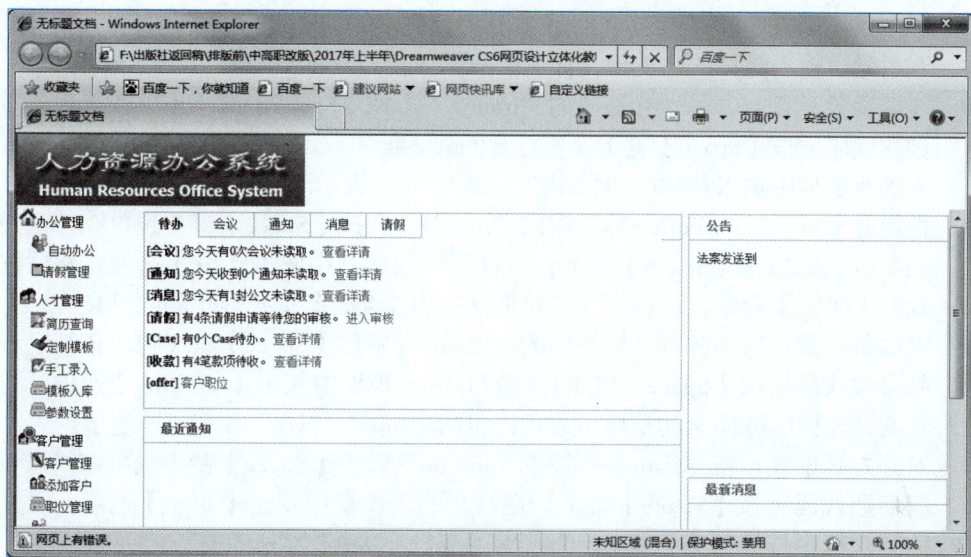

图5-87 "OA后台管理"网页效果

要求操作如下。

- 新建一个空白HTML文档，选择【插入】/【HTML】/【框架】/【上方及左侧嵌套】菜单命令，在打开的"框架标签辅助功能属性"对话框中设置参数。

- 单击 确定 按钮关闭对话框，创建框架。调整上方和左侧框架的高度和宽度。

- 在"框架"面板中单击左侧框架缩览图选择框架，然后在"属性"面板中输入或单击 按钮选择源文件为"left.htm"，设置左侧网页。

- 用相同的方法设置右侧框架的源文件为"main.htm"。

- 将鼠标指针定位到顶端框架网页中，然后插入图片，在"CSS样式"面板中单击"附加样式表"按钮，选择CSS样式文件oa.css。

- 选择【文件】/【保存全部】菜单命令，在打开的"另存为"对话框中保存框架和网页，然后按【F12】键预览网页，完成本练习的制作。

微课视频

制作 "OA 后台管理"
网页

5.6 技巧提升

1. 使用浮动框架

使用框架布局页面时，还有一个非常实用的对象——浮动框架，它可以实现在某个框架页面中进一步嵌入页面。下面对浮动框架的创建和设置等操作进行拓展介绍。

- **创建浮动框架**：浮动框架是通过在代码视图中添加<iframe></iframe>标签来实现的，首先需在网页中插入浮动框架的页面处单击鼠标定位插入点，然后切换到代码视图，输入 "<iframe></iframe>" 即可。

- **宽度设置**：在<iframe>标签中的 "iframe" 后按【Space】键，在打开的列表框中双击【width】选项，并在插入的双引号中输入具体的宽度值。

- **高度设置**：在<iframe>标签中的 "iframe" 后按【Space】键（也可在其余设置好的

参数代码后按【Space】键），在打开的列表框中双击【height】选项，并在插入的双引号中输入具体的高度值，如"50px"。

● **边框设置：** 在<iframe>标签中的"iframe"后按【Space】键（也可在其余设置好的参数代码后按【Space】键），在打开的列表框中双击【frameborder】选项，并在插入的双引号中输入具体的边框粗细，输入"0"表示无边框。

● **指定源文件：** 在<iframe>标签中的"iframe"后按【Space】键（也可在其余设置好的参数代码后按【Space】键），在打开的列表框中双击【src】选项，然后选择出现的【浏览】命令，可在打开的对话框中为浮动框架指定显示的网页文件。

● **滚动条设置：** 在<iframe>标签中的"iframe"后按【Space】键（也可在其余设置好的参数代码后按【Space】键），在打开的列表框中双击【scrolling】选项，可在打开的列表框中选择滚动条显示方式，包括"auto""yes"和"no"选项。

● **对齐方式设置：** 在<iframe>标签的"iframe"后按【Space】键（也可在其余设置好的参数代码后按【Space】键），在打开的列表框中双击【align】选项，可在打开的列表框中选择对齐方式，包括"bottom""left""middle""right"和"top"选项。

2．创建嵌套框架

在框架内部还可以创建框架集，即嵌套框架集。其方法与创建框架的方法类似，将插入点定位到需要嵌套框架的位置，选择【插入】/【HTML】/【框架】菜单命令，在打开的列表中选择需要嵌套的框架即可。

3．批量设置AP Div

利用【Ctrl】键同时选择这些AP Div对象，然后在"属性"面板中进行设置，此后所选的所有AP Div都将应用修改。还有一种巧妙的方法，就是将AP Div转换成表格，这样就可以通过设置表格的属性轻松调整外观等参数。将AP Div转换成表格的方法为：选择【修改】/【转换】/【将AP Div转换为表格】菜单命令，在打开的对话框中单击选中相应的转换方式单选项，并进行适当设置即可。

CHAPTER 6

第6章

CSS与盒子模型

情景导入

老洪告诉米拉，制作网页时通常使用CSS来丰富页面样式并统一风格，使用Div标签丰富页面效果，现在的网页设计中，设计师们通常都是使用CSS+Div来布局和控制页面，这两项操作是网页设计的重点内容。

学习目标

- 掌握"热销精品"网页的制作方法

  如认识CSS样式、CSS样式的各种属性设置、创建与应用CSS样式、编辑CSS样式、删除CSS样式等。

- 掌握"消费者保障"网页的制作方法

  如认识盒子模型、了解盒子模型布局的优势、使用CSS+Div布局网页等。

案例展示

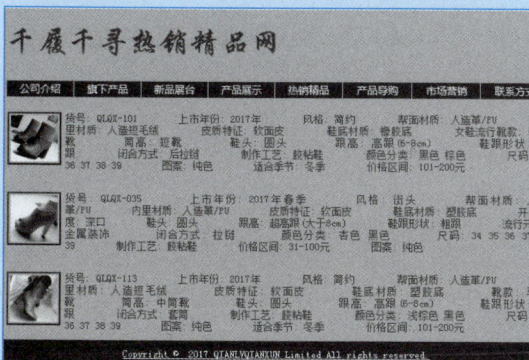

▲ "热销精品"页面效果

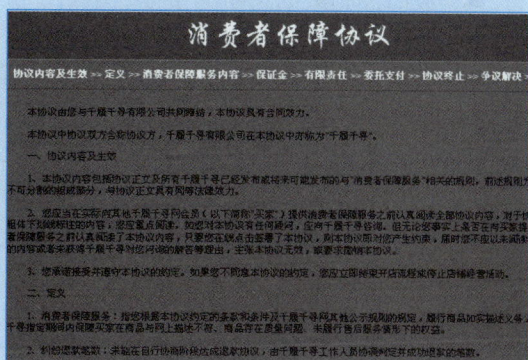

▲ "消费者保障"页面效果

6.1 课堂案例：制作"热销精品"网页

米拉已经将基础的"热销精品"网页内容制作完成，接下来就等着老洪讲解如何使用CSS样式来控制网页的样式，统一页面风格了。

老洪告诉米拉，在使用CSS样式控制网页前，需要先认识CSS样式，了解其各种属性设置，这样才能在网页中创建CSS样式、并进行设置和编辑等操作。本案例完成后的参考效果如图6-1所示，下面具体讲解其制作方法。

素材所在位置 素材文件\第6章\课堂案例\rxjp\
效果所在位置 效果文件\第6章\课堂案例\rxjp.html、ys01.css

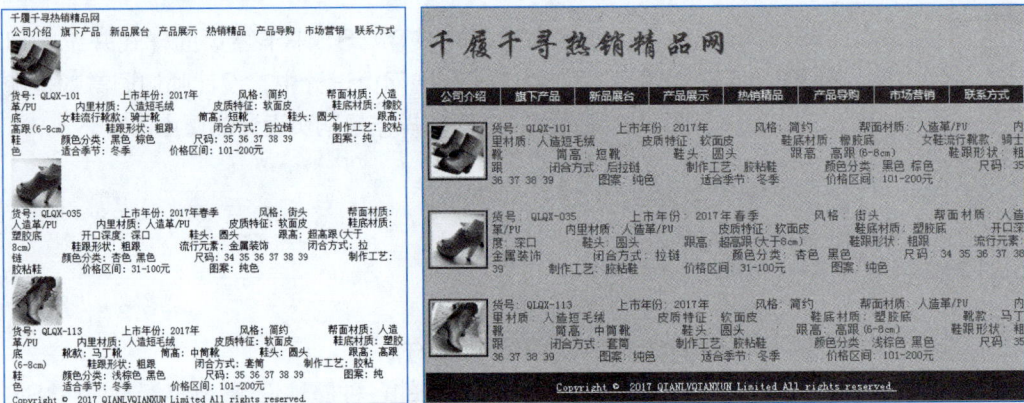

图6-1 "热销精品"网页设置前后的对比效果

6.1.1 认识CSS样式

CSS样式即层叠样式表，是Cascading Style Sheets的缩写，它是一种用来进行网页风格设计的样式表技术。定义了CSS样式后，就可以把它应用到不同的网页元素中，当修改了CSS样式，所有应用了该样式的网页元素也会自动统一修改。

1. CSS的功能

CSS样式功能归纳起来主要有以下几点。

- 灵活控制页面文字的字体、字号、颜色、间距、风格、位置等。
- 可随意设置一个文本块的行高和缩进，并能为其添加三维效果的边框。
- 方便定位网页中的任何元素，设置不同的背景颜色和背景图片。
- 精确控制网页中各种元素的位置。
- 可以为网页中的元素设置各种过滤器，从而产生诸如阴影、模糊、透明等效果（通常这些效果只能在图像处理软件中才能实现）。
- 可以与脚本语言结合，使网页中的元素产生各种动态效果。

2. CSS的特点

CSS的特点主要包括以下几点。

- **使用文件：** CSS提供了许多文字样式和滤镜特效等，不仅便于网页内容的修改，更加提高了下载速度。
- **集中管理样式信息：** 将网页中要展现的内容与样式分离，并进行集中管理，便于在需要更改网页外观样式时，保持HTML文件本身内容不变。

- **将样式分类使用**：多个HTML文件可以同时使用一个CSS样式文件，一个HTML文件也可同时使用多个CSS样式文件。
- **共享样式设定**：将CSS样式保存为单独的文件，可以使多个网页同时使用，避免每个网页重复设置的麻烦。
- **冲突处理**：当文档中使用两种或两种以上样式时，会发生冲突。如果在同一文档中使用两种样式，浏览器将显示出两种样式中除了冲突外的所有属性；如果两种样式互相冲突，则浏览器会显示样式属性；如果存在直接冲突，那么自定义样式表的属性将覆盖HTML标记中的样式属性。

3．CSS的语法规则

CSS样式设置规则由选择器和声明两部分组成。CSS的语法为：选择符{属性1:属性1值;属性2:属性2值;…}。其中选择器是表示已设置格式元素的术语，如body、table、tr、ol、p、类名、ID名等。声明则是用于定义样式的属性，通过CSS语法结构可看出，声明由属性和值两部分组成，如图6-2所示的代码中，body为选择器，{}中的内容为声明块。图中代码表示HTML中<body></body>标记内的所有内容的外边距为0，内边距为0，字号为12点，字体为宋体，行高为18点，背景颜色为红色。

```
<style>
body{
    margin:0;
    padding:0;
    font-size:12px;
    font-family:"宋体";
    line-height:18px;
    background-color:#F00;
}
</style>
```

图6-2　CSS语法

4．CSS的类别

在Dreamweaver中，CSS样式有"类CSS样式""ID CSS样式""标签CSS样式""复合内容CSS样式"4种。

- **类CSS样式**：这种样式的CSS可以对任何标签进行样式定义，类CSS样式可以同时应用于多个对象，是最为常用的定义方式。
- **ID CSS样式**：这种CSS样式是针对网页中不同ID名称的对象进行样式定义，它不能应用于多个对象，只能应用到具有该ID名称的对象上。
- **标签CSS样式**：这种CSS样式可对标签进行样式定义，网页所有具有该标签的对象都会自动应用样式。
- **复合内容CSS样式**：这种CSS样式主要对超链接的各种状态效果进行样式定义，设置好样式后，将自动应用到网页中所有创建的超链接对象上。

5．"CSS样式"面板的用法

CSS样式的使用离不开"CSS样式"面板，因此在学习CSS样式之前，有必要对"CSS样式"面板的用法有所了解。选择【窗口】/【CSS样式】菜单命令或按【Shift+F11】组合键即可打开"CSS样式"面板，如图6-3所示，其中各参数的作用介绍如下。

图6-3　"CSS样式"面板

- **全部按钮**：单击该按钮可显示当前网页中所有创建的CSS样式。
- **当前按钮**：显示当前选择CSS样式的详细信息。
- **"所有规则"栏**：显示当前网页所有创建的CSS样式规则。
- **"属性"栏**：显示当前选择的CSS样式的规则定义信息。
- **"显示类别视图"按钮**：单击该按钮可在"属性"栏中分类显示所有的属性。
- **"显示列表视图"按钮**：单击该按钮可在"属性"栏中按字母顺序显示所有的

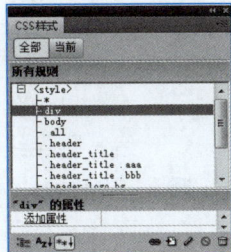

109

属性。

- "只显示设置属性"按钮 ▦▮⬆: 单击该按钮只显示设定了值的属性。
- "附加样式表"按钮 ▦: 单击该按钮可链接外部CSS文件。
- "新建CSS规则"按钮 ▦: 单击该按钮可新建CSS样式。
- "编辑样式"按钮 ✎: 单击该按钮可编辑选择的CSS样式。
- "禁用CSS样式规则"按钮 ⊘: 单击该按钮可禁用或启用"属性"栏中所选的CSS样式的规则。
- "删除CSS规则"按钮 ▥: 单击该按钮可删除选择的CSS样式规则。

6.1.2 CSS样式的各种属性设置

CSS样式包含了9个类别的属性设置，每个类别又涉及许多参数，因此在创建和设置CSS样式之前，需要对所有CSS样式属性的作用做系统了解。双击"CSS样式"面板顶部窗格中的现有规则或属性，即可打开CSS规则定义对话框。

1．设置类型属性

在CSS规则定义对话框左侧的"分类"列表框中选择【类型】选项，可在界面右侧设置CSS类型属性，如图6-4所示，其中各参数的作用介绍如下。

- "Font-family"下拉列表：选择需要的字体外观选项。
- "Font-size"下拉列表：选择或输入字号来设置文本的字体大小。
- "Font-weight"下拉列表：选择或输入数值来设置文本的粗细程度。

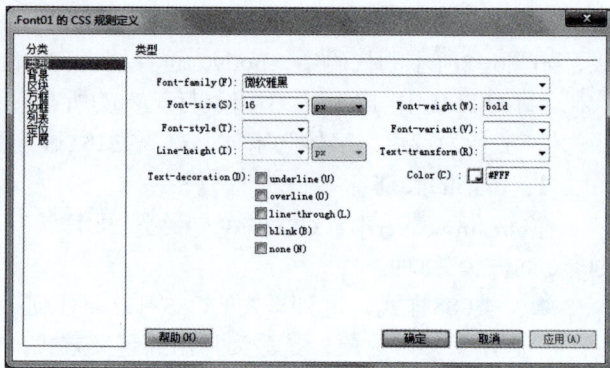

图6-4　设置CSS样式的"类型"规则

- "Font-style"下拉列表：设置"normal（正常）""italic（斜体）""obliquec（偏斜体）"作为字体样式。
- "Font-variant"下拉列表：选择文本的变形方式。
- "Line-height"下拉列表：选择或输入数值来设置文本的行高。
- "Text-transform"下拉列表：选择文本的大小写方式。
- "Text-decoration"栏：单击选中相应的复选框可修饰文本效果，如添加下划线、上划线、删除线等。
- "Color"栏：单击颜色按钮或在文本框中输入颜色编码设置文本颜色。

2．设置背景属性

在CSS规则定义对话框左侧的"分类"列表框中选择【背景】选项，可在界面右侧设置背景样式，如图6-5所示，

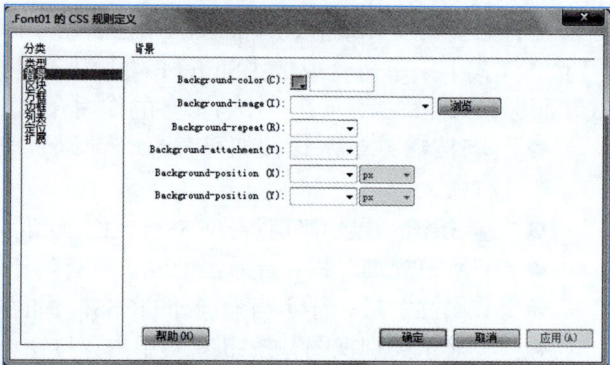

图6-5　设置CSS样式的"背景"规则

其中各参数的作用介绍如下。

- "Background-color"栏：单击颜色按钮或在文本框中输入颜色编码设置网页背景颜色。
- "Background-image"下拉列表：单击 浏览... 按钮，可在打开的对话框中选择背景图像。
- "Background-repeat"下拉列表：选择背景图像的重复方式。
- "Background-attachment"下拉列表：设置背景图像是固定在原始位置还是随内容滚动。
- "Background-position（X）"下拉列表：设置背景图像相对于对象的水平位置。
- "Background-position（Y）"下拉列表：设置背景图像相对于对象的垂直位置。

3．设置区块属性

在CSS规则定义对话框左侧的"分类"列表框中选择【区块】选项，可在界面右侧设置区块样式，如图6-6所示，其中各参数的作用介绍如下。

- "Word-spacing"下拉列表：选择或直接输入单词之间的间隔距离，在右侧的下拉列表框可设置数值的单位。
- "Letter-spacing"下拉列表：选择或直接输入字母间的间距，在右侧的下拉列表中可设置数值的单位。

图6-6　设置CSS样式的"区块"规则

- "Vertical-align"下拉列表：选择指定元素相对于父级元素在垂直方向上的对齐方式。
- "Text-align"下拉列表：选择文本在应用该样式元素中的对齐方式。
- "Text-indent"文本框：通过输入数值设置首行的缩进距离，在右侧的下拉列表框中可设置数值单位。
- "White-space"下拉列表：设置处理空格的方式。
- "Display"下拉列表：指定是否以及如何显示元素。

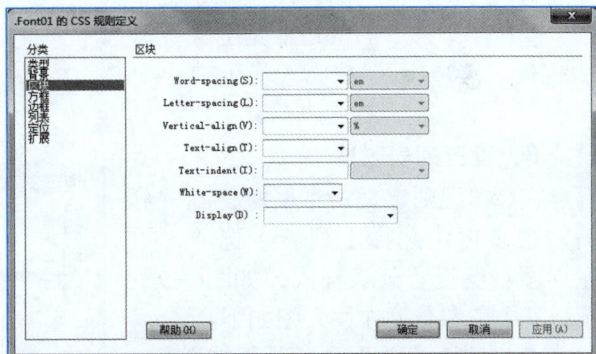

4．设置方框属性

在CSS规则定义对话框左侧的"分类"列表框中选择【方框】选项，可在界面右侧设置方框样式，如图6-7所示，其中各参数的作用介绍如下。

- "Width"下拉列表：设置元素的宽度。
- "Height"下拉列表：设置元素的高度。
- "Float"下拉列表：设置元素的文本环绕方式。

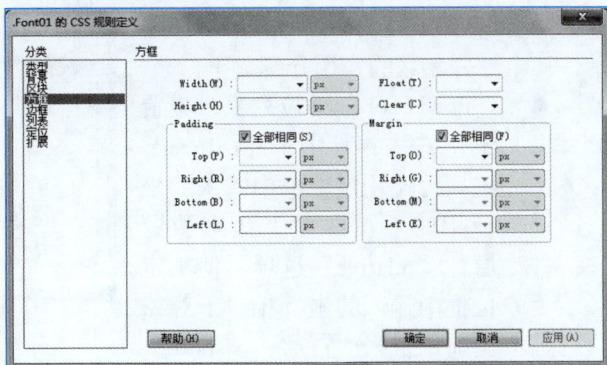

图6-7　设置CSS样式的"方框"规则

- **"Clear"下拉列表框**：设置层的某一边不允许其他元素浮动。
- **"Padding"栏**：设置元素内容与元素边框之间的间距。
- **"Margin"栏**：设置元素的边框与另一个元素之间的间距。

5．设置边框属性

在CSS规则定义对话框左侧的"分类"列表框中选择【边框】选项，可在界面右侧设置边框样式，如图6-8所示，其中各参数的作用介绍如下。

- **"Style"栏**：设置元素上、下、左、右的边框样式。
- **"Width"栏**：设置元素上、下、左、右的边框宽度。
- **"Color"栏**：设置元素上、下、左、右的边框颜色。

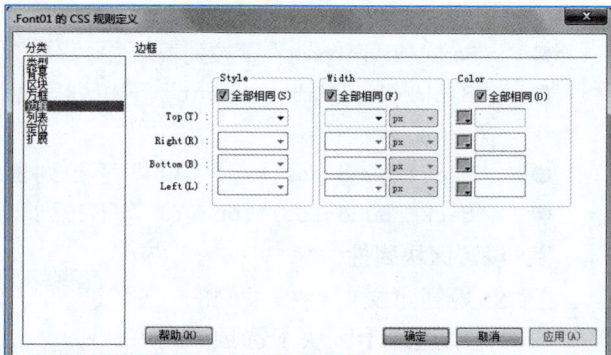

图6-8　设置CSS样式的"边框"规则

6．设置列表属性

在CSS规则定义对话框左侧的"分类"列表框中选择【列表】选项，可在界面右侧设置列表样式，如图6-9所示，其中各参数的作用介绍如下。

- **"List-style-type"下拉列表**：选择无序列表框的项目符号类型及有序列表框的编号类型。
- **"List-style-image"下拉列表**：通过 浏览... 按钮设置作为无序列表框的项目符号的图像。

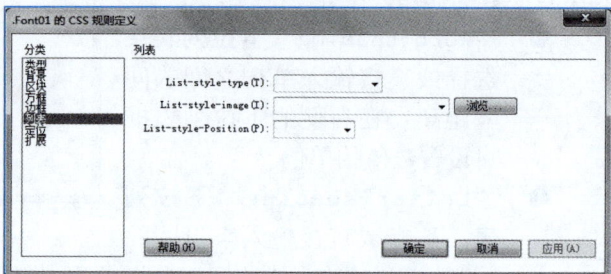

图6-9　设置CSS样式的"列表"规则

- **"List-style-Position"下拉列表**：设置列表框文本是否换行和缩进。其中"inside"选项表示当列表框过长而自动换行时不缩进；"outside"选项表示当列表框过长而自动换行时以缩进方式显示。

7．设置定位属性

在CSS规则定义对话框左侧的"分类"列表框中选择【定位】选项，可在界面右侧设置定位样式，如图6-10所示，其中部分参数的作用介绍如下。

- **"Position"下拉列表**：设置定位方式，其中"absolute"选项可使用定位框中输入的坐标相对于页面左上角来放置层；"relative"选项可使用定位框中输入的坐标相对于对象当前位置来放置层；"static"选项可将层放在它在文本流中的位置。

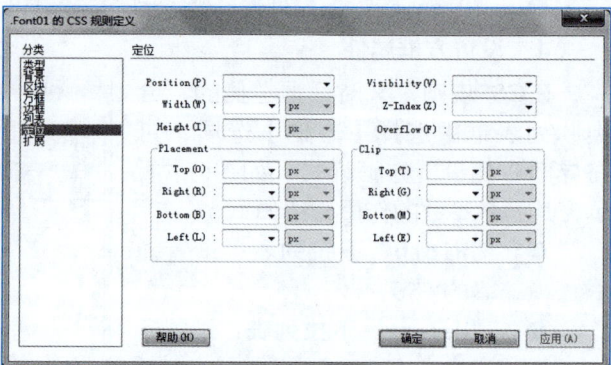

图6-10　设置CSS样式的"定位"规则

- **"Visibility"下拉列表**：设置AP元素的显示方式，其中"inherit"选项表示将继承父AP元素的可见性属性，如果没有父AP元素，默认为可见；"visible"选项将显示AP元素的内容；"hidden"选项将隐藏AP元素的内容。
- **"Z-Index"下拉列表**：设置AP元素的堆叠顺序，其中编号较高的AP元素显示在编号较低的AP元素的上面。
- **"Overflow"下拉列表**：设置当AP元素的内容超出AP元素大小时的处理方式，其中"visible"选项将使AP元素向右下方扩展，使所有内容都可见；"hidden"选项将保持AP元素的大小并剪辑任何超出的内容；"scroll"选项表示不论内容是否超出AP元素的大小，都在AP元素中添加滚动条；"auto"选项表示当AP元素的内容超出AP元素的边界时显示滚动条。
- **"Placement"栏**：设置AP元素的位置和大小。
- **"Clip"栏**：设置AP元素的可见部分。

8．设置扩展属性

在CSS规则定义对话框左侧的"分类"列表框中选择【扩展】选项，可在界面右侧设置扩展样式，如图6-11所示，其中各参数的作用介绍如下。

- **"分页"栏**：控制打印时在CSS样式的网页元素之前或之后进行分页。
- **"Cursor"下拉列表**：设置鼠标指针移动到应用CSS样式的网页元素上的图像。
- **"Filter"下拉列表**：为应用CSS样式的网页元素添加特殊的滤镜效果。

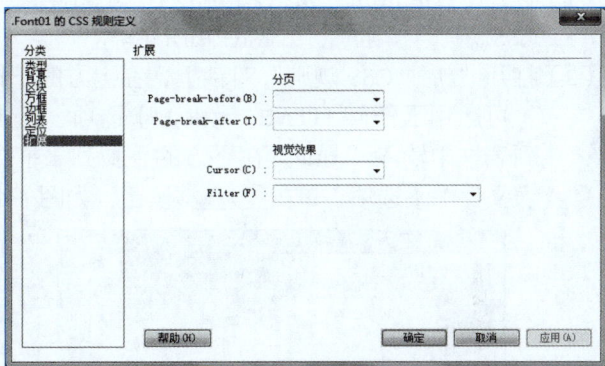

图6-11 设置CSS样式的"扩展"规则

9．设置过渡属性

在CSS规则定义对话框左侧的"分类"列表框中选择【过渡】选项，可在界面右侧设置过渡样式，如图6-12所示，其中部分参数的作用介绍如下。

- **☑所有可动画属性(A) 复选框**：单击选中该复选框，"属性"栏将不可用，并为网页中的所有动画属性设置相同的参数。
- **"属性"栏**：若撤销选中 ☐所有可动画属性(A) 复选框，则可单击 ⊞ 按钮添加需要设置的属性，单击 ⊟ 按钮删除属性。

图6-12 设置CSS样式的"过渡"规则

- **"持续时间"文本框**：设置动画的持续时间，可在后面的下拉列表中选择时间的单位。
- **"延迟"文本框**：设置动画的延迟时间，可在后面的下拉列表中选择时间的单位。

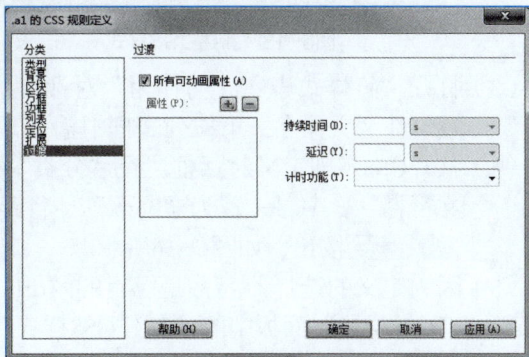

6.1.3　创建与应用CSS样式

在Dreamweaver中创建CSS样式的方法有很多，本小节将介绍最常用的通过"CSS样式"面板创建CSS样式的操作。

1．认识CSS样式创建的位置

在Dreamweaver中创建CSS样式需要注意一个问题，即所创建的CSS样式存放的位置。CSS样式可以放置在当前网页中，也可以作为单独的文件保存在网页外部。保存在当前网页中的CSS样式只能应用在当前网页的元素上；作为独立的样式表保存的CSS样式则可通过链接的方式应用到多个网页中。

2．创建并应用类CSS样式

类CSS样式可以应用到任意网页元素中，但需要手动为这些元素应用对应的样式。下面以在"rxjp.html"网页中创建并应用多个类CSS样式为例，介绍CSS样式的创建与应用方法，其具体操作如下。

（1）打开"rxjp.html"素材网页，在"CSS样式"面板中单击"新建CSS规则"按钮 ，如图6-13所示。

（2）打开"新建 CSS 规则"对话框，在上方的下拉列表框中选择【类（可应用于任何 HTML 元素）】选项，在【选择器名称】下拉列表框中输入".title"在下方的下拉列表框中选择【（新建样式表文件）】选项，单击 确定 按钮，如图6-14所示。

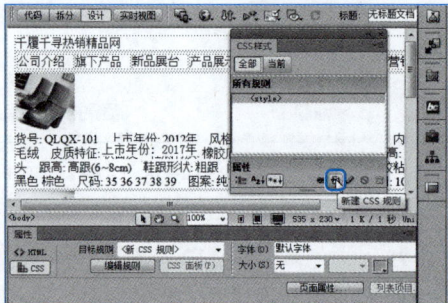

图6-13　新建CSS样式

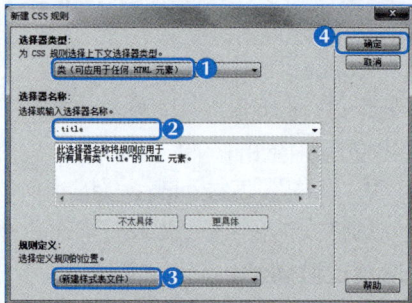

图6-14　设置CSS样式类型、名称和位置

（3）打开"将样式表文件另存为"对话框，在"保存在"下拉列表框中设置文件保存的位置，在"文件名"下拉列表框中输入"ys01"，单击 保存(S) 按钮，如图6-15所示。

（4）打开CSS规则定义对话框，在"分类"列表框中选择【类型】选项，将字体设置为"华文行楷"、字号设置为"36px"、行距设置为"80px"、颜色设置为"#FF0075"，单击 确定 按钮，如图6-16所示。

（5）因为定义的选择器名称是已有的"title"选项，因此，将自动应用CSS样式效果，单击"CSS样式"面板中的"新建CSS样式"按钮 ，如图6-17所示。

（6）打开"新建 CSS 规则"对话框，在"选择器名称"下拉列表框中输入".tb"单击 确定 按钮，如图6-18所示。

（7）打开CSS规则定义对话框，在"分类"列表框中选择【背景】选项，将背景颜色设置为"#FFD8CC"，单击 确定 按钮，如图6-19所示。

（8）此时表格对象将应用CSS样式效果，单击"CSS样式"面板中的"新建CSS样式"按钮 ，如图6-20所示。

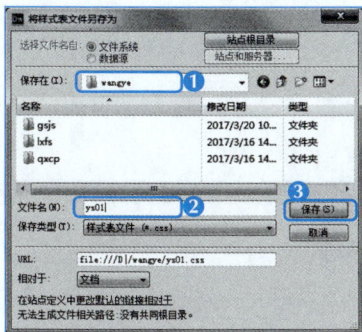

图6-15 保存CSS样式表

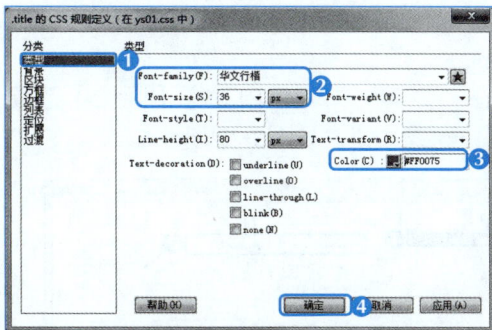

图6-16 设置"类型"规则

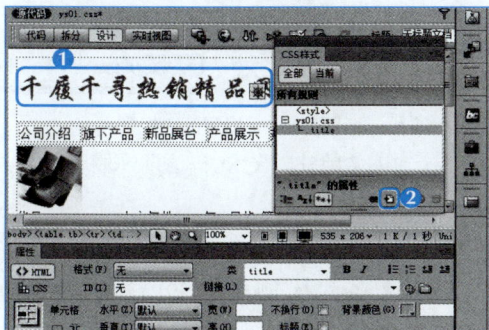

图6-17 新建CSS样式

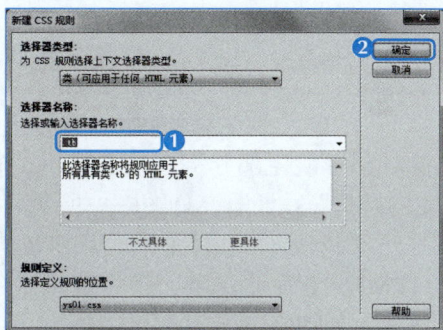

图6-18 设置CSS样式名称

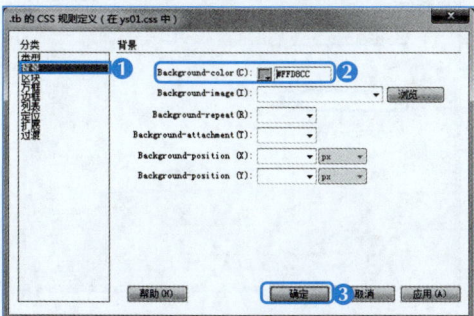

图6-19 设置背景规则

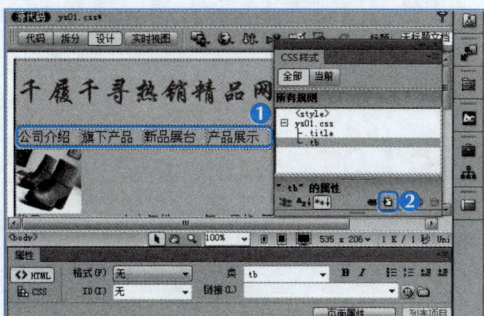

图6-20 新建CSS样式

（9）打开"新建 CSS 规则"对话框，在"选择器名称"下拉列表框中输入".daohang"，单击 确定 按钮，如图6-21所示。

（10）打开CSS规则定义对话框，在"分类"列表框中选择【类型】选项，将字体设置为"微软雅黑"、字号设置为"14px"、颜色设置为"#FFF"，如图6-22所示。

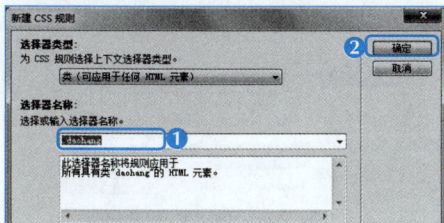

图6-21 设置CSS样式名称

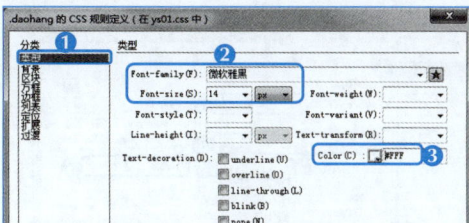

图6-22 设置类型规则

（11）在"分类"列表框中选择【背景】选项，将背景颜色设置为"#B34756"，如图6-23所示。

（12）在"分类"列表框中选择【区块】选项，将文本对齐方式设置为"center"，单击 确定 按钮，如图6-24所示。

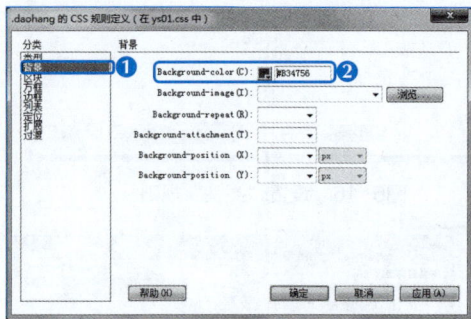

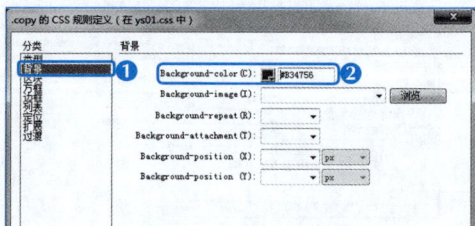

图6-23 设置背景规则   图6-24 设置区块规则

（13）此时，导航栏部分将自动应用CSS样式效果，再次单击"CSS样式"面板中的"新建CSS样式"按钮，如图6-25所示。

（14）打开"新建 CSS 规则"对话框，在上方的下拉列表框中选择【类（可应用于任何HTML元素）】选项，在"选择器名称"下拉列表框中输入".copy"，单击 确定 按钮，如图6-26所示。

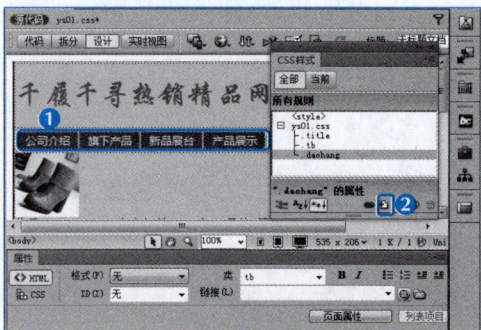

图6-25 新建CSS样式   图6-26 设置CSS样式名称

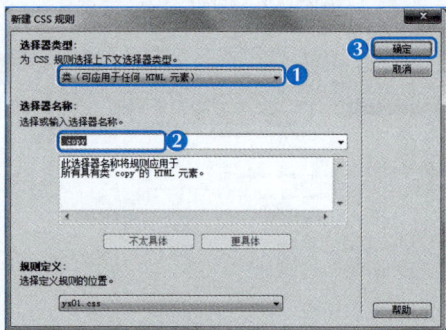

（15）打开CSS规则定义对话框，在"分类"列表框中选择【类型】选项，将字号设置为"12px"、行距设置为"30px"、单击选中 underline(U) 复选框，颜色设置为"#FFF"，如图6-27所示。

（16）在"分类"列表框中选择【背景】选项，将背景颜色设置为"#B34756"，如图6-28所示。

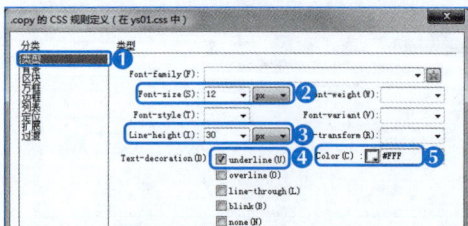

图6-27 设置类型规则   图6-28 设置背景规则

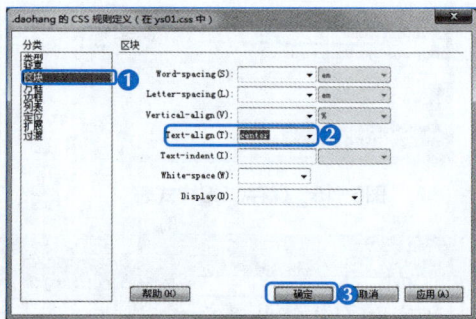

（17）在"分类"列表框中选择【区块】选项，将文本对齐方式设置为"center"，单击 确定 按钮，如图6-29所示。

（18）此时表格的最后一行将应用CSS样式效果，如图6-30所示。

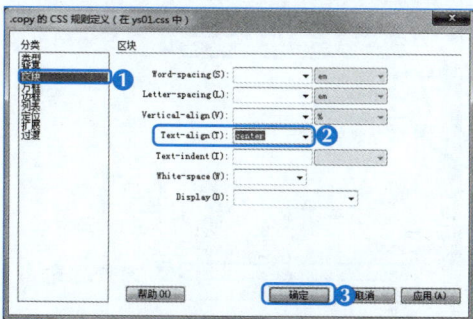

图6-29 设置区块规则

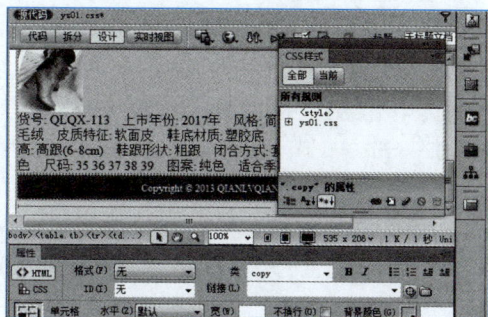

图6-30 应用样式后的效果

3. 创建并应用ID CSS样式

ID CSS样式可以为所有具有该ID名称的元素自动应用格式，使用时首先为元素设置ID名称，如"01"，然后新建CSS样式，在对话框中选择【ID（仅应用于一个HTML元素）】选项，在"选择器名称"下拉列表框中输入"#01"，代表此样式应用于所有ID为"01"的HTML元素，最后设置CSS样式即可。确认后元素将自动应用外观格式，如图6-31所示。

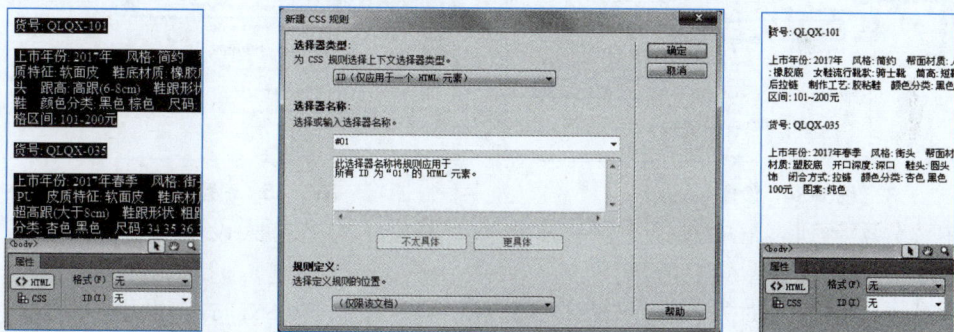

图6-31 创建并应用ID CSS样式

知识提示

创建样式时的注意事项

在创建类CSS样式时，在该样式的名称前必须输入"."，这也是类CSS样式区别于其他CSS样式的标志；输入"#"，则表示创建的是IDCSS样式；若不输入任何标志，则表示创建的是标签CSS样式。

4. 创建并应用标签CSS样式

标签CSS样式可以自动应用到网页中所有具有该标签的元素上。下面以在"rxjp.html"网页中创建"body"和"img"标签CSS样式为例，介绍这类CSS样式的创建与应用方法，其具体操作如下。

（1）在"CSS样式"面板中单击"新建CSS样式"按钮，如图6-32所示。

（2）打开"新建 CSS 规则"对话框，在上方的下拉列表框中选择【标

微课视频

创建并应用标签 CSS样式

117

签（重新定义HTML元素）】选项，在"选择器名称"下拉列表框中输入"body"，在下方的下拉列表框中选择"ys01.css"，单击 确定 按钮，如图6-33所示。

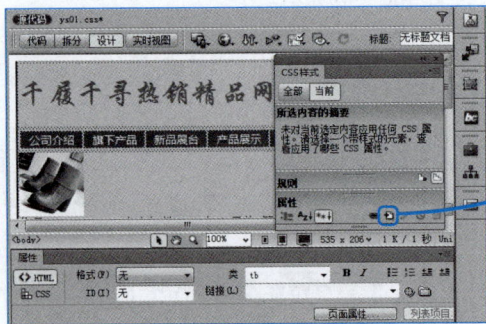

图6-32　新建CSS样式

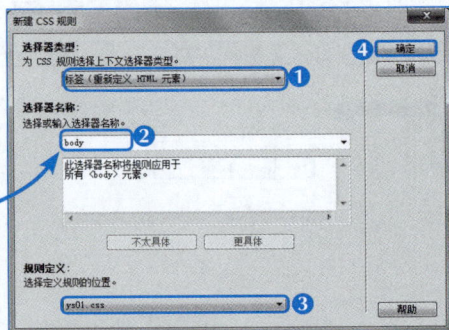

图6-33　设置CSS样式类型、名称和位置

（3）打开CSS规则定义对话框，在"分类"列表框中选择【类型】选项，将字号设置为"12px"，将字体颜色设置为"#FF0075"，如图6-34所示。

（4）在"分类"列表框中选择【背景】选项，将背景颜色设置为"#B30053"，如图6-35所示。

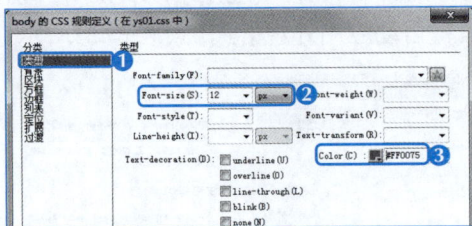

图6-34　设置类型规则

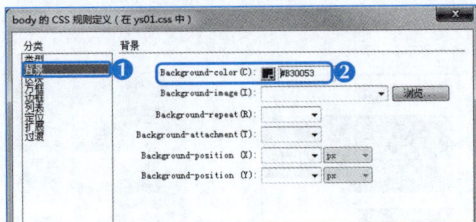

图6-35　设置背景规则

（5）在"分类"列表框中选择【区块】选项，将文字对齐方式设置为"justify"，单击 确定 按钮，如图6-36所示。

（6）此时\<body\>标签对象将应用CSS样式效果。再次单击"CSS样式"面板中的"新建CSS样式"按钮，如图6-37所示。

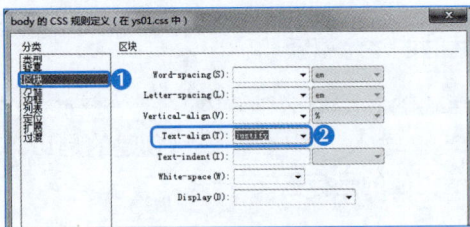

图6-36　设置区块规则

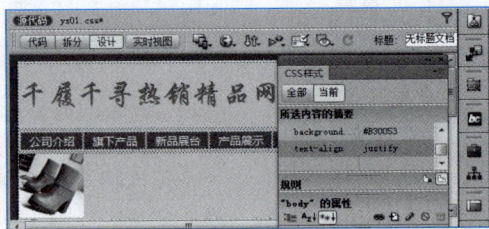

图6-37　新建CSS规则

（7）打开"新建 CSS 规则"对话框，在上方的下拉列表框中选择【标签（重新定义HTML元素）】选项，在"选择器名称"下拉列表框中输入"img"，单击 确定 按钮，如图6-38所示。

（8）在"分类"列表框中选择【边框】选项，保持所有☑全部相同(S)复选框处于选中状态，将边框样式设置为"outset"，将边框宽度设置为"2px"，将边框颜色设置为"#FF0075"，如图6-39所示。

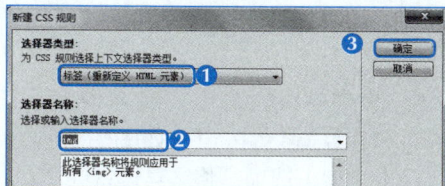

图6-38　设置CSS样式类型、名称

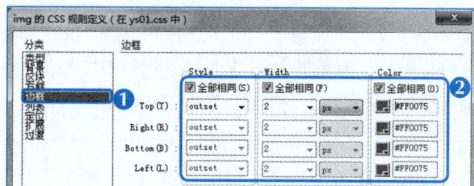

图6-39　设置边框规则

（9）在"分类"列表框中选择【方框】选项，将方框宽度和高度均设置为"55px"，浮动设置为"left"，填充均设置为"2px"，上边界、右边界、下边界和左边界分别设置为"14px""5px""15px"和"2px"，单击 确定 按钮，如图6-40所示。

（10）此时网页中的所有<img>标签均自动应用CSS样式，效果如图6-41所示。

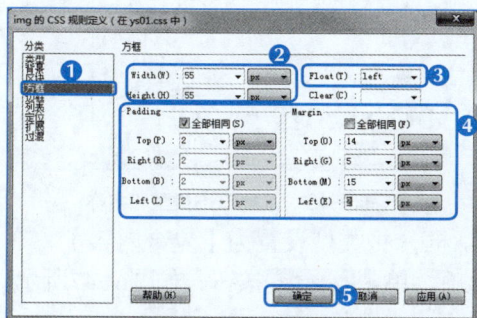

图6-40　设置方框规则

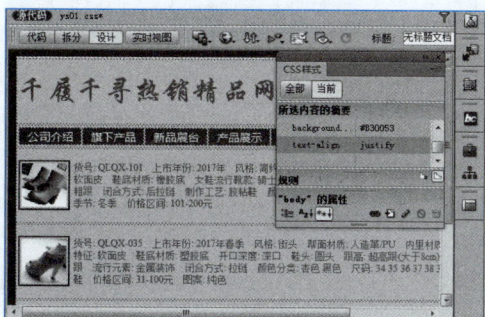

图6-41　自动应用CSS样式

5．创建并应用复合内容CSS样式

复合内容CSS样式可以对网页中的所有超链接元素进行统一设置，包括超链接访问前后以及鼠标指针移动和单击等各种状态。下面以在"rxjp.html"网页中创建并应用复合内容CSS样式为例，介绍如何利用CSS样式对网页中的超链接格式进行统一设置，其具体操作如下。

119

（1）在"CSS样式"面板中单击"新建CSS样式"按钮 ，如图6-42所示。

（2）打开"新建 CSS 规则"对话框，在上方的下拉列表框中选择【复合内容（基于选择的内容）】选项，在"选择器名称"下拉列表框中选择"a:link"选项，在下方的下拉列表框中选择"ys01.css"，单击 确定 按钮，如图6-43所示。

图6-42　新建CSS规则

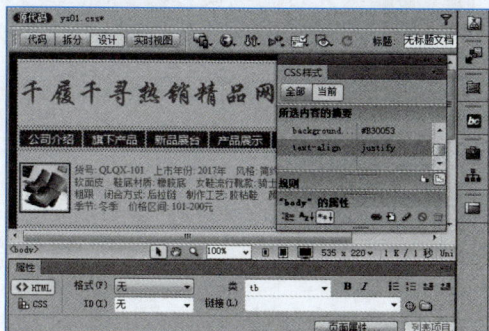

图6-43　设置CSS类型和名称

（3）打开CSS规则定义对话框，在"分类"列表框中选择【类型】选项，将字号设置为

　　　　"12px"、字体颜色设置为"#FFF"，单击选中 ☑none(N) 复选框，取消超链接的下划线格式，单击 确定 按钮，如图6-44所示。

（4）新建CSS样式，打开"新建 CSS 规则"对话框，将类型设置为【复合内容】，在"选择器名称"下拉列表框中选择"a:visited"选项，单击 确定 按钮，如图6-45所示。

（5）打开CSS规则定义对话框，在"分类"列表框中选择【类型】选项，将字号设置为"12px"、字体颜色设置为"#FFF"，单击选中 ☑none(N) 复选框，单击 确定 按钮，如图6-46所示。

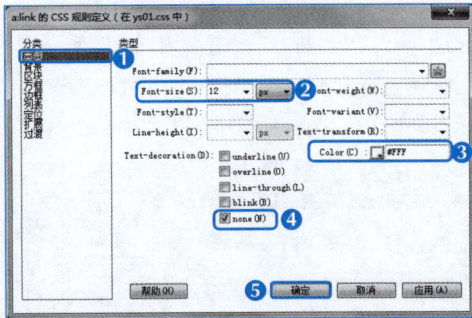

图6-44　设置类型规则　　　　　　　　图6-45　设置CSS类型和名称

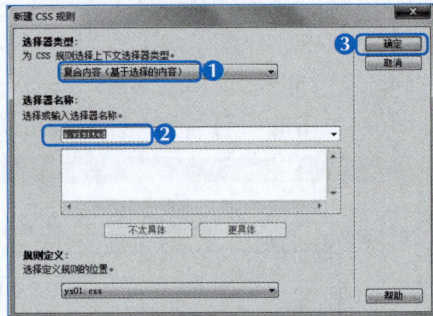

（6）新建CSS样式，打开"新建 CSS 规则"对话框，将类型设置为【复合内容】，在"选择器名称"下拉列表框中选择【a:hover】选项，单击 确定 按钮，如图6-47所示。

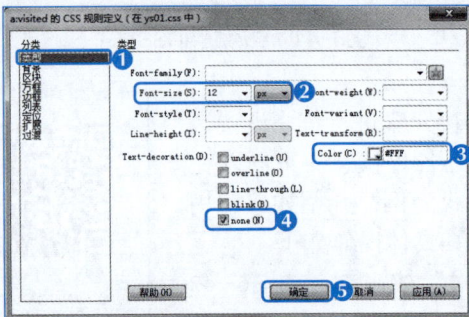

图6-46　设置类型规则　　　　　　　　图6-47　设置CSS类型和名称

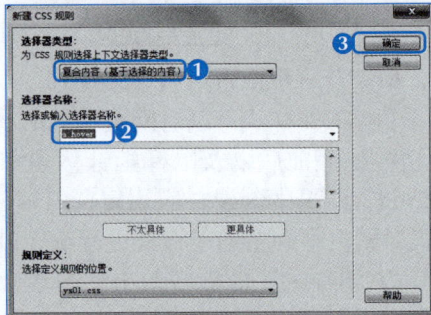

（7）打开CSS规则定义对话框，在"分类"列表框中选择【背景】选项，将背景颜色设置为"#F39"，如图6-48所示。

（8）在"分类"列表框中选择【方框】选项，将四周的填充距离均设置为"10px"，单击 确定 按钮，如图6-49所示。

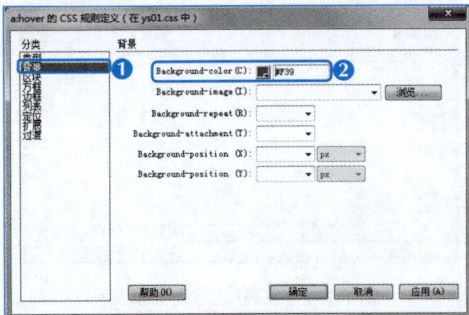

图6-48　设置背景规则　　　　　　　　图6-49　设置方框规则

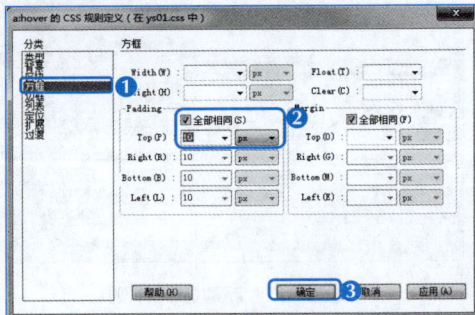

（9）完成超链接CSS样式的设置，保存网页，如图6-50所示。

（10）按【F12】键预览网页效果，将鼠标指针移至导航栏上时，所指对象将呈高亮显示，效果如图6-51所示。

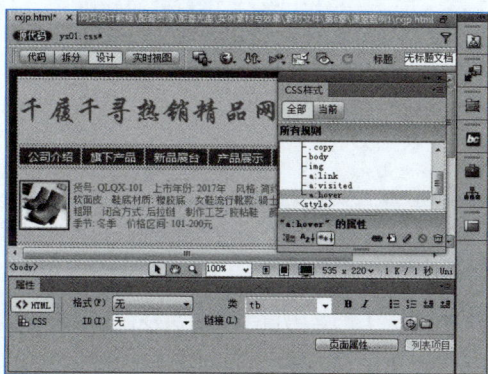

图6-50 保存设置

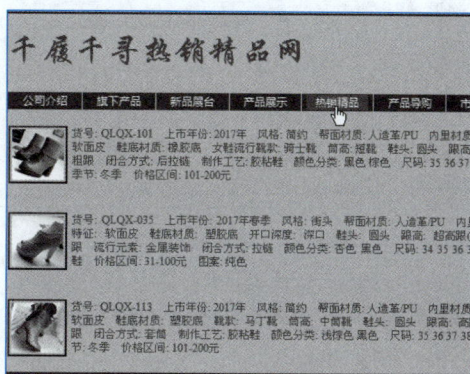

图6-51 预览效果

6.1.4 编辑CSS样式

若要重新编辑已创建的CSS样式，只需选择CSS样式选项进行编辑即可，在Dreamweaver中可直接在"CSS样式"面板中修改，也可打开CSS规则定义对话框进行修改。

1. 在"CSS样式"面板中编辑

若要更改当前CSS样式中的某个属性，如更改".title"CSS样式中字体颜色的属性，只需在"CSS样式"面板中的"所有规则"列表框中选择【.title】选项，并在下方的"属性"栏中选择需更改的字体颜色对应的【color】选项，接着选择该属性右侧的具体内容，激活属性设置，从而实现更改属性的目的，效果如图6-52所示。

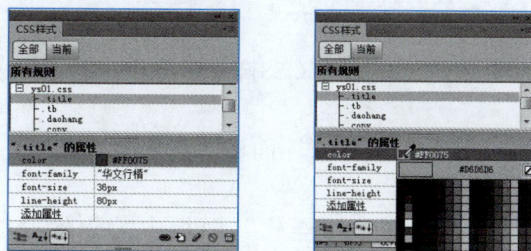

图6-52 直接在面板中修改属性

2. 利用对话框重新编辑

如果不习惯在"CSS样式"面板中更改CSS样式属性，则可在CSS规则定义对话框中修改样式属性。下面以在"rxjp.html"网页中更改鼠标指针移至超链接上时显示的高亮区域宽度为例，介绍在对话框中修改CSS样式的方法，其具体操作如下。

微课视频

利用对话框重新编辑

（1）在"CSS样式"面板中的"所有规则"列表框中选择【a:hover】选项，单击下方的"编辑样式"按钮，如图6-53所示。

（2）打开CSS规则定义对话框，在"分类"列表框中选择【方框】选项，撤销选中"Padding"栏中的□全部相同(S)复选框，将左右两边的宽度设置为"15px"，单击 确定 按钮，如图6-54所示。

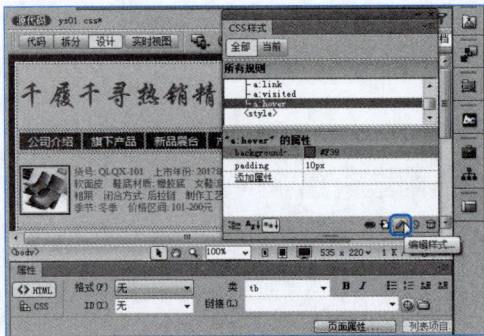

图6-53　修改CSS样式

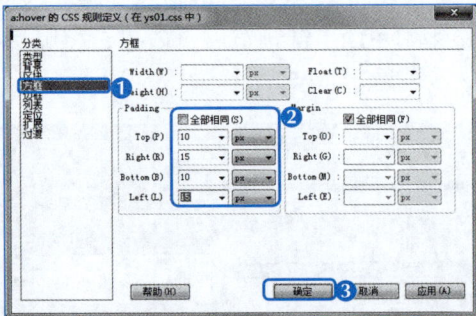

图6-54　设置方框规则

（3）完成CSS样式的编辑操作，保存网页，如图6-55所示。

（4）按【F12】键预览网页效果，将鼠标指针移至导航栏上时，所指对象呈现的高亮区域效果已相应地改变了，效果如图6-56所示。

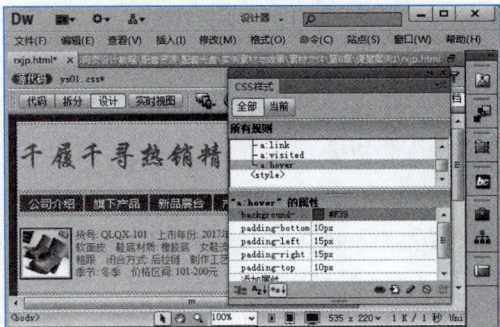

图6-55　保存设置

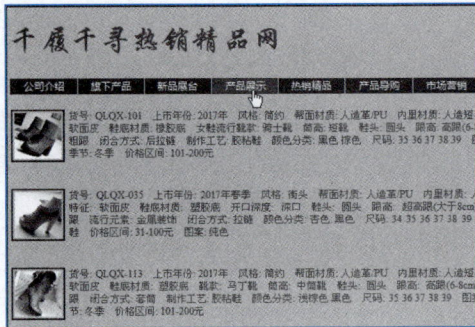

图6-56　预览效果

6.1.5　删除CSS样式

对于无用的CSS样式，可及时将其从"CSS样式"面板中删除，以便于管理。删除CSS样式的方法主要有以下几种。

- **利用🗑按钮删除：**选择"CSS样式"面板中需删除的CSS样式选项，单击"删除CSS规则"按钮🗑。
- **利用快捷键删除：**选择"CSS样式"面板中需删除的CSS样式选项，直接按【Delete】键。
- **利用右键菜单删除：**在"CSS样式"面板中需删除的CSS样式选项上单击鼠标右键，在弹出的快捷菜单中选择【删除】命令。

6.2　课堂案例：制作"消费者保障"网页

当米拉能够熟练使用CSS样式来控制页面风格时，老洪让米拉练习使用"盒子模型"的方法来制作"消费者保障"网页。在老洪的帮助下，米拉了解了"盒子模型"的概念后，便开始着手制作。

使用盒子模型制作网页是现今非常流行的网页布局方法，在进行制作前，需要理解盒子模型的结构等相关知识，并掌握Div标签的插入和CSS样式的设置等操作。本案例完成后的参考效果如图6-57所示，下面具体讲解其制作方法。

素材所在文件	素材文件\第6章\课堂案例\xfzbz\
效果所在位置	效果文件\第6章\课堂案例\xfzbz.html

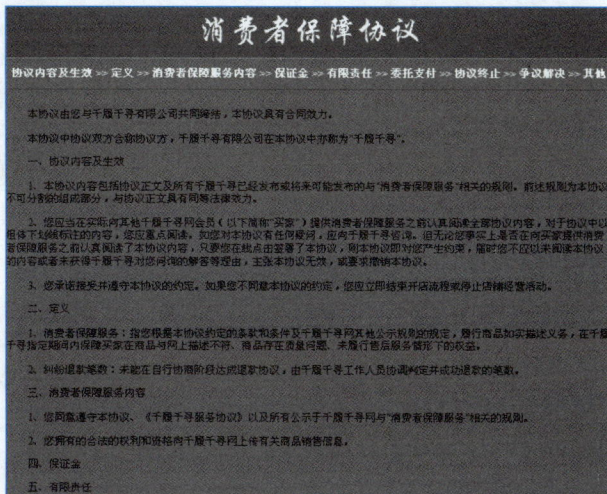

图6-57 "消费者保障"网页布局的最终效果

行业提示

网页布局中常用的模式

在专业的网页设计和制作领域，大多数设计者都偏爱使用盒子模型来布局网页。一般来讲，专业的盒子模型有两种，分别是IE盒子模型和标准W3C盒子模型。其中标准W3C盒子模型的范围包括margin、border、padding、content，并且content部分不包含其他部分；而IE盒子模型的范围也包括margin、border、padding、content，但与标准W3C盒子模型不同的是，IE盒子模型的content部分包含了border和padding。

6.2.1 认识盒子模型

盒子模型就是CSS+Div布局的通俗说法，网页元素定位中常使用盒子模型来进行定位。下面具体介绍盒子模型的相关知识。

1. 盒子模型概述

盒子模型是根据CSS规则中涉及的margin（边界）、border（边框）、padding（填充）、content（内容）来建立的一种网页布局方法，图6-58所示即为一个标准的盒子模型结构，左侧为代码，右侧为效果图。

代码中相关参数介绍如下。

● `margin`：margin区域主要控制盒子与其他盒子或对象的距离，图6-58中最外层的右斜线区域便是margin区域。

● `border`：border区域即盒子的边框，这个区域是可见的，因此可进行样式、粗细、颜色等属性设置，图6-58中的红色区域便是border区域。

● `padding`：padding区域主要控制内容与盒子边框之间的距离，图6-58中粉色区域内侧的左斜线区域便是padding区域。

- content：内容区即添加内容的区域，可添加的内容包括文本和图像及动画等。图6-58中内部的图片区域即content区域。
- background-color：表示设置背景颜色，图6-58中蓝色区域表示盒子的背景颜色。

盒子模型是CSS+Div布局页面时非常重要的概念，只有掌握了盒子模型和其中每个元素的使用方法，才能正确布局网页中各个元素的位置。

```
<div class="div1">
<img src="file:///H|//tcpg1.png" alt="" width="285" height="261" />
</div>
```

```
.div1{
    height:266px;
    width:290px;
    margin-top:10px;
    margin-right:20px;
    margin-bottom:10px;
    margin-left:20px;
    padding-top:5px;
    padding-right:5px;
    padding-bottom:5px;
    border:10px solid #C00;
    background-color:#6CC;
}
```

图6-58　盒子模型布局

知识提示

盒子模型的组成

所谓盒子模型就是将每个HTML元素当做一个可以装东西的盒子，盒子里面的内容到盒子的边框之间的距离为填充（padding），盒子本身有边框（border），而盒子边框外与其他盒子之间还有边界（margin）。每个边框或边距，又可分为上下左右4个属性值，如margin-bottom表示盒子的下边界属性，background-image表示背景图片属性。在设置Div大小时需要注意，CSS中的宽和高指的是填充以内的内容范围，即一个Div元素的实际宽度为左边界+左边框+左填充+内容宽度+右填充+右边框+右边界，实际高度为上边界+上边框+上填充+内容高度+下填充+下边框+下边界。

2. float（浮动）

float属性定义元素在什么方向浮动，在CSS中，任何元素都可以浮动。无论浮动元素本身是哪种元素，都会生成一个块级框。需要注意的是float是相对定位，会随着浏览器的大小和分辨率的变化而变化，且CSS允许任何元素浮动。无论元素之前是什么状态，浮动后都会变为块级元素。浮动元素的宽度默认为auto。

float语法为"float:none/left/right"，其中相关声明如下。

- 如果float值为none或没有设置float时，不会发生任何浮动，此时，块元素独占一行，紧随其后的块元素将在新行中显示，如果像图6-59所示的代码那样没有设置Div的float属性时，每个Div都单独占用一行，如图6-60所示。

```
<style type="text/css">
#da{
    width:250px;
    height:100px;
    border:#CC0 solid 3px;
    margin:20px;
    background:#CF6;}
#db{
    width:250px;
    height:100px;
    border:#CC0 solid 3px;
    margin:20px;
    background:#F30;}
</style>
</head>

<body>
<div id="da">我是第一个DIV</div>
<div id="db">我是第二个DIV</div>
</body>
</html>
```

图6-59　样式代码　　　图6-60　没有使用float浮动效果

- 若float值为left，表示设置对象左浮动，其后的块元素紧跟其后在同一行并列显示。

- 若float值为right，表示设置元素右浮动。

对图6-59中的代码进行修改，如对da对象应用float:left设置后，可以看到da对象向左浮动，而db在水平方向紧跟其后，两个Div占用一行，并排显示，如图6-61所示。

图6-61　使用float浮动后的效果

3．position（定位）

position在CSS布局中非常重要，许多特殊的容器定位必须使用position完成。position允许用户精确定义元素出现框出现的相对位置，可以相对于它常出现的位置，相对于其上级元素，相对于另一个元素或相对于浏览器本身。每个元素都可以用定位的方法描述，其位置由该元素包含块来决定。

position语法为"position:static/absolute/fixed/relative"，其中相关声明如下。

- static表示默认，无特殊定位，对象要遵循HTML定位规则。
- absolute表示绝对定位，需同时使用left、right、top和bottom等属性进行绝对定位，层叠对象通过z-index属性定义，这时，对象不具有边框，但仍然有填充和边框。
- fixed表示当页面滚动时，元素保持在浏览器视图窗口内。
- relative表示采用相对定位，对象不可层叠，但将依据left、right、top和bottom等属性设置在页面中的偏移位置。

4．margin（边界）

margin表示元素与元素之间的距离，设置盒子的边界距离时，可以对margin的上、下、左和右边距都进行设置，其对应的属性介绍如下。

- `top`：用于设置元素上边距的边界值。
- `bottom`：用于设置元素下边距的边界值。
- `right`：用于设置元素右边距的边界值。
- `left`：用于设置元素左边距的边界值。

Dreamweaver CS6中可以在CSS的规则定义对话框中选择【方框】选项，在其右侧界面的"Margin"栏中即可对margin进行设置。但标签的类型与嵌套的关系不同，则相邻元素之间的边距也不相同，可分为以下几种情况。

- 行内元素相邻：当两个行内元素相邻时，它们之间的距离是第一个元素的边界值与第二个元素的边界值之和。
- 父子关系：是指存在嵌套关系的元素，它们之间的间距值是相邻两个元素之和。
- 产生换行效果的块级元素：如果没有对块元素的位置进行定位，而是只用于产生换行效果，则相邻两个元素之间的间距会以边界值较大的元素的值来决定。

5．border（边框）

border用于设置网页元素的边框，可达到分离元素的效果。border的属性主要有color、width、style，分别介绍如下。

- color属性：用于设置border的颜色，其设置方法与文本的color属性相同，但一般采用十六进制来进行设置，如黑色为"#000000"。
- width属性：用于设置border的粗细程度，其值包括medium、thin、thick、length。
- style属性：用于设置border的样式，其值包括dashed、dotted、double、groove、

hidden、inherit、none、solid。

6. padding（填充）

padding用于设置content与border之间的距离，其属性主要有top、right、bottom、left。

7. content（内容）

content即盒子包含的内容，就是网页要展示给用户观看的内容，它可以是网页中的任一元素，包含块元素、行内元素、HTML中的任一元素，如文本、图像等。

6.2.2 盒子模型的布局优势

盒子模型利用CSS规则和Div标签实现对网页的布局，因此它具备以下优势。

- **页面加载更快**：CSS+Div布局的网页因Div是一个松散的盒子而使其可以一边加载一边显示出网页内容，而使用表格布局的网页则必须将整个表格加载完成后才能显示出网页内容。
- **修改效率更高**：使用CSS+Div布局时，外观与结构是分离的，当需要进行网页外观修改时，只需要修改CSS规则即可，从而实现快速对应用了该CSS规则的Div进行统一修改的目的。
- **搜索引擎更容易检索**：使用CSS+Div布局时，因其外观与结构是分离的，当搜索引擎进行检索时，可以不用考虑结构而只专注内容，因此更易于检索。
- **站点更容易被访问**：使用CSS+Div布局时，可使站点更容易被各种浏览器和用户访问，如手机和PDA等。
- **页面简洁**：内容与表现分离，将设计部分分离出来放在独立的样式文件中，大大缩减了页面代码，提高页面的浏览速度，缩减带宽成本。
- **提高设计者速度**：CSS具有强大的字体控制和排版能力，且CSS非常容易编写，可像HTML代码一样轻松编写。另外，以前一些必须通过图片转换实现的功能，现在可利用CSS样式轻松实现，并且能轻松控制页面的布局。

知识提示

盒子模型布局的缺点

采用CSS+Div布局需要注意浏览器的兼容问题。IE 5.5以前版本中，盒子对象width为元素的内容、填充和边框三者之和；IE 6之后的浏览器版本则按照上面讲解的width计算。这也是导致许多使用CSS+Div布局的网站在不同的浏览器中显示不同的原因。

6.2.3 利用CSS+Div布局网页

认识了盒子模型后，即可轻松利用Div标签和CSS规则对网页进行布局和制作。

1. 插入Div标签

利用"插入"面板可以非常方便地在网页中插入若干Div标签。下面以在"xfzbz.html"网页中插入"top""above""middle"和"low"4个Div标签为例介绍利用Div实现对网页布局的方法，其具体操作如下。

（1）打开"xfzbz.html"网页，在"插入"面板中选择【布局】选项，并在其下的列表中选择【插入 Div 标签】选项，如图6-62所示。

微课视频

插入 Div 标签

（2）打开"插入 Div 标签"对话框，在"ID"下拉列表框中输入"top"，单击 新建 CSS 规则
按钮，如图6-63所示。

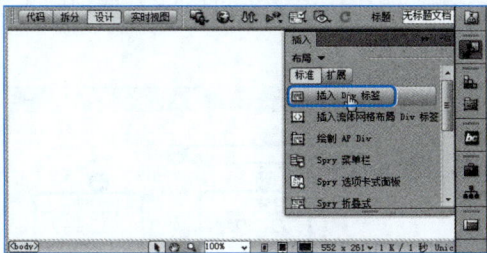

图6-62　插入Div标签

图6-63　输入Div的ID名称

（3）打开"新建 CSS 规则"对话框，直接单击 确定 按钮，如图6-64所示。

（4）打开CSS规则定义对话框，在"分类"列表框中选择"方框"选项，将宽度和高度分别
设置为"680px"和"800px"，将左右边界设置为"auto"，单击 确定 按钮，如图
6-65所示。

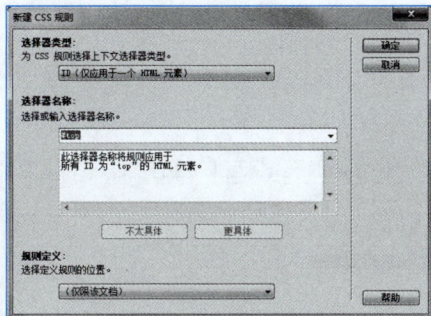

图6-64　新建CSS规则

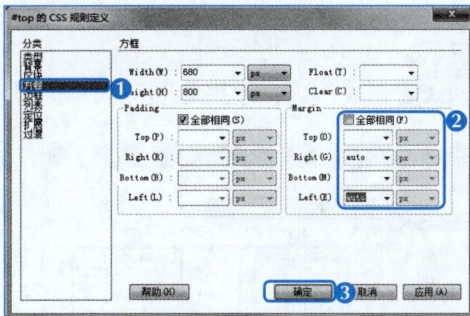

图6-65　设置top Div的CSS方框规则

（5）返回"插入 Div 标签"对话框，单击 确定 按钮即可在网页中创建Div标签，如图
6-66所示。

（6）删除该标签中预设的文本内容。在"插入"面板中选择【插入 Div 标签】选项。

（7）打开"插入 Div 标签"对话框，在"ID"下拉列表框中输入"above"，单击 新建 CSS 规则
按钮，打开"新建 CSS 规则"对话框，直接单击 确定 按钮。

（8）打开CSS规则定义对话框，在"分类"列表框中选择"方框"选项，将宽度设置为
"100%"，将上下填充设置为"10px"，将左右边界设置为"auto"，单击 确定 按
钮，如图6-67所示。

图6-66　插入Div标签

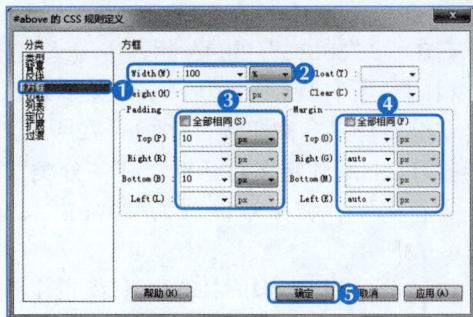

图6-67　设置above Div的CSS方框规则

（9）此时在top Div中嵌入了一个名为above的Div。在该标签外部单击鼠标重新定位插入点，然后在"插入"面板中选择【插入 Div 标签】选项，如图6-68所示。

（10）确认后再次插入"middle" Div标签，设置与上一步操作中相同的CSS方框规则，如图6-69所示。

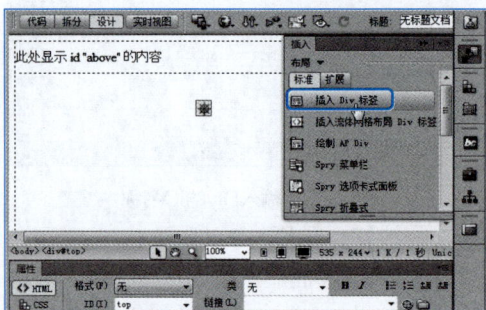

图6-68　插入Div标签

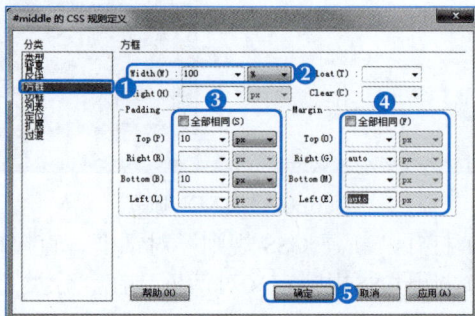

图6-69　设置middle Div的CSS方框规则

（11）最后插入"low" Div标签，设置与"middle" Div标签相同的CSS方框规则，如图6-70所示。

（12）确认后完成布局，效果如图6-71所示。

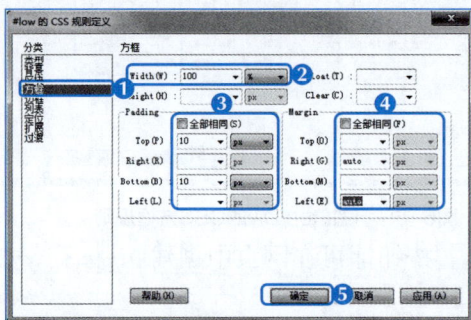

图6-70　设置low Div的CSS方框规则

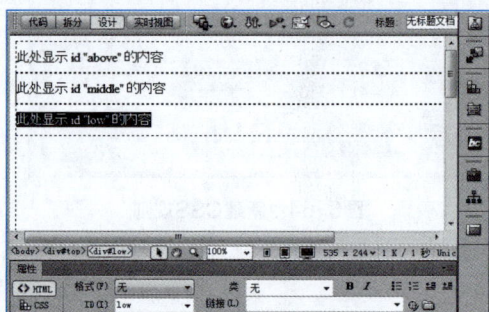

图6-71　完成Div标签的创建

2．设置CSS样式

插入Div标签之后，我们可根据实际需要对其格式进行修改，此时只需更改对应的CSS样式即可。下面以在"xfzbz.html"网页中设置Div标签的CSS样式为例，介绍更改Div标签CSS样式的方法，其具体操作如下。

微课视频

设置 CSS 样式

（1）在ID为"above"的Div标签中输入文本内容，在"CSS样式"面板的"所有规则"列表框中选择【#above】选项，单击下方的"编辑样式"按钮，如图6-72所示。

（2）打开CSS规则定义对话框，在"分类"列表框中选择【类型】选项，将字体设置为"华文行楷"，将字号设置为"36px"，将字体颜色设置为"#FFF"（即白色），如图6-73所示。

（3）在"分类"列表框中选择【背景】选项，将背景颜色设置为"#F06"，如图6-74所示。

（4）在"分类"列表框中选择【区块】选项，将对齐方式设置为"center"，单击 确定 按钮，如图6-75所示。

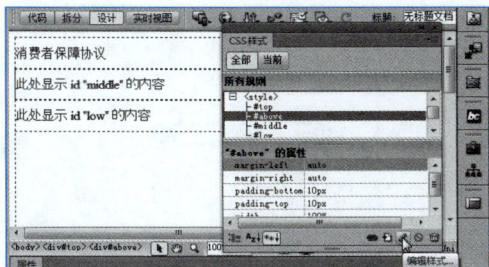

图6-72　输入文本内容

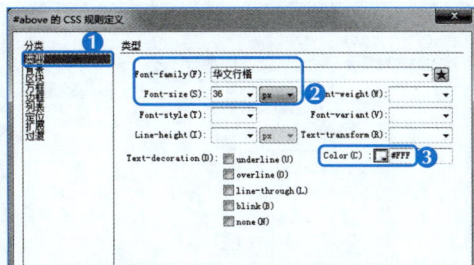

图6-73　设置CSS类型规则

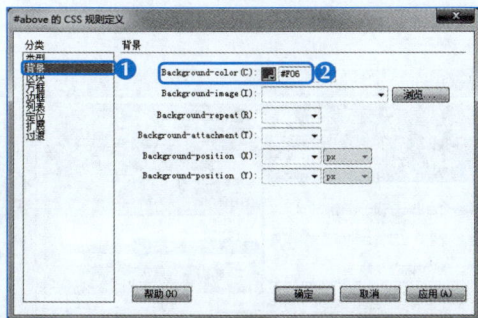

图6-74　设置CSS背景规则

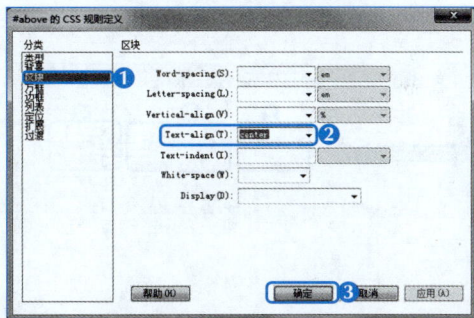

图6-75　设置CSS区块规则

（5）此时ID为"above"的Div标签将应用设置的CSS样式。在ID为"middle"的Div标签中删除预设的文本内容，并输入需要的文本。

（6）在"CSS样式"面板的"所有规则"列表框中选择【#middle】选项，单击下方的"编辑样式"按钮，如图6-76所示。

（7）打开CSS规则定义对话框，在"分类"列表框中选择【类型】选项，将字号设置为"12px"，将字体粗细设置为"bold"，将字体颜色设置为"#FFF"，如图6-77所示。

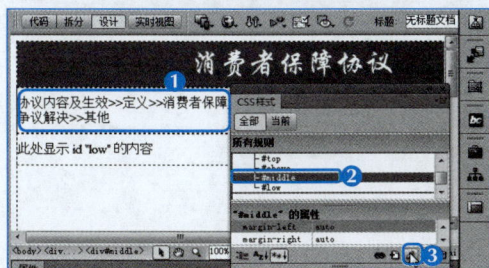

图6-76　输入文本

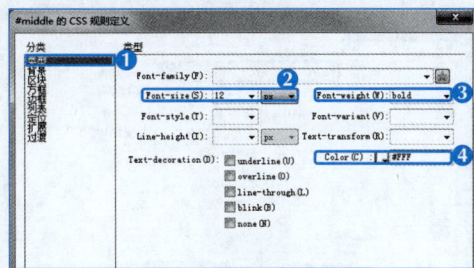

图6-77　设置CSS类型规则

（8）在"分类"列表框中选择【背景】选项，将背景颜色设置为"#F69"，如图6-78所示。

（9）在"分类"列表框中选择【区块】选项，将对齐方式设置为"center"，如图6-79所示。

（10）在"分类"列表框中选择【边框】选项，将样式设置为"outset"，将宽度设置为"1px"，将颜色设置为"#FFF"，单击 确定 按钮，如图6-80所示。

（11）此时ID为"middle"的Div标签将应用设置的CSS样式。在ID为"low"的Div标签中删除预设的文本内容，并输入需要的文本。

（12）在"CSS样式"面板的"所有规则"列表框中选择【#low】选项，单击下方的"编辑样式"按钮，如图6-81所示。

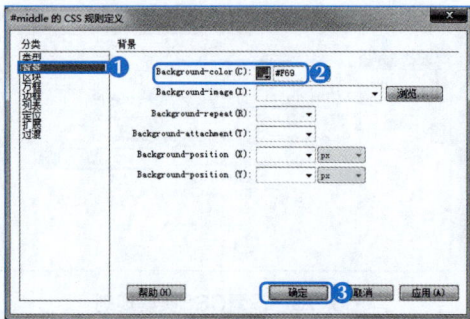

图6-78 设置CSS背景规则

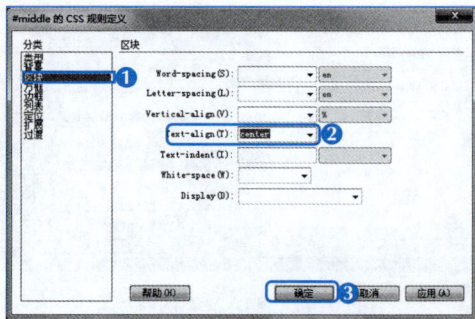

图6-79 设置CSS区块规则

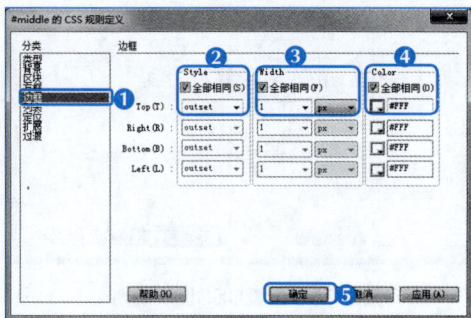

图6-80 设置CSS边框规则

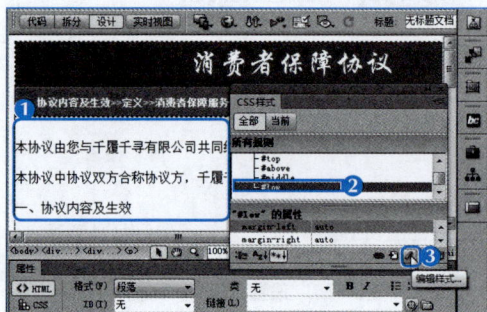

图6-81 输入文本内容

（13）打开CSS规则定义对话框，在"分类"列表框中选择【类型】选项，将字号设置为"12px"，如图6-82所示。

（14）在"分类"列表框中选择【背景】选项，将背景颜色设置为"#F69"，如图6-83所示。

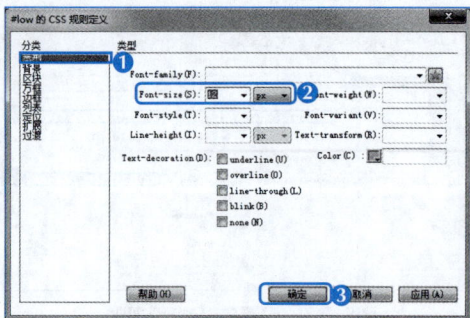

图6-82 设置CSS类型规则

图6-83 设置CSS背景规则

（15）在"分类"列表框中选择【区块】选项，将文本缩进距离设置为"25 pixels"，单击 确定 按钮，如图6-84所示。

（16）完成设置，此时ID为"low"的Div标签将应用CSS样式，效果如图6-85所示。

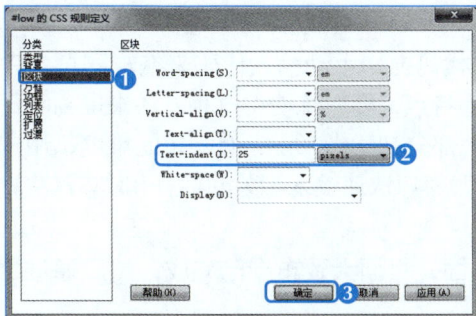

图6-84 设置CSS区块规则

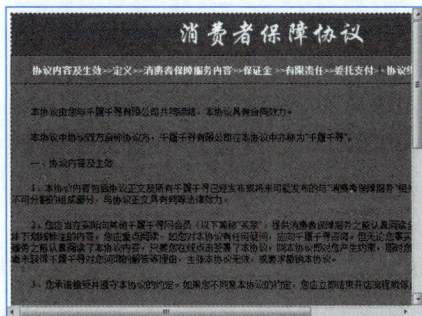

图6-85 设置后的Div标签

6.3 项目实训

6.3.1 制作"花店"网页

1．实训目标

本实训的目标是为花店制作网上销售网页，花店网页在制作时涉及许多元素的布局，为了方便统一效果，应采用CSS+Div的方式来布局该网页，首先在新建的空白区域插入Div标签进行布局，再使用CSS+Div对插入的标签进行布局，最后对Div标签添加CSS样式，对添加的标签进行定位并设置相应的属性。通过本实训，我们可以进一步掌握使用CSS+Div统一网页风格的方法，完成后的参考效果如图6-86所示。

> 微课视频
>
> 制作"花店"网页

素材所在位置　素材文件\第6章\项目实训\flower\
效果所在位置　效果文件\第6章\项目实训\flower\flower.html

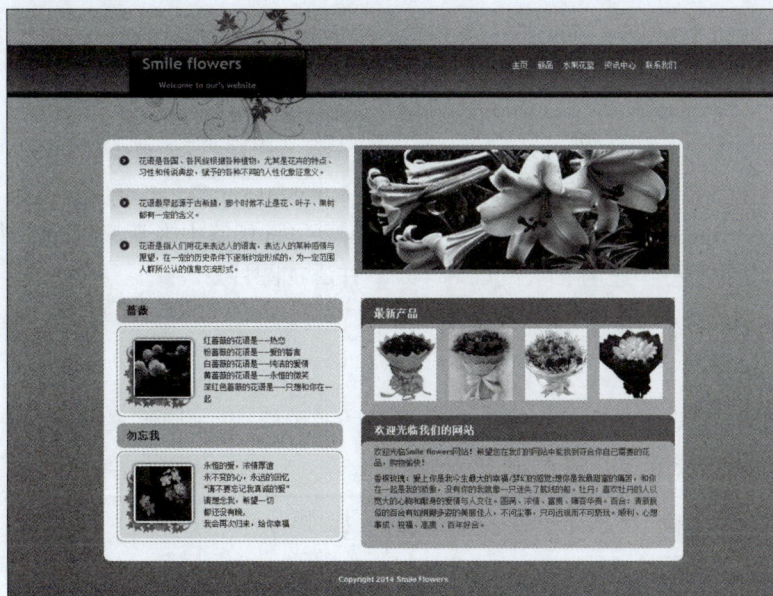

图6-86 "花店"网页

2．专业背景

设计者为了提高工作效率，通常会采用在代码窗口手动输入代码来编辑网页，采用这种方法制作出来的网页具有文件加载快、效率高等特点，要熟练使用这种方法来提高网页制作速度，就必须熟练运用HTML语言。当然，对于大部分初学者来说，有一定的难度，用户可以利用Dreamweaver提供的代码提示功能，在"代码"窗口快速输入相关的标签和CSS属性。

3．操作思路

完成本实训需要先添加3个Div标签分割页面，页面大致布局已完成，然后通过CSS+Div来控制整个页面风格，其操作思路如图6-87所示。

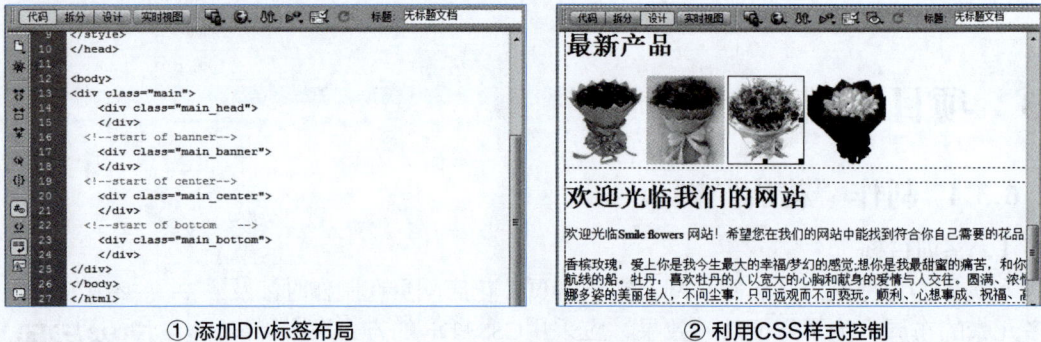

① 添加Div标签布局　　　　② 利用CSS样式控制

图6-87　"花店"网页的操作思路

【步骤提示】

（1）新建一个空白HTML网页文档，将其保存为"flowers.html"，将插入点定位到网页的空白区域中，选择【插入】/【布局对象】/【Div标签】菜单命令，打开"插入Div标签"对话框。

（2）新建一个类名称为"main"的CSS规则，然后删除Div标签中的内容，再在其中依次插入4个Div标签，并分别命名为"main_head""main_banner""main_center"和"main_bottom"。

（3）按【Shift+F11】组合键，打开"CSS样式"面板，单击 全部 按钮，在打开的下拉列表中选择"main"样式，在"CSS样式"的".main"属性"选项卡下单击 ⊞ 按钮，展开"方框"选项，分别将"width"和"margin"的属性设置为"887px"和"auto"。

（4）使用相同的方法对其他CSS样式进行编辑，在"代码"视图中将插入点定位到<Div class="main_head"></Div>标签之间，插入3个Div标签，分别命名为"main_head_logo""main_head_menu"和"cleaner"，在不同的Div标签中嵌套其他标签并输入内容。

（5）分别在对应的标签中设置相关的CSS样式，并添加图片。

6.3.2　制作"公司文化"网页

1．实训目标

本实训要求制作果蔬网的"公司文化"页面，要求使用Div标签来布局页面，使用CSS格式来统一页面风格，完成后的效果如图6-88所示。

素材所在位置　素材文件\第6章\项目实训\gswh\
效果所在位置　效果文件\第6章\项目实训\gswh\

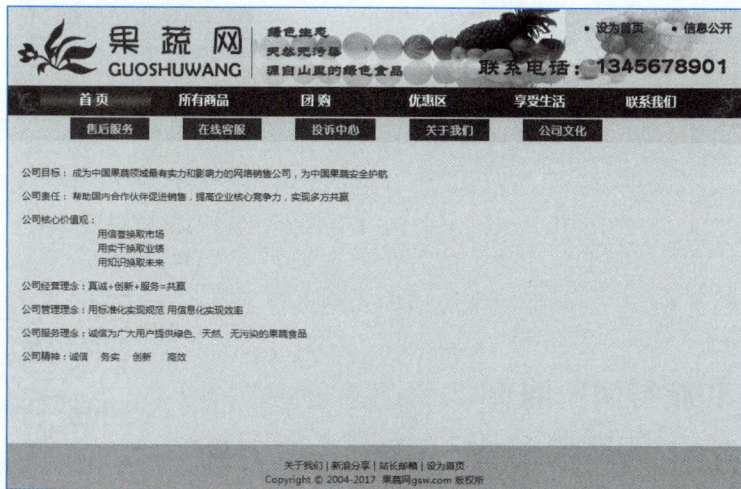

图6-88 "公司文化"网页效果

2．专业背景

"公司文化"网页通常是企业网站必备的一个子页面，在设计该类网页时，应以简单大方为主题，可用文字配上相关的图片来进行企业宣传，这就要求在设计时，使用CSS样式控制页面风格的统一，且要与整个网站的整体风格相统一。

3．操作思路

完成本实训需要先使用Div标签进行页面布局，然后再向Div标签中添加相关内容，并设置CSS样式统一页面风格，其操作思路如图6-89所示。

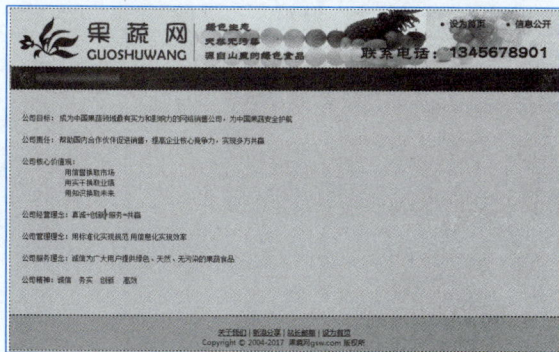

① 创建Div并设置相关格式   ② 添加内容并设置超链接及其CSS样式

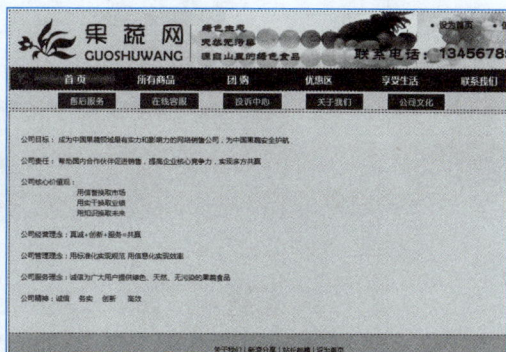

图6-89 "公司文化"网页的操作思路

【步骤提示】

（1）新建一个网页文件，在其中先插入一个Div标签，将其居中对齐，用于放置页面中所有的Div容器。

（2）创建其他Div标签，并设置相关大小的位置，先为Div标签设置一个任意的背景色，便于查看。

（3）在相关的Div标签中插入提供的素材图片，然后使用IE浏览器测试页面效果。

（4）返回Dreamweaver，继续制作页面的导航栏等，然后制作页面的内容部分，将提供的文字素材复制到Div标签中，并设置文本格式，相关设置可参见效果文件。

（5）在页面底部制作网页的底部，添加相关超链接，链接为空，完成后保存文件即可。

6.4 课后练习

本章主要介绍了CSS样式以及Div标签的操作，主要包括CSS样式的类别和属性，CSS样式的新建、应用、编辑和修改，盒子模型的结构和优势，Div标签的插入以及对应CSS样式规则的设置等知识。本章内容与当前网页制作的主流方式紧密相关，读者应认真学习和掌握，为实际工作中能制作出主流结构的网页打下坚实的基础。

微课视频

制作"红驴旅行网"
网页

练习1：制作"红驴旅行网"网页

本练习要求美化"红驴旅行网"网页，通过新建CSS样式来对网页的文本格式、图像格式和背景进行设置，参考效果如图6-90所示。

素材所在位置　素材文件\第6章\课后练习\红驴旅行网\index.html
效果所在位置　效果文件\第6章\课后练习\红驴旅行网\index.html

图6-90　"红驴旅行网"网页效果

要求操作如下。

● 打开提供的素材网页，然后在其中设置网页背景图片。

● 通过"CSS样式"面板，创建相关的CSS样式，并将其应用到相应的标签中。

练习2：制作"教务处"网页

本练习要为蓉锦大学网站制作"教务处"页面，要求页面整齐规范，布局合理，参考效果如图6-91所示。

素材所在位置	素材文件\第6章\课后练习\img\
效果所在位置	效果文件\第6章\课后练习\jwc\rjdxjwc.html

要求操作如下。

- 新建网页文件，然后在其中创建相关的Div标签。
- 通过CSS样式调整其大小，然后创建一些AP Div，并对其进行相关设置。
- 向其中添加相关的内容，测试并保存网页即可。

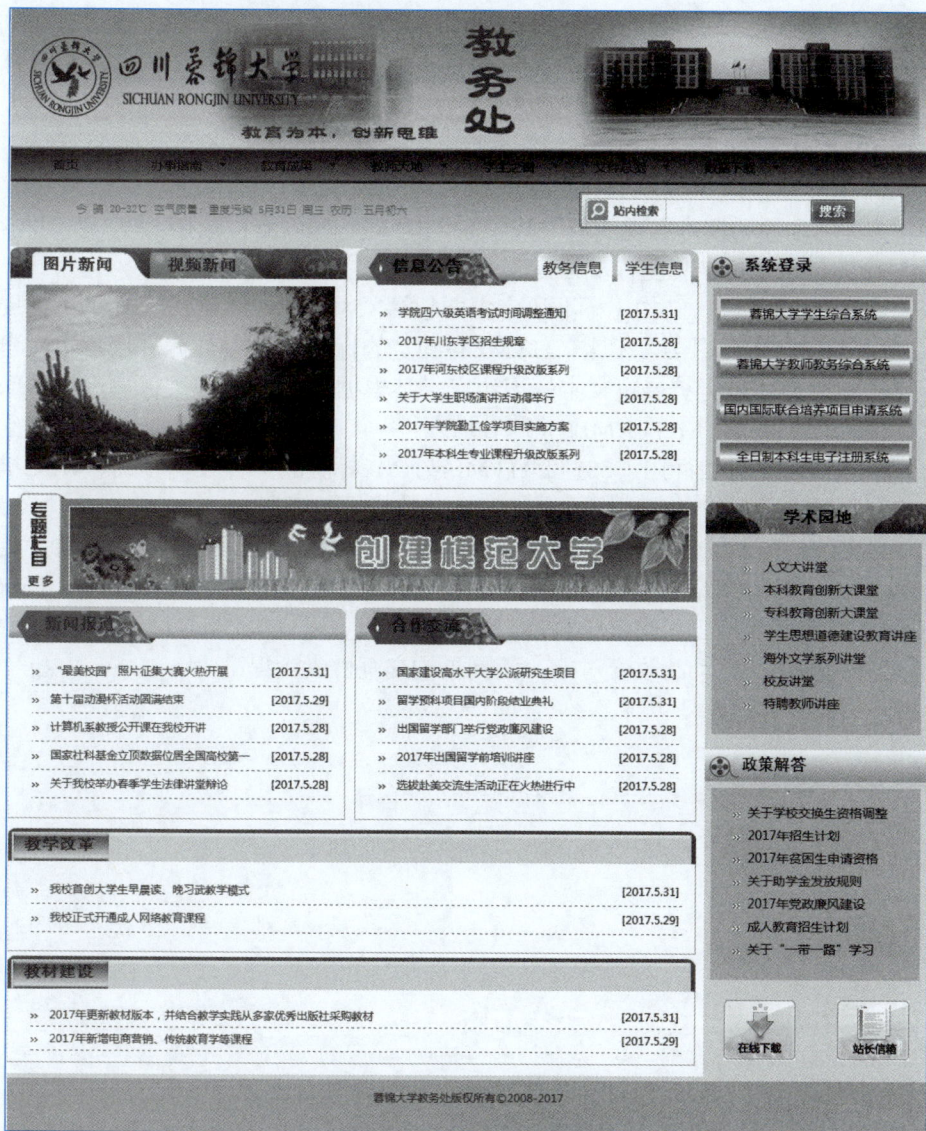

图6-91 "教务处"网页效果

6.5 技巧提升

1．CSS的几种链接方法

CSS+Div布局是一种将内容与形式分离开来的布局方式，因此，CSS样式可以独立成一个文件，也可嵌入在HTML文档中，其链接方法有以下几种。

- **外部链接**：这种方式是目前网页设计行业中最常用的CSS样式链接方式，即将CSS保存为文件，与HTML文件相分离，减小HTML文件大小，加快页面加载速度。其链接方法是将页面切换到"代码"视图，在HTML头部的"<title></title>"标签下方输入代码"<link href="（CSS样式文件路径）"type="text/css"rel="stylesheet">"。
- **行内嵌入**：该链接方式是将CSS样式代码直接嵌入到HTML中，这种方法不利于网页的加载，且会增大文件。
- **内部链接**：这种方式是将CSS样式从HTML代码行中分离出来，直接放在HTML头部的"<title></title>"标签下方，并以<style type="text/css"></style>形式体现，本书中的CSS样式均采用该链接方式。

2．Web 2.0 标准

Web 2.0标准是指以Blog、TAG、SNS、RSS和Wiki等应用为核心，依据六度分隔、XML、AJAX等新理论和技术实现的新一代互联网模式。该标准主要由结构、表现和行为3部分组成，对应的标准包括结构化标准语言、表现标准语言和行为标准。

- **结构化标准语言**：结构化标准语言主要包括XML和XHTML，XML是可扩展标识语言。与HTML标识语言相比，HTML有固定的标签，而XML允许用户定义自己的标签。XHTML是可扩展超文本标识语言，其根据XML的规则进行适当扩展而得，目的在于实现从HTML向XML的顺利过渡。
- **表现标准语言**：指利用CSS控制HTML或XML标签的一种表现形式。W3C推荐使用CSS布局方法，以使Web网页更加简单，结构更加清晰。
- **行为标准**：行为标准主要包括DOM对象模型和ECMAScript等。DOM是文档对象模型，是一种浏览器、平台和语言的接口。ECMAScript是基于Netscape JavaScript的一种标准脚本语言，也是一种基于对象的语言，可以操作网页上的任何对象，包括增加、删除、移动、改变对象，使网页的交互性大大提高。

CHAPTER 7

第7章

模板、库、表单和行为的应用

情景导入

　　米拉感觉老洪制作网页的效率高得离谱，这种差距不单单体现在操作的熟练性上，并且，米拉对于注册页面类网页感觉无从下手，于是她虚心地向老洪请教。

学习目标

● 掌握"客户交流"网页的制作方法
　　如创建、编辑、应用与管理模板等。
● 掌握"产品介绍"网页的制作方法
　　如创建、应用、编辑、更新、分离库文件等。
● 掌握"会员注册"网页的制作方法
　　如表单的基本操作和在表单中添加各种元素等。
● 掌握"品牌展厅"网页的制作方法
　　如常用行为的使用方法等。

案例展示

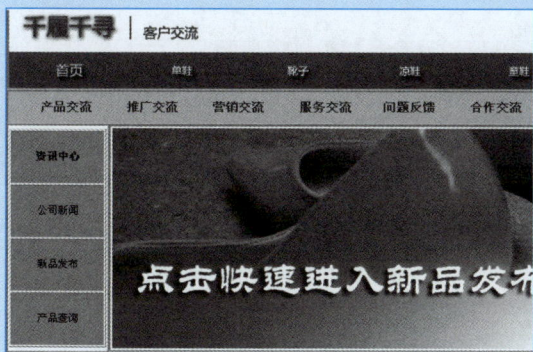

▲ "客户交流"页面效果　　　　▲ "产品介绍"页面效果

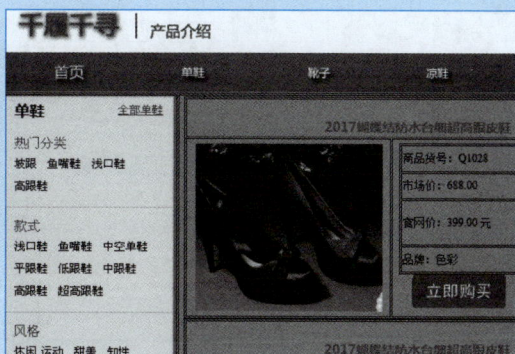

7.1 课堂案例：制作"客户交流"网页

米拉向老洪请教如何提高网页制作效率的方法，于是老洪让米拉通过模板的方式来快速制作"客户交流"网页。

米拉了解了"客户交流"网页的大致内容后，便着手进行制作，主要包括模板的保存、创建并修改可编辑区域、根据模板创建文档以及模板的更新等内容。本案例完成后的参考效果如图7-1所示，下面具体讲解其制作方法。

素材所在位置 素材文件\第7章\课堂案例\khjl\
效果所在位置 效果文件\第7章\课堂案例\khjl.html、khjl.dwt

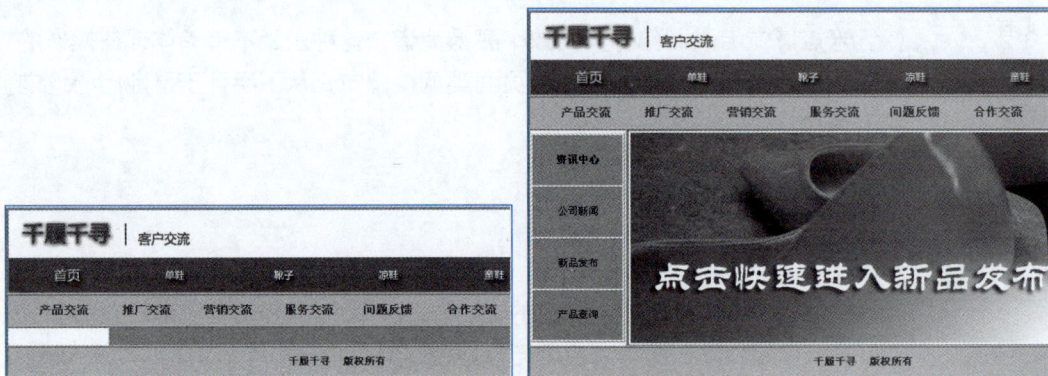

图7-1 根据模板制作"客户交流"网页效果

7.1.1 创建模板

模板是一类特殊的网页文档，其编辑方法与普通网页相同，创建模板的目的在于快速利用该模板创建内容相似的网页，从而提高制作效率。下面介绍创建模板的方法。

1．创建空白模板

通过"新建"菜单可以轻松创建空白模板，其方法为：选择【文件】/【新建】菜单命令，打开"新建文档"对话框，选择左侧的【空模板】选项，在"模板类型"列表框中选择【HTML模板】选项，在"布局"的列表框中选择【<无>】选项，如图7-2所示。最后单击 创建(R) 按钮即可创建一个空白的模板文件。

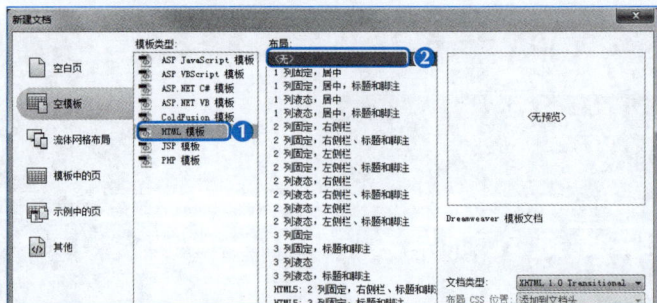

图7-2 选择创建的文档类型

> **保存创建的模板**
>
> 创建了空白模板后，即可在其中编辑需要的内容，完成后可选择【文件】/【保存】菜单命令，此时将打开"另存为模板"对话框，在"站点"下拉列表框中选择保存模板的站点，在"另存为"文本框中输入模板的名称，最后单击 [创建(R)] 按钮即可。

2．将网页另存为模板

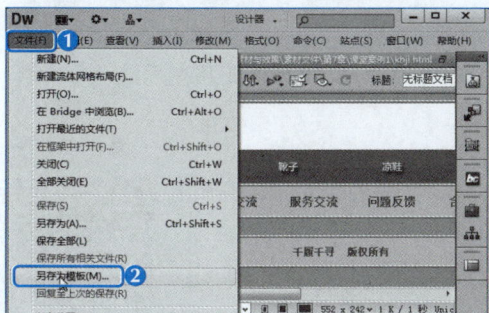

将网页另存为模板是指利用已经制作好的网页，将其保存成模板文件以便将来使用。下面以将"khjl.html"网页素材另存为模板为例进行介绍，其具体操作如下。

（1）打开"khjl.html"网页文件，选择【文件】/【另存为模板】菜单命令，如图7-3所示。

（2）打开"另存为模板"对话框，在"站点"下拉列表框中选择"qlqxsite"选项，在"另存为"文本框中输入"khjl"，单击 [保存] 按钮即可，如图7-4所示。

微课视频

将网页另存为模板

图7-3　另存为模板

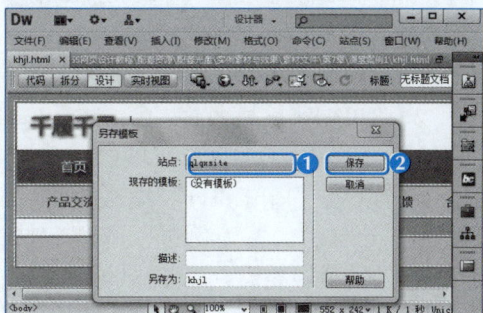

图7-4　设置保存站点的位置和名称

7.1.2　编辑模板

模板创建后需要进一步建立可编辑区域，这样才能实现在通过模板创建的网页文档中对指定内容进行编辑的目的。下面将重点介绍在模板中创建和修改各种对象的方法。

1．创建可编辑区域

可编辑区域是指模板中允许编辑的位置，在通过该模板创建网页后，可在可编辑区域中添加各种网页元素。如果未创建可编辑区域，则不能在通过模板创建的网页中进行内容的编辑。下面以在"khjl.dwt"模板文件中创建可编辑区域为例，介绍可编辑区域的创建方法，其具体操作如下。

（1）在"khjl.dwt"模板文件中将插入点定位到"产品交流"文本下方的空白单元格中，选择【插入】/【模板对象】/【可编辑区域】菜单命令，如图7-5所示，或在"插入"面板中选择【常用】工具栏，单击"模板"下拉按钮 ，在打开的下拉列表中选择【可编辑区域】选项。

（2）打开"新建可编辑区域"对话框，在"名称"文本框中输入"嵌套表格"，单击 [确定] 按钮，如图7-6所示。

微课视频

创建可编辑区域

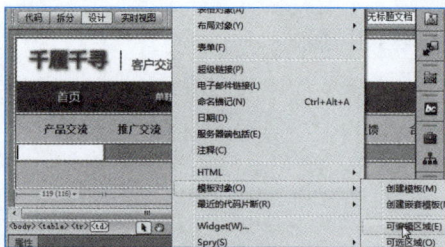

图7-5 创建可编辑区域

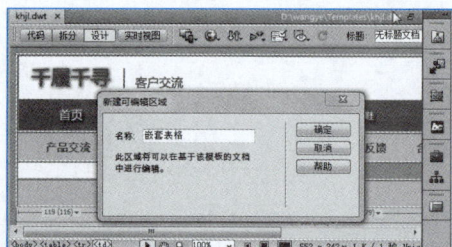

图7-6 设置可编辑区域名称

（3）此时插入点所在的单元格将出现创建的可编辑区域，如图7-7所示。

（4）将插入点定位到右侧的空白单元格中，按相同方法再次创建名称为"宣传图像"的可编辑区域，然后按【Ctrl+S】组合键保存模板即可，如图7-8所示。

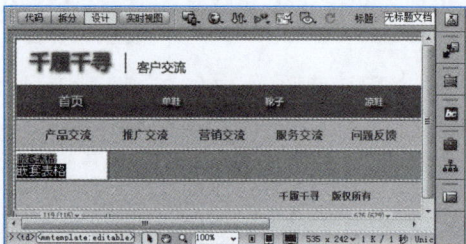

图7-7 创建的可编辑区域

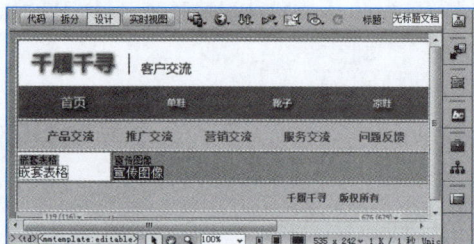

图7-8 创建其他可编辑区域

2．更改可编辑区域名称

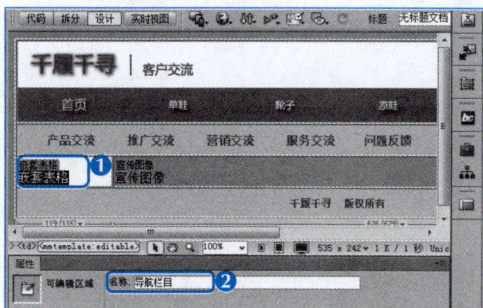

为了提高模板中可编辑区域的识别度，可以随时对其名称进行更改。下面以将"kjhj.dwt"模板中的"嵌套表格"可编辑区域名称更改为"导航栏目"为例进行介绍，其具体操作如下。

（1）单击"嵌套表格"可编辑区域的蓝色底纹标签并将其选择，在"属性"面板的"名称"文本框中将内容修改为"导航栏目"，如图7-9所示。

（2）选择"嵌套表格"可编辑区域中的"嵌套表格"文本，直接修改为"导航栏目"即可，如图7-10所示。

图7-9 修改可编辑区域标签名称

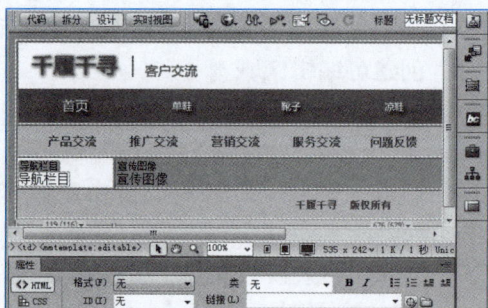

图7-10 修改可编辑区域名称

3．取消可编辑区域标签

创建的可编辑区域默认会显示蓝色底纹的标签，如果不需要该对象，可将其取消。方法为：选择可编辑区域内的标签，然后选择【修改】/【模板】/【删除模板标记】菜单命令即可，如图7-11所示。

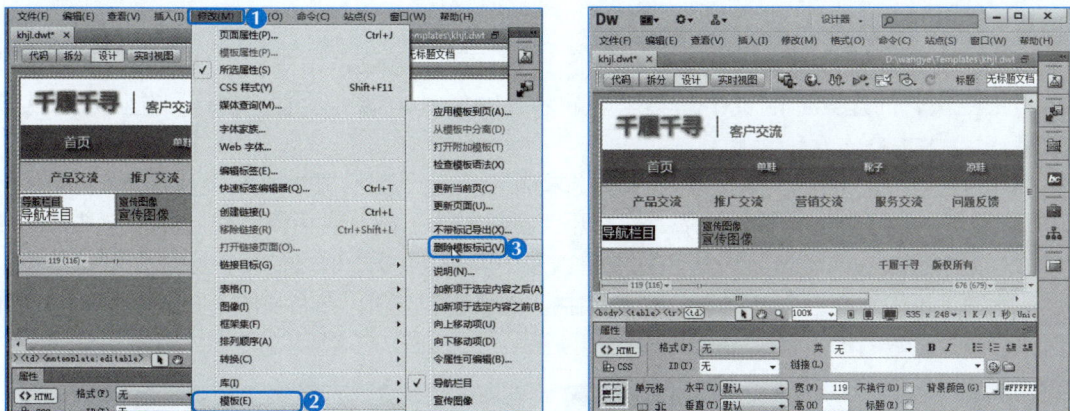

图7-11　取消可编辑区域标签

4．创建重复区域

重复区域可以通过重复特定的项目来控制网页布局效果。在模板中创建重复区域的方法为：选择模板中需设置为重复区域的对象，或将插入点定位到要创建重复区域的位置，然后选择【插入】/【模板对象】/【重复区域】菜单命令，打开"新建重复区域"对话框。在"名称"文本框中输入重复区域的名称后，单击 确定 按钮即可，如图7-12所示。

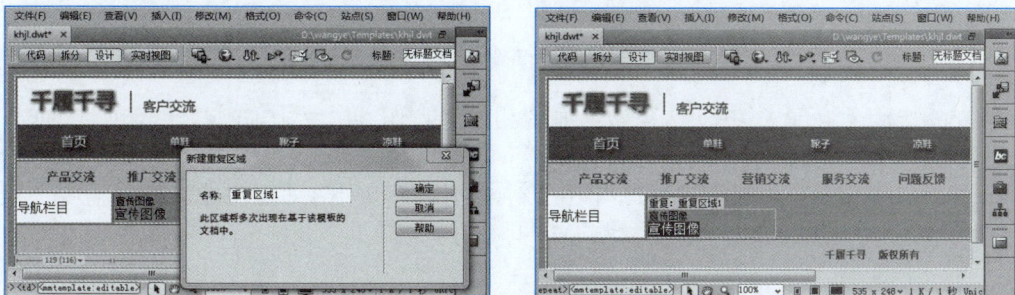

图7-12　创建重复区域

5．创建重复表格

重复表格可以创建包含重复行的表格式可编辑区域，从而增加相同可编辑区域的创建效率。创建重复表格的方法为：将插入点定位到需创建重复表格的位置，选择【插入】/【模板对象】/【重复表格】菜单命令，打开"插入重复表格"对话框。在上方设置表格属性，包括表格行列数、边距、间距、宽度和边框等，在下方的"起始行"和"结束行"文本框中指定表格中的哪些行包含在重复区域中，在"区域名称"文本框中输入重复表格名称，完成后单击 确定 按钮即可，如图7-13所示。

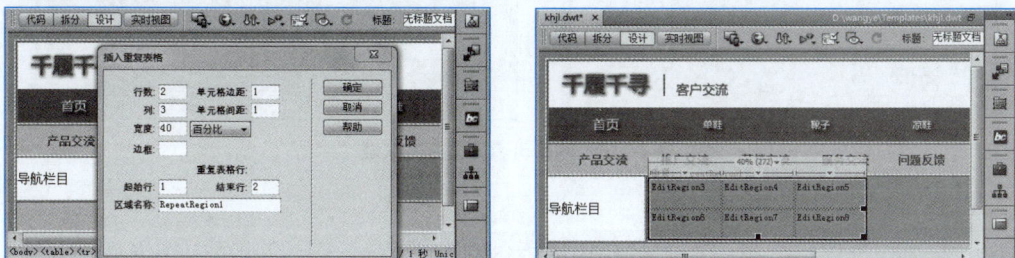

图7-13　创建重复表格

6．创建可选区域

可选区域可以通过定义条件来控制该区域的显示或隐藏，如在模板创建的网页中需要显示某张图像，而在其他网页中却不需要显示该图像时，就可以通过创建可选区域来实现此效果。

创建可选区域的方法为：在模板文件中选择需设置为可选区域的对象，然后选择【插入】/【模板对象】/【可选区域】菜单命令，打开"新建可选区域"对话框。在"基本"选项卡的"名称"文本框中输入可选区域的名称，单击选中 ☑ 默认显示 复选框可使可选区域在默认状态下为显示状态。单击【高级】选项卡，单击选中 ◉ 使用参数 单选项，在右侧的下拉列表框中可选择已创建的模板参数名称，完成后单击 确定 按钮即可，如图7-14所示。

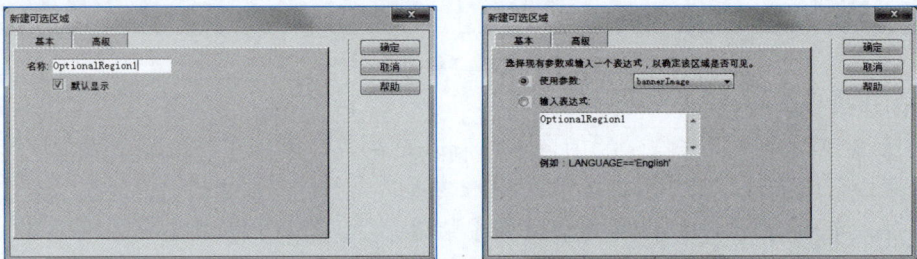

图7-14　创建可选区域

为可选区域设置条件

在"</head>"标签前添加代码，如"<!--TemplateParam name="bannerImage"type="boolean" value="true"-->"，其中"name"属性为模板参数的名称，这样在"新建可选区域"对话框中才能选择需要使用的模板参数。

7．创建可编辑的可选区域

可选区域是无法编辑的，要想对可选区域进行编辑，则可以创建可编辑的可选区域对象，其方法为：在模板文件中设置模板参数，将插入点定位到需创建可编辑可选区域的位置，然后选择【插入】/【模板对象】/【可编辑的可选区域】菜单命令，打开"新建可选区域"对话框，按照设置可选区域的方法进行设置，完成后单击 确定 按钮即可，如图7-15所示。

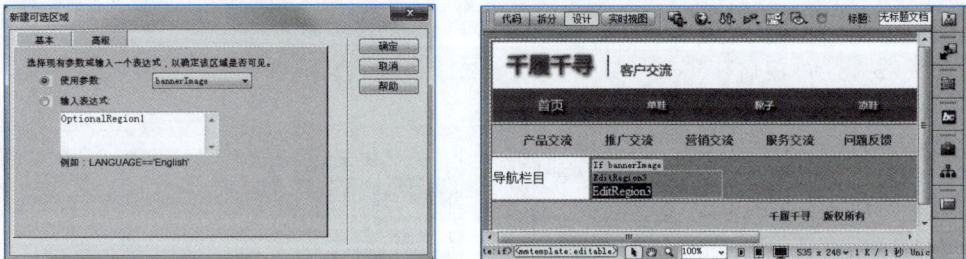

图7-15　创建可编辑的可选区域

7.1.3　应用与管理模板

完成模板的创建和编辑后，即可利用模板创建网页或对已有的网页应用模板。此后只要对模板进行修改，并对应用了该模板的网页进行更新实现同步修改即可，从而方便网页维护和更新。

1．基于模板新建网页

保存了模板之后，即可利用该模板创建网页，并针对可编辑区域添加需要的内容。下面以利用"khjl.dwt"模板创建网页并添加内容为例，介绍基于模板创建网页的方法，其具体操作如下。

（1）在Dreamweaver中选择【文件】/【新建】菜单命令，打开"新建文档"对话框，在对话框左侧选择"模板中的页"选项，在"站点"列表框中选择"qlqxsite"选项，并在右侧的列表框中选择"khjl"选项，单击 创建(R) 按钮，如图7-16所示。

（2）此时将根据该模板创建网页，当鼠标指针移动到网页中的非可编辑区域时将变为禁用状态，表示不能对该内容进行编辑，如图7-17所示。

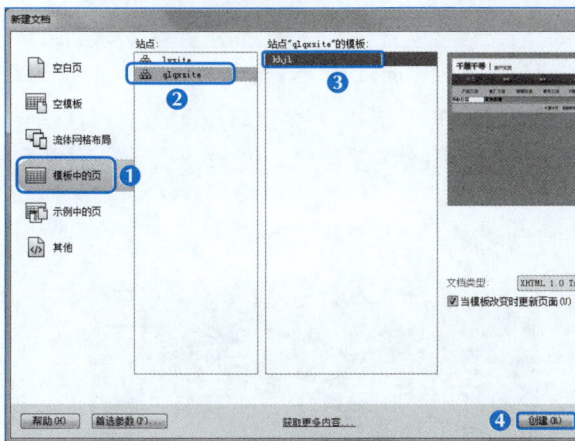

图7-16 选择模板

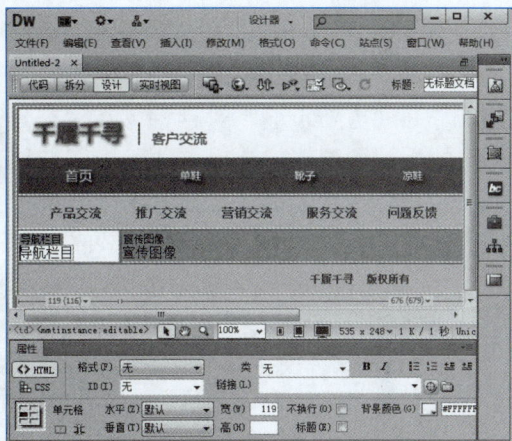

图7-17 快速创建网页

（3）在"导航栏目"可编辑区域中删除原有的"导航栏目"文本，插入1行4列的表格，输入文本并设置格式，效果如图7-18所示。

（4）在"宣传图像"可编辑区域中删除原有的"宣传图像"文本，插入提供的"x.jpg"图像，保存设置即可，效果如图7-19所示。

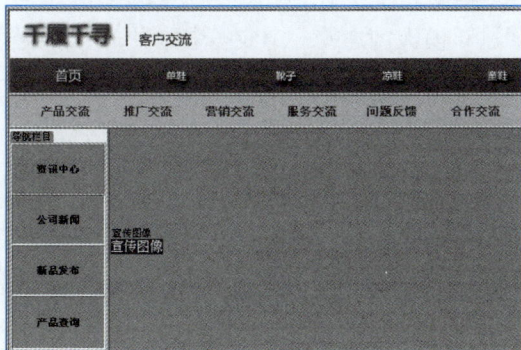

图7-18 嵌套表格

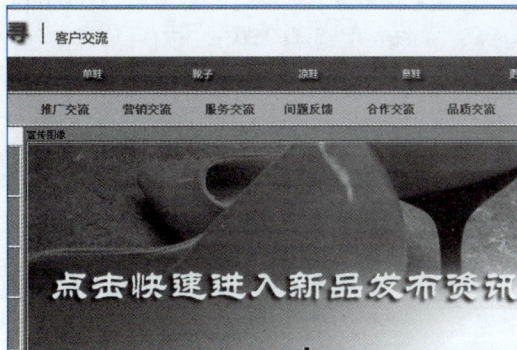

图7-19 插入图像

2．更新模板内容

更改模板内容后，对所有基于该模板的网页进行更新，便能快速更改相应内容。下面以在"khjl.dwt"模板中更改版权信息为例，介绍更新模板的方法，其具体操作如下。

（1）打开"khjl.dwt"模板，修改版权信息中的内容，并保存模板，如图7-20所示。

（2）打开基于"khjl.dwt"模板创建的"khjl.html"网页，选择【修改】/【模板】/【更新页面】菜单命令，如图7-21所示。

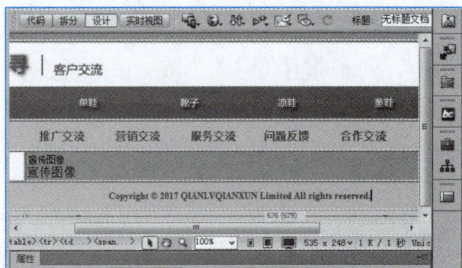

图7-20　修改模板

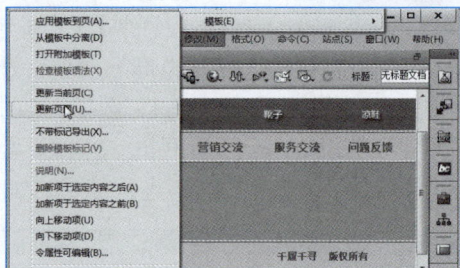

图7-21　更新网页

（3）打开"更新页面"对话框，在"查看"下拉列表框中选择"整个站点"选项，在右侧的下拉列表框中选择"qlqxsite"选项，单击选中 ☑模板(T) 复选框，然后依次单击 开始(S) 按钮和 关闭(C) 按钮，如图7-22所示。

（4）此时"khjl.html"网页底部的标签信息将自动更新，效果如图7-23所示。

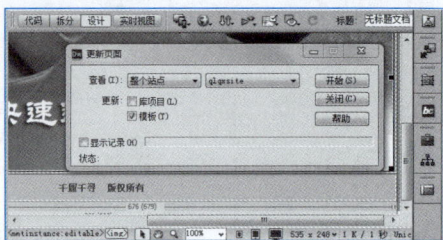

图7-22　设置更新范围

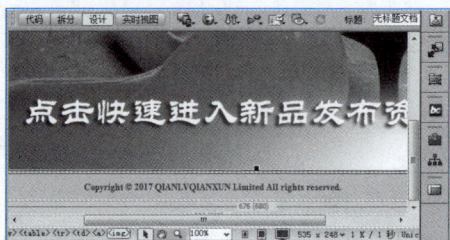

图7-23　更新后的网页

3．删除模板

对于站点中未使用或无用的模板，可以将其删除以便网页文件的管理。删除模板的方法为：打开【文件】面板，在其中展开【Templates】文件夹，在其中选择需要删除的模板文件，然后按【Delete】键删除即可。如果站点中包含了通过该模板创建的一个或多个网页，则删除模板时Dreamweaver会打开提示对话框，单击 是(Y) 按钮表示确认模板的删除，如图7-24所示。

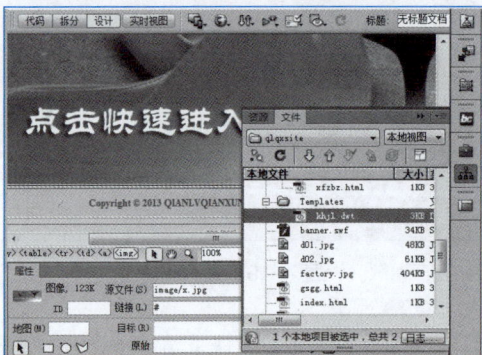

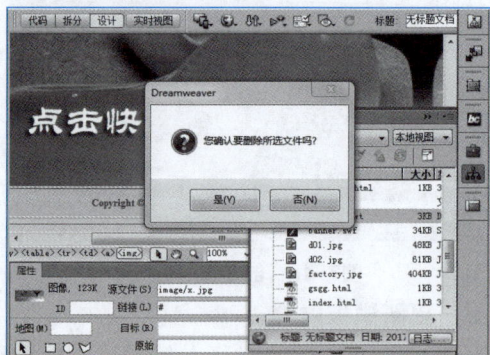

图7-24　删除模板

4．脱离模板

脱离模板可以使基于该模板创建的网页中的所有区域都能编辑，从而使得网页设计更加方便和自主。脱离模板的方法为：打开基于模板创建的网页，然后选择【修改】/【模板】/【从模板中分离】菜单命令即可将网页脱离模板，此时将鼠标指针移到网页中的任意位置都不会出现禁用状态，表示可以对这些对象进行编辑，如图7-25所示。

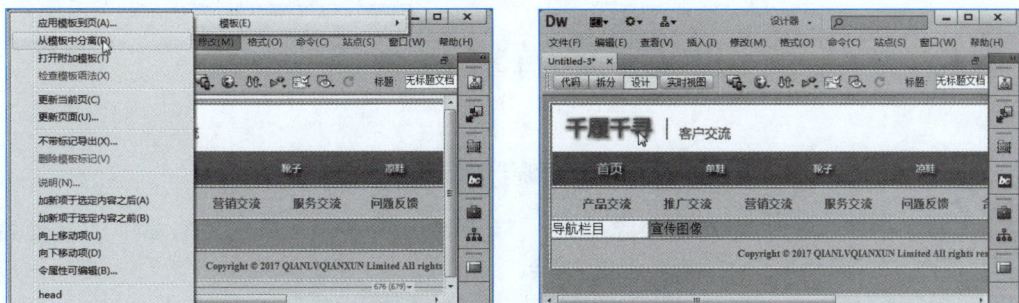

图7-25　脱离模板

7.2　课堂案例：制作"产品介绍"网页

老洪将"产品介绍"网页的大致框架制作好了，安排米拉为网页添加各种产品的介绍信息，并嘱咐她利用库文件来提高产品信息的添加效率。

要完成老洪交代的任务，需要掌握"资源"面板的使用方法，以及库文件的创建、应用、编辑、更新和分离等操作。本案例完成前后的效果如图7-26所示，下面具体讲解其制作方法。

素材所在文件　素材文件\第7章\课堂案例\cpjs
效果所在位置　效果文件\第7章\课堂案例\cpjs\cpjs.html

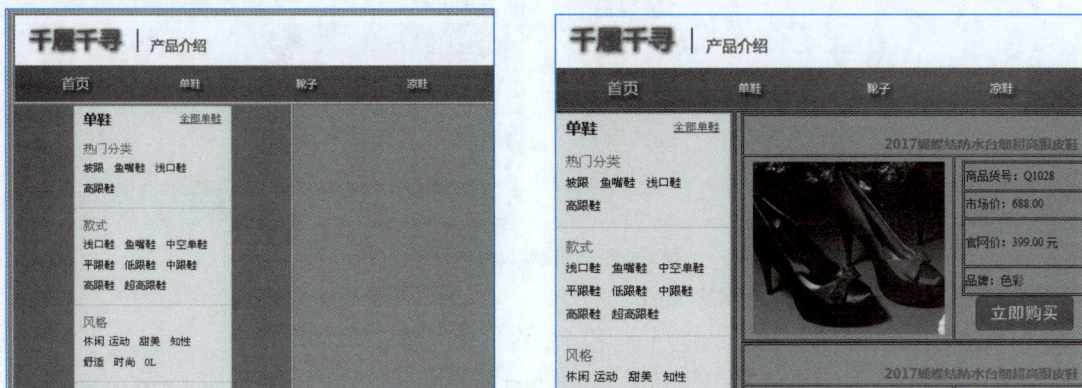

图7-26　"产品介绍"网页制作前后的对比效果

7.2.1　认识"资源"面板

"资源"面板是库文件的载体。选择【窗口】/【资源】菜单命令即可打开"资源"面板，单击左侧的"库"按钮，此时面板中显示的便是库文件资源的相关内容，如图7-27所示。

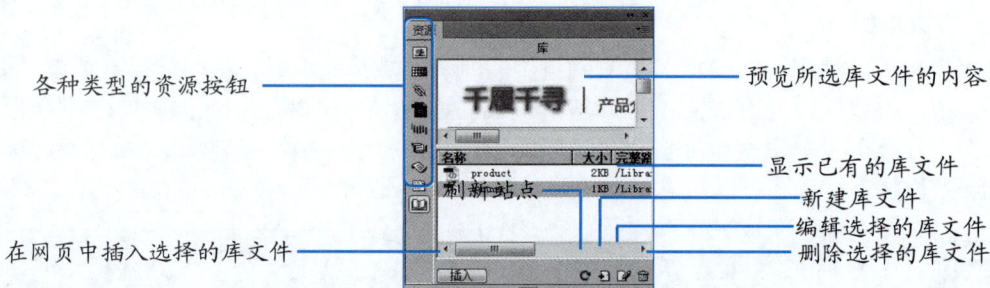

图7-27 "资源"面板

各种类型的资源按钮

预览所选库文件的内容

显示已有的库文件

新建库文件

编辑选择的库文件

删除选择的库文件

刷新站点

在网页中插入选择的库文件

"资源"面板中的其他内容

知识提示

除了库文件资源以外，"资源"面板中还包含了站点中的其他资源，如图像、颜色、超链接、视频和模板等，只要单击该面板左侧相应的按钮，在右侧的界面中即可查看、管理和使用对应的资源内容。

7.2.2 创建库文件

在Dreamweaver中创建库文件有两种方式，一种是直接将已有的对象创建为库文件，另一种是新建库文件，并在其中创建需要的元素。

1．将已有元素创建为库文件

如果某些网页中已经包含了可以创建为库文件的元素，则可将其直接转换为库文件，并保存在"资源"面板中，其方法为：选择需要创建为库文件的对象，选择【修改】/【库】/【增加对象到库】菜单命令，在"资源"面板中修改创建的库文件名称即可，如图7-28所示。

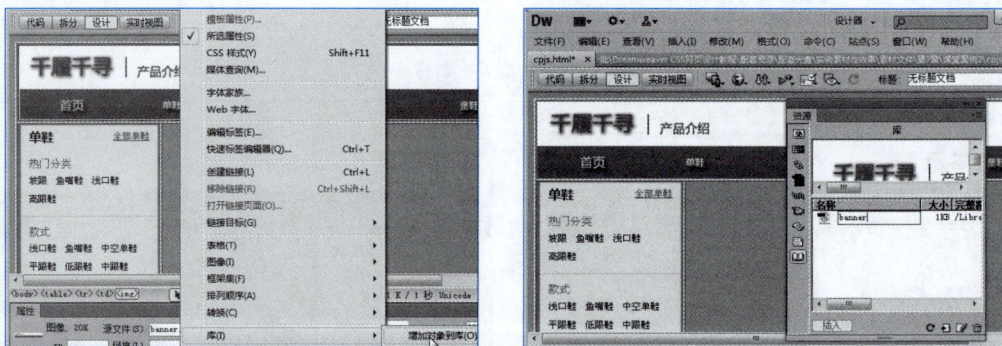

图7-28 创建库文件并命名

2．通过"资源"面板新建库文件

如果需要重新创建库文件，则可利用"资源"面板中的"新建库项目"按钮 来实现。下面以创建名为"product"的库文件为例，介绍新建库文件的方法，其具体操作如下。

（1）打开素材中的"cpjs.html"网页，单击"资源"面板下方的"新建库项目"按钮 ，如图7-29所示。

（2）在"资源"面板中将创建的库文件名称更改为"product"，然后单击下方的"编辑"按钮 ，如图7-30所示。

微课视频

通过"资源"面板新建库文件

图7-29 新建库文件

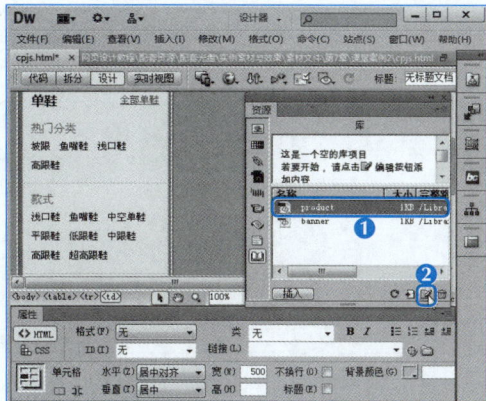

图7-30 修改库文件名称

（3）此时将打开库文件页面，在其中创建出需要的库文件内容，效果如图7-31所示。

（4）保存库文件并将其关闭，此时在"资源"面板中将看到创建的库文件效果，如图7-32所示。

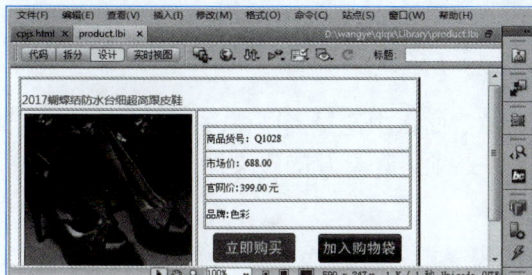

图7-31 编辑库项目

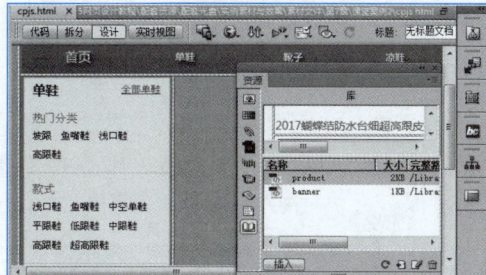

图7-32 保存并关闭库项目

7.2.3 应用库文件

创建好库文件后，便可在任意网页中重复使用该文件内容。下面以在"cpjs.html"网页中应用"product.lbi"库文件为例进行介绍，其具体操作如下。

微课视频

应用库文件

（1）在"cpjs.html"网页中将插入点定位到空白单元格中，打开"资源"面板，选择列表框中的"product"选项，单击 插入 按钮，如图7-33所示。

（2）此时网页中将插入选择的库文件内容，且无法对其进行编辑，效果如图7-34所示。

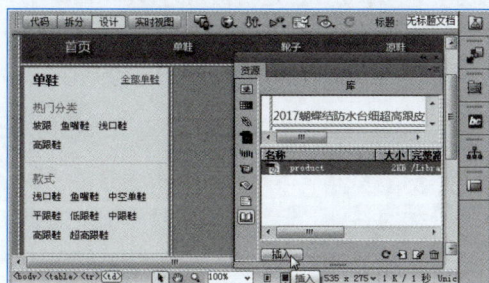

图7-33 选择库文件

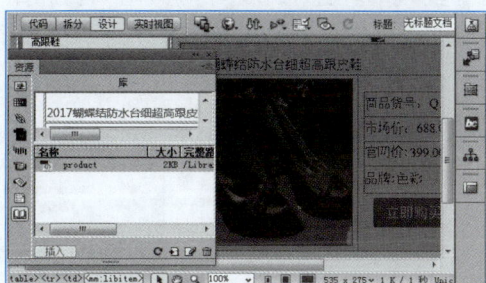

图7-34 插入库文件

（3）将插入点定位到插入的库文件右侧，单击"资源"面板中的 插入 按钮，如图7-35所示。

（4）保存网页，按【F12】键预览效果，如图7-36所示。

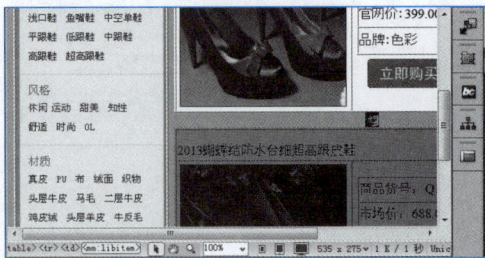

图7-35　插入库文件

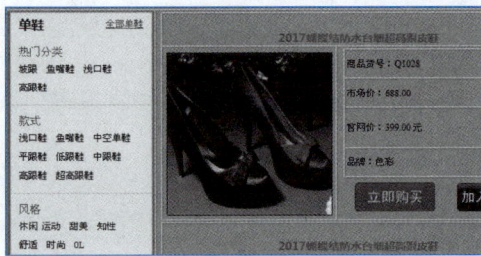

图7-36　预览网页效果

应用库文件的其他方法

多学一招

直接在"资源"面板中选择库文件后，将其拖曳到网页中，此时插入点将出现在鼠标指针对应的位置，确定插入点位置后，释放鼠标即可将库文件添加到相应的区域。

7.2.4　编辑库文件

创建的库文件可随时进行修改，只需在"资源"面板中选择需要修改的库文件选项，然后单击下方的"编辑"按钮 ，或直接双击库文件选项，在打开的库文件页面中进行修改，完成后保存并关闭页面即可，如图7-37所示。

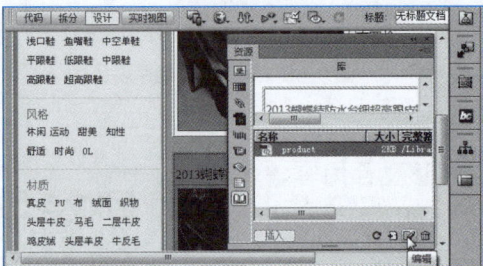

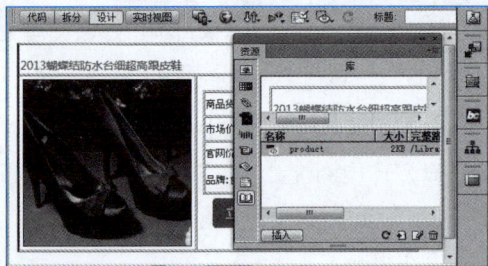

图7-37　编辑库文件

7.2.5　更新库文件

编辑了库文件后，所有网页中添加的库文件对象可通过更新来自动修改，从而提高网页制作的效率。更新库文件的方法为：选择【修改】/【库】/【更新页面】菜单命令，打开"更新页面"对话框，选择"查看"下拉列表框中的【整个站点】选项，并在右侧的下拉列表框中选择库文件所在的站点，单击选中 库项目(L) 复选框，然后单击 开始(S) 按钮即可，如图7-38所示。

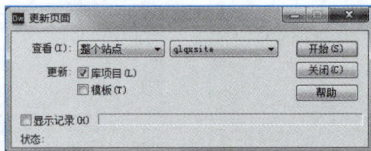

图7-38　更新库文件

7.2.6 分离库文件

添加到网页中的库文件不允许被编辑，只有通过对库文件自身的内容进行修改并更新网页的操作来实现编辑。但如果想对网页中的某个库文件进行单独修改，则可采用分离库文件的方式来实现，其方法为：选择网页中需分离的库文件，单击"属性"面板中的 从源文件中分离 按钮，或在网页中的库文件上单击鼠标右键，在弹出的快捷菜单中选择【从源文件中分离】命令，在打开的提示对话框中单击 确定 按钮即可，如图7-39所示。

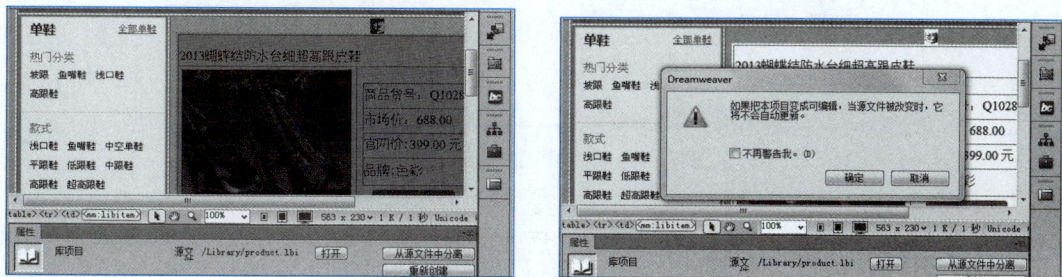

图7-39 分离库文件

7.3 课堂案例：制作"会员注册"网页

老洪这次给米拉安排的任务是制作千履千寻公司的"会员注册"网页，通过该网页收集网友的资料。要求注册内容包含用户名、登录密码和性别等各种信息。

该任务涉及表单的创建以及在表单中添加各种表单元素的操作。本例完成后的参考效果如图7-40所示，下面具体讲解其制作方法。

素材所在文件 素材文件\第7章\课堂案例\hyzc\
效果所在位置 效果文件\第7章\课堂案例\hyzc.html

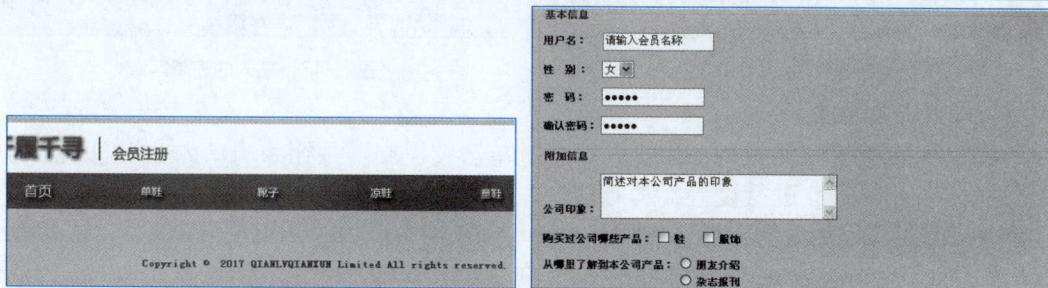

图7-40 "会员注册"网页制作前后的对比效果

7.3.1 表单的基础操作

表单可以获取用户信息，是创建交互网站和增加网页互动性的工具，如申请邮箱填写的个人信息，购物时填写的购物单，新用户注册时的信息表填写等页面都是表单。

1．表单的组成

制作表单页面之前首先要创建表单，然后才能在表单区域内添加表单对象。在Dreamweaver中组成表单的元素很多，如文本字段、复选框、单选项、按钮、列表和菜单等。如图7-41所示即为某网站中的一个表单页面。

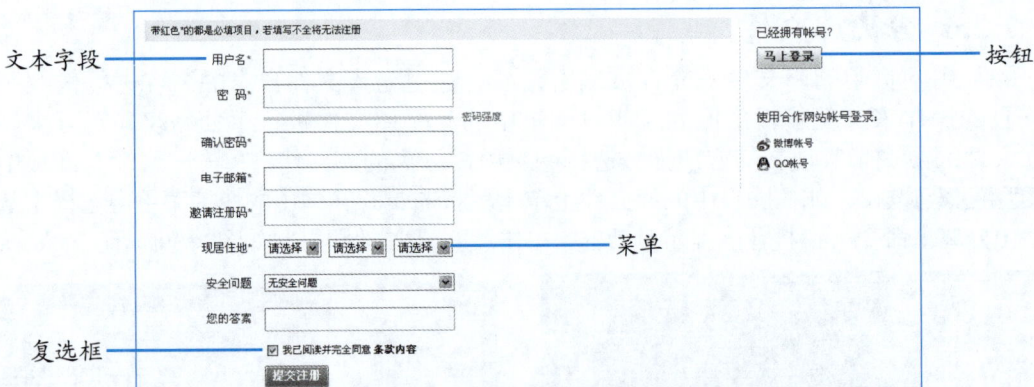

图7-41　表单页面中的部分组成元素

2．创建表单

创建表单页面前需要创建表单区域，之后才能在该区域中添加各种表单元素。下面以在"hyzc.html"网页中添加创建表单为例进行介绍，其具体操作如下。

（1）打开"hyzc.html"网页，将插入点定位到空白的单元格中，选择【插入】/【表单】/【表单】菜单命令，或打开"插入"面板，切换到【表单】插入栏，选择下方的【表单】选项，如图7-42所示。

（2）此时插入点处将显示边框为红色虚线的表单区域，效果如图7-43所示。

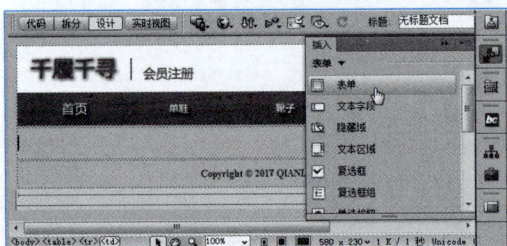

图7-42　插入表单

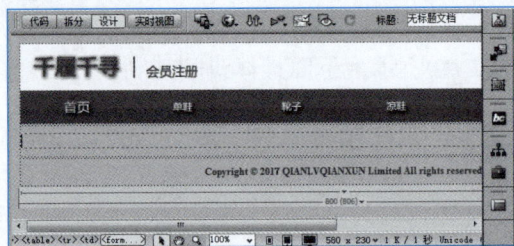

图7-43　插入的表单区域

3．设置表单属性

要想利用表单页面收集用户信息，即通过单击"提交"按钮将表单内容汇总到服务器上，就需要对表单属性进行设置，其方法为：选择插入的表单或将插入点定位到表单区域中，利用"属性"面板设置即可，如图7-44所示，其中各参数的作用介绍如下。

图7-44　设置表单属性

- **"表单ID"文本框**：设置表单的ID名，以方便在代码中引用该对象。
- **"动作"文本框**：指定处理表单的动态页或脚本所在的路径，该路径可以是URL地址、HTTP地址或Mailto邮箱地址等。
- **"目标"下拉列表框**：设置表单信息被处理后网页所打开的方式，如在当前窗口中打开或在新窗口中打开等，与设置超链接时的"目标"下拉列表框作用相同。
- **"类"下拉列表框**：为表单应用已有的某种类CSS样式。

- **"方法"下拉列表框**：设置表单数据传递给服务器的方式，一般使用"POST"方式，即将所有信息封装在HTTP请求中，对于传递大量数据而言是一种较为安全的传递方式。除了"POST"方式外，还有一种"GET"方式，这种方式直接将数据追加到请求该页的URL中，但它只能传递有限的数据，且安全性不如"POST"方式。
- **"编码类型"下拉列表框**：指定提交表单数据时所使用的编码类型。默认设置为application/x-www-form-urlencoded，通常与"POST"方式协同使用。如果要创建文件上传表单，则需要在该下拉列表框中选择"multipart/form-data"类型。

7.3.2 在表单中添加各种元素

表单元素是实现表单具体功能的基本工具，只有在表单中添加不同的表单元素，用户才能进行输入和选择等操作，然后才能通过按钮将这些信息提交到服务器中。本节将介绍如何在表单中添加各种表单元素。

1．添加单行文本字段

单行文本字段适合少量文本的输入，如输入账户名称、邮箱地址和文章标题等。下面以在"hyzc.html"网页中添加两个单行文本字段为例进行介绍，其具体操作如下。

（1）将插入点定位到表单区域，在"插入"面板中选择【文本字段】选项，如图7-45所示。

（2）打开"输入标签辅助功能属性"对话框，分别在"ID"文本框和"标签"文本框中输入"user"和"用户名："，单击 确定 按钮，如图7-46所示。

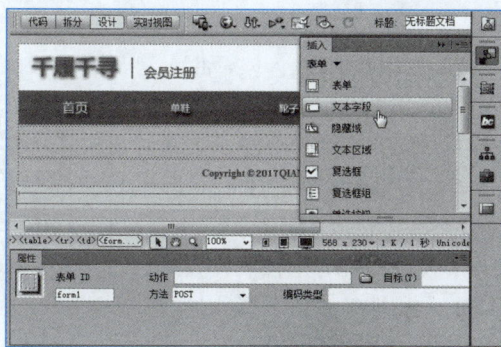

图7-45　插入文本字段

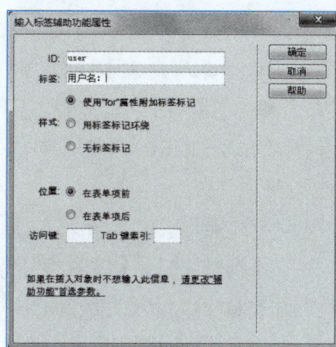

图7-46　设置ID和标签

（3）在插入的文本字段的"用户名："文本右侧插入若干空格，选择文本字段表单元素，在"属性"面板中将字符宽度和最多字符数均设置为"16"，并将初始值设置为"请输入会员名称"，如图7-47所示。

（4）创建名为".bd"的类CSS样式，设置字号为"12"，字形加粗，并应用到添加的文本字段表单元素中，效果如图7-48所示。

（5）将插入点定位到文本字段表单元素右侧，按【Enter】键分段，再次选择"插入"面板中的【文本字段】选项，在打开的对话框中将ID和标签名称分别设置为"number"和"输入证件号："，单击 确定 按钮，如图7-49所示。

（6）选择添加的文本字段表单元素，在"属性"面板中将字符宽度和最多字符数均设置为"26"，并将初始值设置为"请输入证件号码"，然后为该对象应用".db"类CSS样式，效果如图7-50所示。

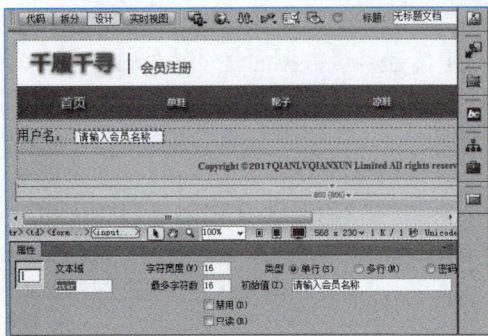

图7-47　设置文本字段

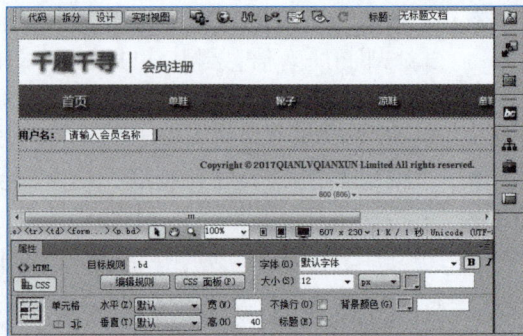

图7-48　设置文本字段格式

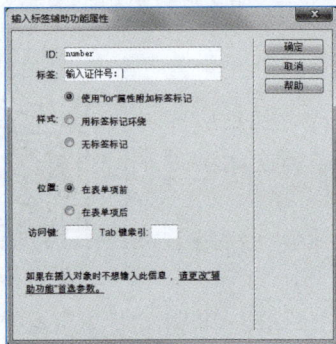

图7-49　插入文本字段

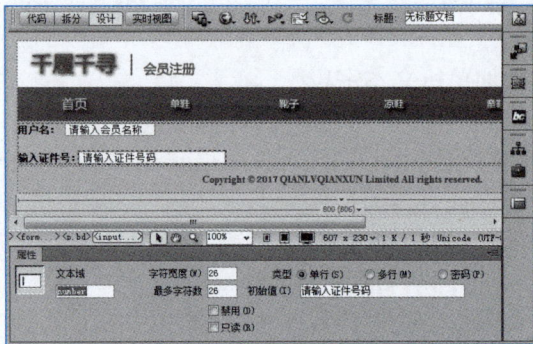

图7-50　设置文本字段

2. 添加密码字段

密码字段用于输入具有保密性质的内容，当用户在输入密码时，网页中将以"●"符号代替，使内容不可见，以保证数据内容的隐私。下面以在"hyzc.html"网页中添加密码字段为例进行介绍，其具体操作如下。

微课视频

添加密码字段

（1）将插入点定位到文本字段表单元素右侧，按【Enter】键分段，在"插入"面板中选择【文本字段】选项，如图7-51所示。

（2）打开"输入标签辅助功能属性"对话框，分别在"ID"文本框和"标签"文本框中输入"password"和"密　码："，单击 确定 按钮，如图7-52所示。

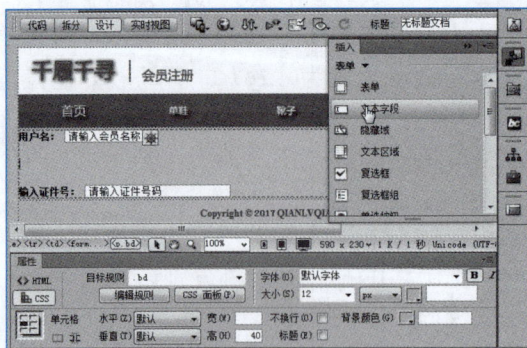

图7-51　插入文本字段

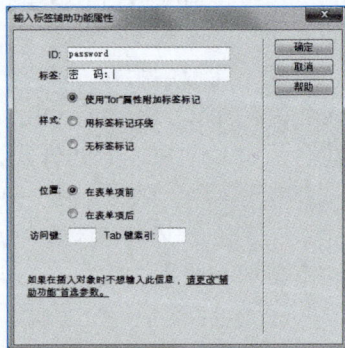

图7-52　设置ID和标签

（3）适当按【Space】键调整插入对象的位置，使其与上方的文本字段对齐。选择插入的文

152

本对象，在"属性"面板中将字符宽度和最多字符数均设置为"16"，单击选中"类型"栏中的 ⊙ 密码(P) 单选项，并将初始值设置为"请设置密码"，如图7-53所示。

（4）将插入点定位到"密码"文本字段表单元素右侧，按【Enter】键分段，在"插入"面板中选择【文本字段】选项，如图7-54所示。

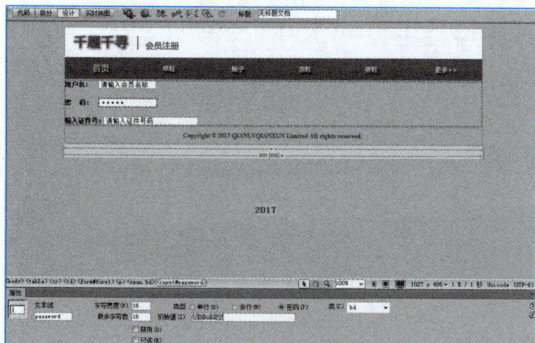

图7-53 设置密码字段

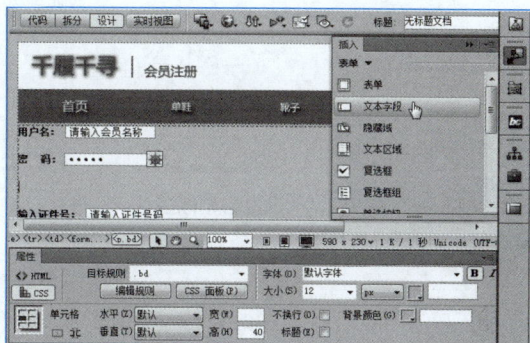

图7-54 插入文本字段

（5）在打开的对话框中将ID标签分别设置为"confirm"和"确认密码："，单击 确定 按钮，如图7-55所示。

（6）选择插入的文本对象，在"属性"面板中将字符宽度和最多字符数均设置为"16"，单击选中"类型"栏中的 ⊙ 密码(P) 单选项，并将初始值设置为"请确认密码"，如图7-56所示。

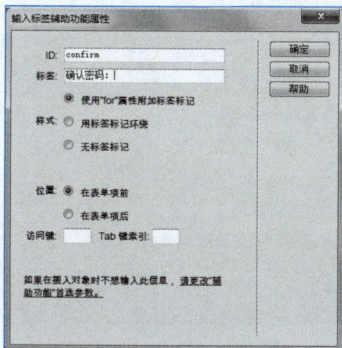

图7-55 设置ID和标签

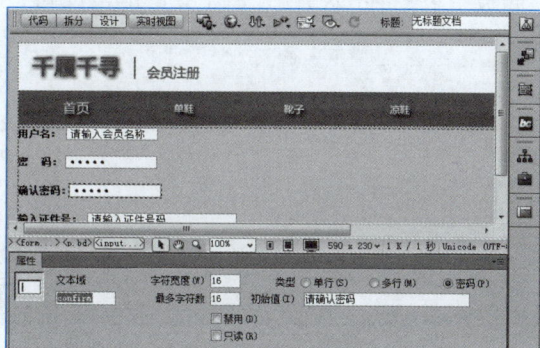

图7-56 设置密码字段

3. 添加多行文本字段

多行文本字段常用于浏览者留言和个人介绍等需输入较多内容的情况。下面以在"hyzc.html"网页中添加多行文本字段为例进行介绍，其具体操作如下。

微课视频

添加多行文本字段

（1）将插入点定位到"输入证件号："文本字段表单元素右侧，按【Enter】键分段，在"插入"面板中选择【文本字段】选项。

（2）打开"输入标签辅助功能属性"对话框，分别在"ID"文本框和"标签"文本框中输入"impression"和"公司印象："，单击 确定 按钮，如图7-57所示。

（3）选择插入的文本对象，在"属性"面板中将字符宽度和行数分别设置为"32"和"3"，单击选中"类型"栏中的 ⊙ 多行(M) 单选项，并将初始值设置为"简述对本公司产品的印象"，如图7-58所示。

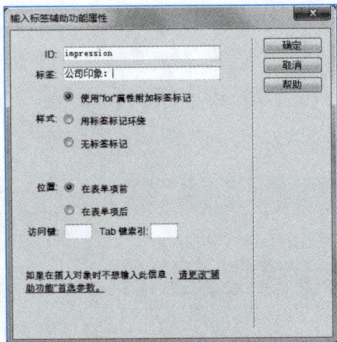

图7-57 设置ID和标签

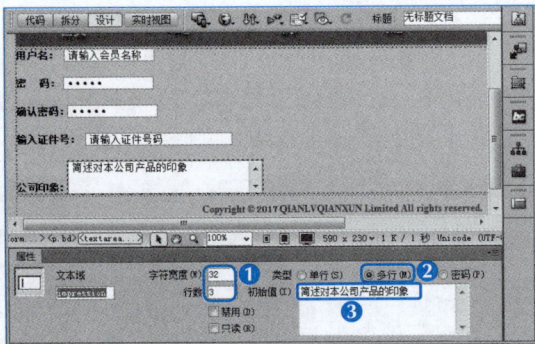

图7-58 设置多行文本字段

4．添加隐藏域

隐藏域不会显示在预览的网页中，它对用户来说不可见，但却具有相当重要的作用。它可以在网页之间传递一些隐秘的信息，方便对网页数据进行处理。比如在一个关于登录的表单网页中添加一个隐藏域，并为其赋予一个值，当表单提交后，首先就会查找是否有这个隐藏域字段，且审核该值是否是设置的值，如果是，则继续对表单中的其他信息进行处理，否则可以要求用户重新登录。

在表单中添加隐藏域的方法为：将插入点定位到需插入隐藏域的位置，在"插入"面板中选择【隐藏域】选项，此时将直接在网页表单区域插入一个隐藏域，选择该对象后，在"属性"面板中设置其ID名称并赋予相应的值即可，如图7-59所示。

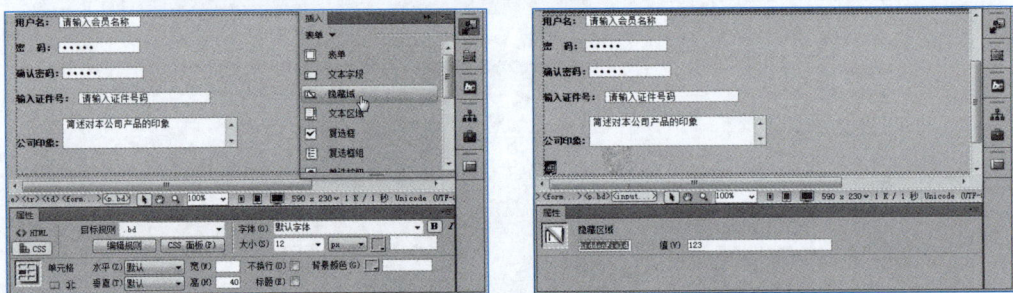

图7-59 插入并设置隐藏域

5．添加复选框

复选框可以实现单击选中或单击撤销选中的效果，对一些可以允许多重选择的选项而言，如特长、爱好、购买过的产品等栏目较为实用。下面以在"hyzc.html"网页中添加两个复选框为例进行介绍，其具体操作如下。

微课视频

添加复选框

（1）将插入点定位到"公司印象"文本字段表单元素右侧，按【Enter】键分段，输入"购买过公司哪些产品："文本后，在"插入"面板中选择【复选框】选项，如图7-60所示。

（2）打开"输入标签辅助功能属性"对话框，分别在"ID"文本框和"标签"文本框中输入"shoes"和"鞋"，单击 确定 按钮，如图7-61所示。

（3）在插入的复选框对象右侧插入若干空格，再次选择"插入"面板中的【复选框】选项。

（4）打开"输入标签辅助功能属性"对话框，分别在"ID"文本框和"标签"文本框中输入"clothes"和"服饰"，单击 确定 按钮，如图7-62所示。

（5）完成两个复选框的插入，效果如图7-63所示。

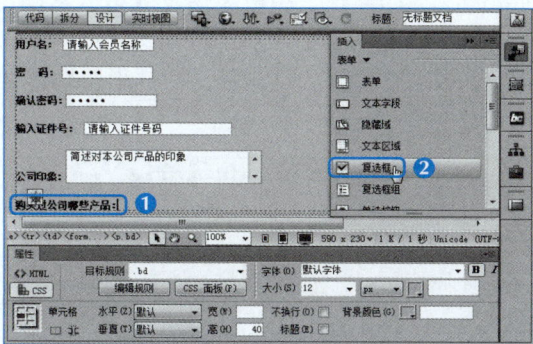

图7-60 输入文本

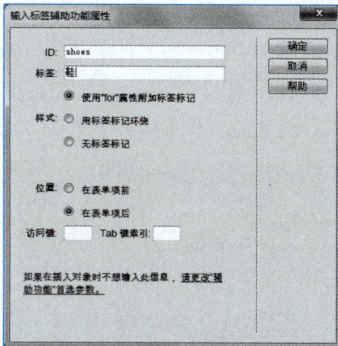

图7-61 设置ID和标签

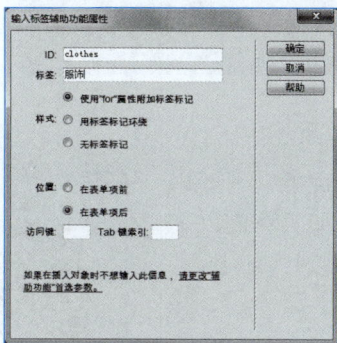

图7-62 设置ID和标签

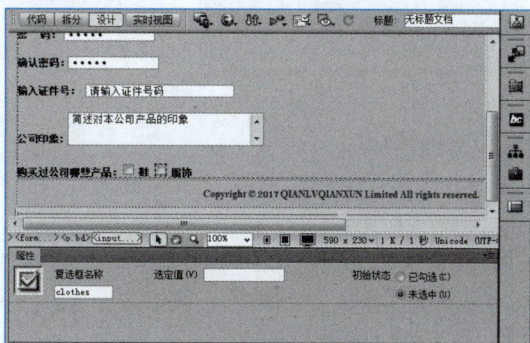

图7-63 插入的复选框

155

多学一招

复选框的属性设置

选择插入的复选框（即方框对象）后，可在"属性"面板的"选定值"文本框中输入当选定该复选框时，发送给服务器的值；在"初始状态"栏中可设置该复选框默认状态下是选中或未选中。

6．添加复选框组

当需要在表单中添加大量的复选框时，可通过添加复选框组来提高制作效率。在表单中添加复选框组的方法为：在表单中定位插入点，在"插入"面板中选择【复选框组】选项，打开"复选框组"对话框。在列表框左侧的"标签"栏中选择某个选项后可更改复选框名称，单击上方的"添加"按钮➕可增加组中的复选框，如图7-64所示。设置完成后单击 确定 按钮即可在表单中创建复选框组。

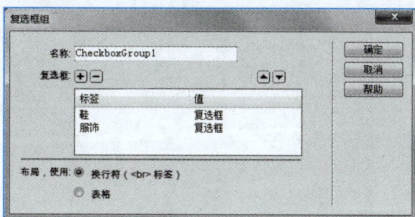

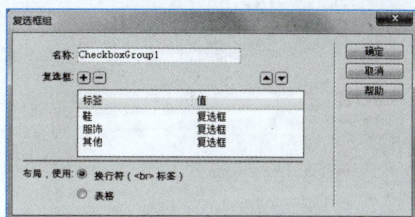

图7-64 插入复选框组

7．添加单选按钮

单选按钮适合在多项中选择其中一项的情况，如性别、职位等信息就可以利用单选按钮来设置。在Dreamweaver中添加单选按钮的方法为：在表单中定位插入点，在"插入"面板中选择【单选按钮】选项，打开"输入标签辅助功能属性"对话框，在其中设置ID和标签名称后，单击 确定 按钮即可在表单中添加单选按钮，如图7-65所示。

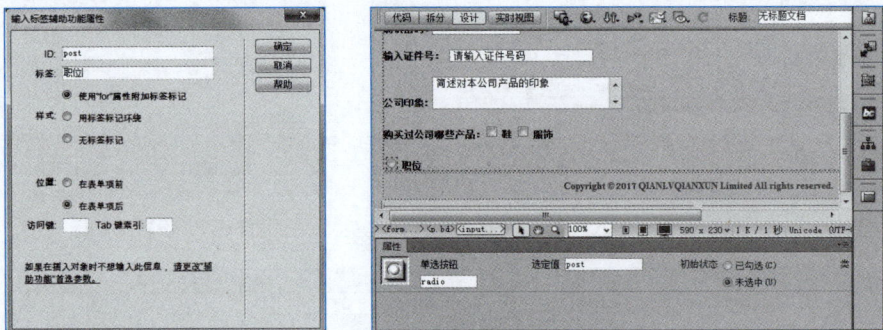

图7-65　插入单选按钮

8．添加单选按钮组

单选按钮由于其只能选择其中一种选项的特性，决定了它一般以组的形式出现，可利用单选按钮组快速在表单中进行添加。下面以在"hyzc.html"网页中添加单选按钮组为例进行介绍，其具体操作如下。

微课视频

添加单选按钮组

（1）将插入点定位到复选框表单元素右侧，按【Enter】键分段，输入"从哪里了解到本公司产品："文本，在"插入"面板中选择【单选按钮组】选项，如图7-66所示。

（2）打开"单选按钮组"对话框，将列表框中"标签"栏下方的选项名称分别更改为"朋友介绍"和"杂志报刊"，如图7-67所示。

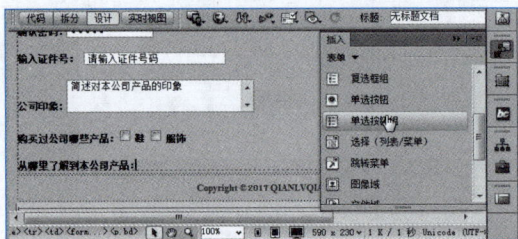

图7-66　输入文本

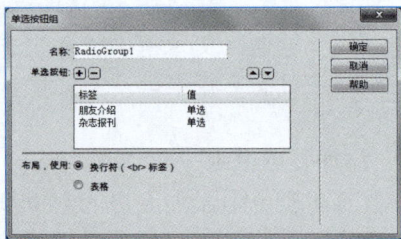

图7-67　更改标签名称

（3）单击两次"添加"按钮 ，在单选按钮组中再添加两个单选按钮，如图7-68所示。

（4）继续在"标签"栏中将新增的选项名称分别更改为"电视广告"和"其他"，单击 确定 按钮，如图7-69所示。

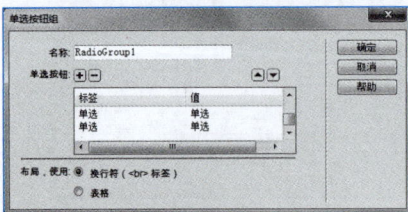

图7-68　添加单选按钮

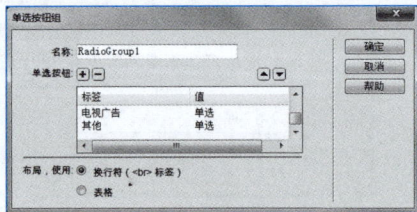

图7-69　更改单选按钮名称

（5）此时将在插入点位置插入设置的单选按钮组，效果如图7-70所示。

（6）插入若干空格，调整各单选按钮的位置，使其对齐，如图7-71所示。

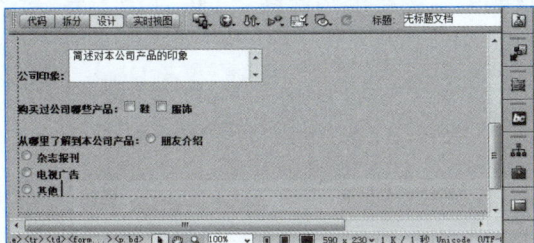

图7-70 查看创建的单选按钮组

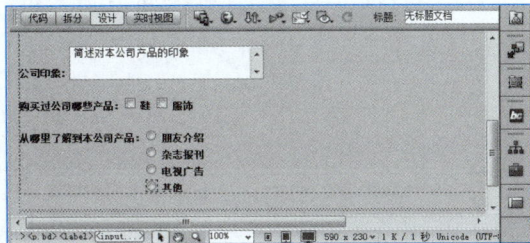

图7-71 调整单选按钮位置

9. 添加菜单

当需要在多个选项中选择其中一项，且不希望这些选项占据太多的页面空间时，可通过选择表单元素来解决问题。下面以在"hyzc.html"网页中添加"性别"选择菜单为例进行介绍，其具体操作如下。

微课视频
添加菜单

（1）将插入点定位到"用户名"文本字段表单元素右侧，按【Enter】键分段，在"插入"面板中选择【选择（列表/菜单）】选项，如图7-72所示。

（2）打开"输入标签辅助功能属性"对话框，分别在"ID"文本框和"标签"文本框中输入"sex"和"性　别："，单击 确定 按钮，如图7-73所示。

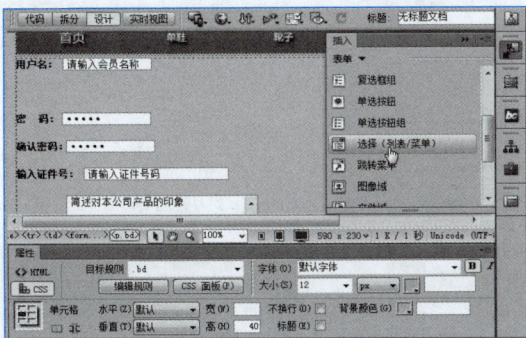

图7-72 插入菜单

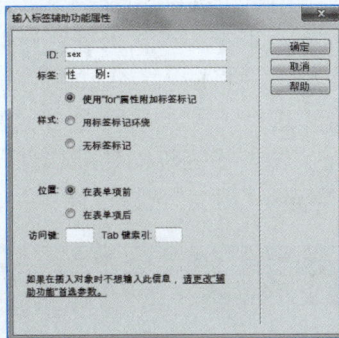

图7-73 设置ID和标签名称

（3）按【Space】键适当调整菜单，使其与上方的文本字段对齐，如图7-74所示。

（4）选择插入的菜单，在"属性"面板中单击 列表值... 按钮，如图7-75所示。

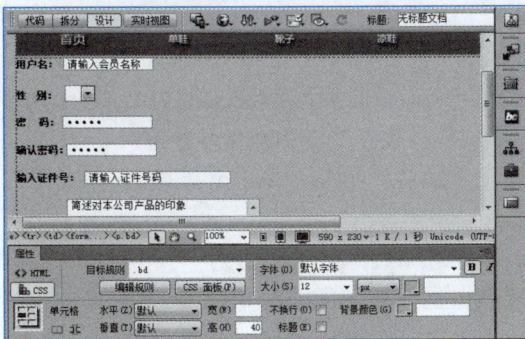

图7-74 调整位置

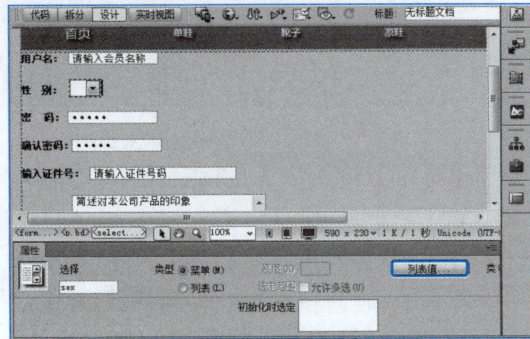

图7-75 设置菜单

（5）打开"列表值"对话框，利用"添加"按钮➕添加两个名称为"男"和"女"的项目标签，单击 确定 按钮，如图7-76所示。

（6）关闭对话框，在"属性"面板的"初始化时选定"列表框中选择"女"选项，表示默认选择"女"选项，如图7-77所示。

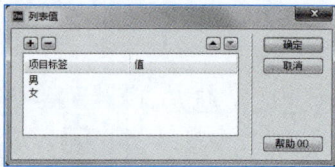

图7-76 设置列表框

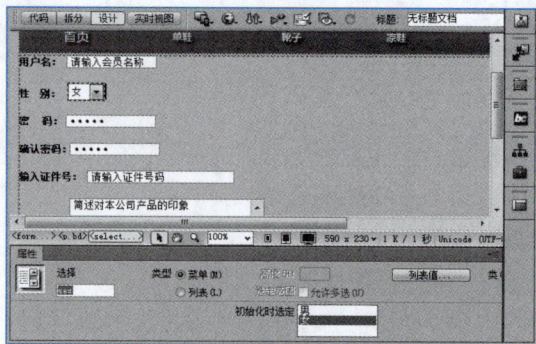

图7-77 设置初始选定值

10．添加列表

列表与菜单的不同之处在于其中显示的各选项将以列表的形式显示，而菜单则需要单击下拉按钮才能展开其中的选项。下面以在"hyzc.html"网页中添加"选择证件"列表为例，介绍该表单元素的创建方法，其具体操作如下。

微课视频

添加列表

（1）将插入点定位到"输入证件号"文本字段表单元素左侧，插入若干空格后，将插入点定位到该行最左侧，然后在"插入"面板中选择【选择（列表/菜单）】选项，如图7-78所示。

（2）打开"输入标签辅助功能属性"对话框，分别在"ID"文本框和"标签"文本框中输入"papers"和"选择证件："，单击 确定 按钮，如图7-79所示。

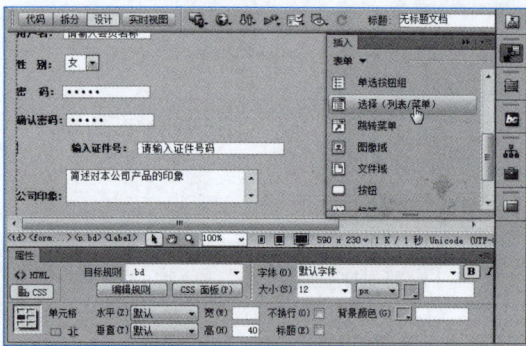

图7-78 插入列表

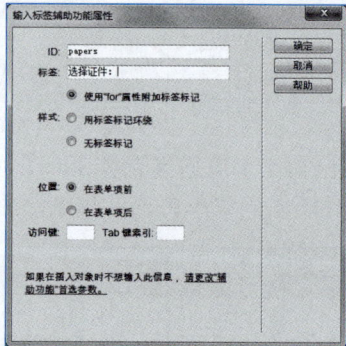

图7-79 设置ID和标签名称

（3）选择插入的列表（此时呈菜单样式显示），在"属性"面板中单击 列表值... 按钮，如图7-80所示。

（4）打开"列表值"对话框，利用"添加"按钮➕添加4个名称分别为"身份证""护照""驾照"和"其他"的项目标签，单击 确定 按钮，如图7-81所示。

（5）关闭对话框，在"属性"面板的"初始化时选定"列表框中选择"身份证"选项，表示默认选择"身份证"选项，如图7-82所示。

（6）保持该菜单元素的选择状态，在"类型"栏中单击选中 ◉ 列表(L) 单选项，并在"高度"文本框中输入"3"，设置其可见的高度为3行，如图7-83所示。至此即完成了对列表的添加和设置。

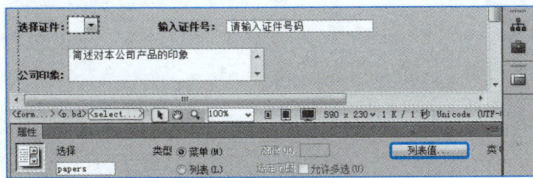

图7-80 设置列表

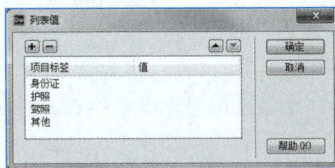

图7-81 设置列表值

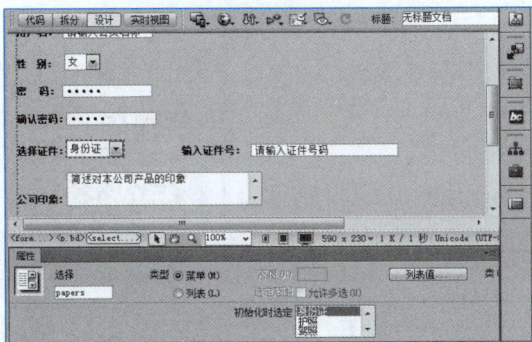

图7-82 设置初始值

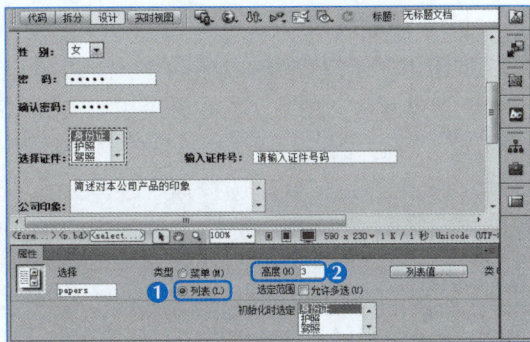

图7-83 设置类型和类别高度

11．添加文件域

文件域表单元素可实现文件上传的功能，如上传用户头像。下面以在"hyzc.html"网页中添加文件域为例介绍该元素的创建方法，其具体操作如下。

（1）将插入点定位到"输入证件号"文本字段表单元素右侧，按【Enter】键分段，在"插入"面板中选择【文件域】选项，如图7-84所示。

（2）打开"输入标签辅助功能属性"对话框，分别在"ID"文本框和"标签"文本框中输入"head"和"上传头像："，单击 确定 按钮，如图7-85所示。

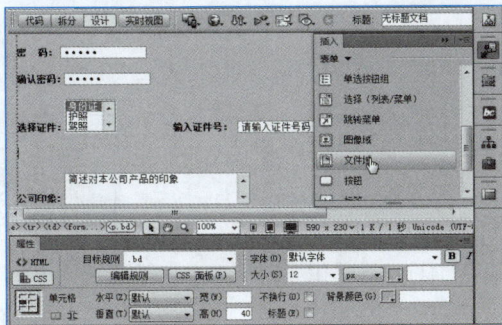

图7-84 插入文件域

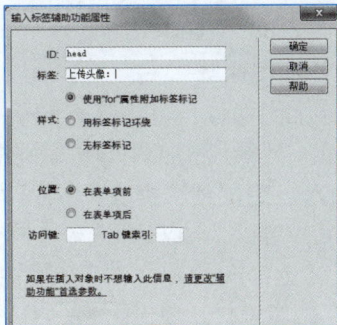

图7-85 设置ID和标签

（3）插入文件域，该对象由标签、文本框和按钮组成，如图7-86所示。

（4）选择文件域，利用"属性"模板设置字符宽度和最多字符数分别为"42"和"40"，

如图7-87所示。

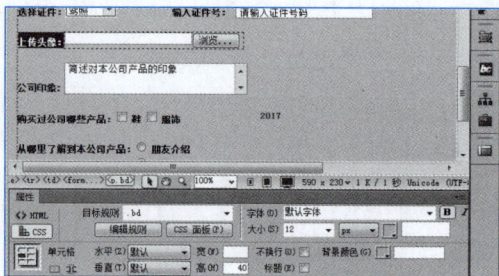

图7-86　插入的文件域

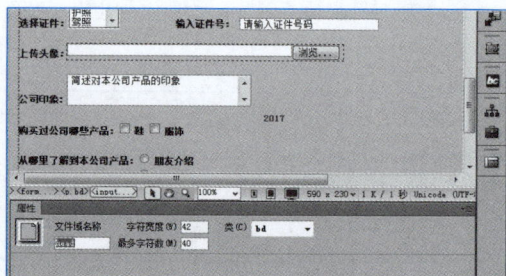

图7-87　设置字符宽度和数量

12．添加按钮

按钮可用于提交表单或重置操作，它只有在被单击时才能执行，对于表单网页而言，按钮元素必不可少。下面以在"hyzc.html"网页中添加"提交"按钮为例进行介绍，其具体操作如下。

微课视频

添加按钮

（1）将插入点定位到单选按钮组表单元素右侧，按【Enter】键分段，在"插入"面板中选择【按钮】选项。

（2）打开"输入标签辅助功能属性"对话框，在"ID"文本框中输入"submit"，单击 确定 按钮，如图7-88所示。

（3）在其"属性"面板的"值"文本框中输入"提交"文本，在"动作"栏中单击选中 ◉提交表单(S) 单选项，完成"提交"按钮的创建，效果如图7-89所示。

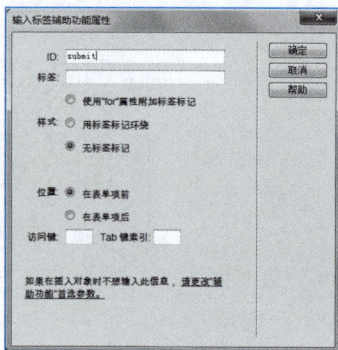

图7-88　设置ID名称

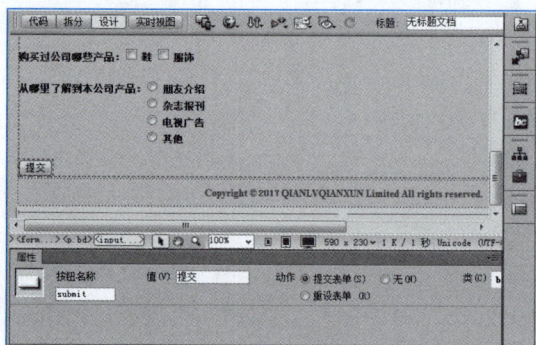

图7-89　插入的按钮

13．添加图像域

通过添加图像域，可将任意图像对象作为按钮来使用。下面以在"hyzc.html"网页中添加图像域为例进行介绍，其具体操作如下。

微课视频

添加图像域

（1）将插入点定位到"提交"按钮表单元素右侧，按【Enter】键分段，在"插入"面板中选择【图像域】选项，如图7-90所示。

（2）打开"选择图像源文件"对话框，在其中选择提供的"button. png"图像素材，单击 确定 按钮，如图7-91所示。

（3）打开"输入标签辅助功能属性"对话框，在"ID"文本框中输入"reset"，单击 确定 按钮，如图7-92所示。

（4）完成图像的插入，效果如图7-93所示。

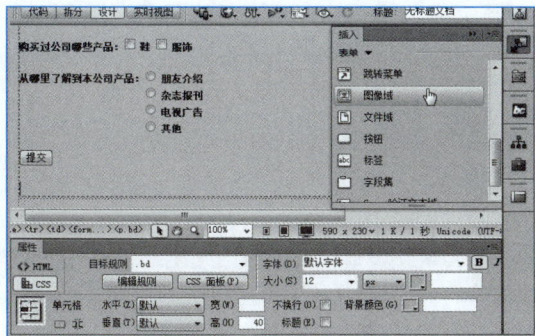

图7-90　插入图像域

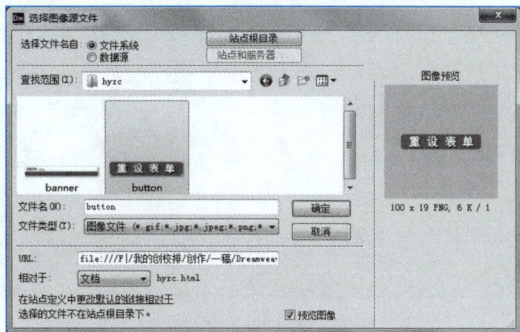

图7-91　选择图像

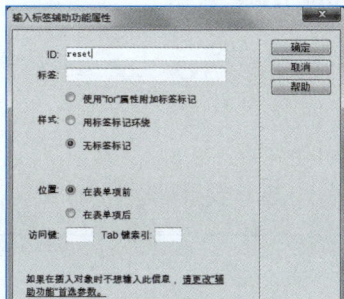

图7-92　设置ID名称

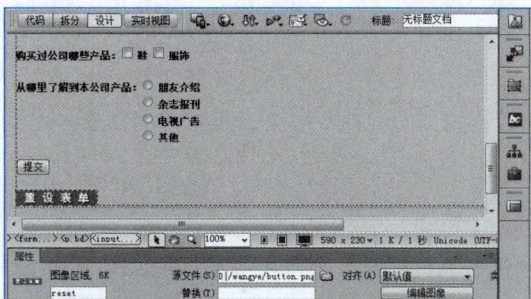

图7-93　插入的图像域

14．添加字段集

字段集可将多个表单元素整合到一起，使页面看上去更加整齐。下面以在"hyzc.html"网页中添加两个字段集为例进行介绍，其具体操作如下。

（1）选择网页最上方的4种表单对象，在"插入"面板中选择【字段集】选项，如图7-94所示。

（2）打开"字段集"对话框，在"标签"文本框中输入"基本信息"，单击 确定 按钮，如图7-95所示。

微课视频

添加字段集

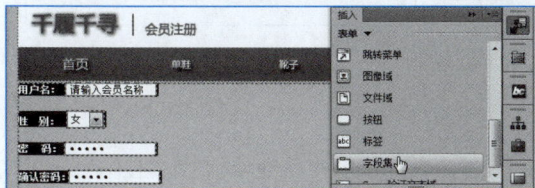

图7-94　选择表单元素

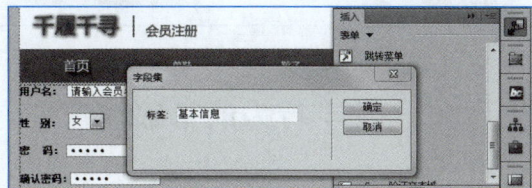

图7-95　设置字段集名称

（3）继续选择"选择证件"文本字段到"从哪里了解到本公司产品"按钮组之间的所有表单元素，在"插入"面板中选择【字段集】选项。

（4）打开"字段集"对话框，在"标签"文本框中输入"附加信息"，单击 确定 按钮。

（5）完成字段集的添加，按【Ctrl+S】组合键保存网页，如图7-96所示。

（6）按【F12】键预览网页，效果如图7-97所示。

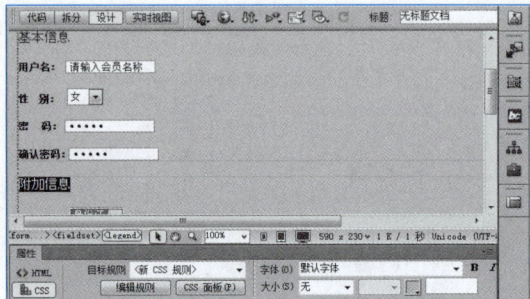

图7-96 插入的字段集

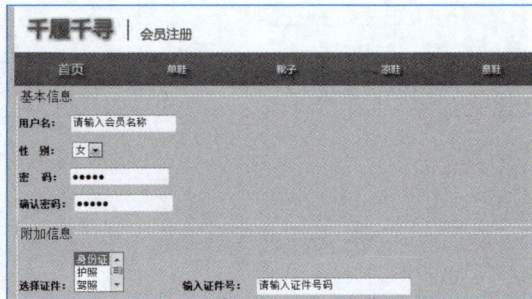

图7-97 预览网页效果

7.4 课堂案例：制作"品牌展厅"网页

通过观察，米拉发现许多网页会在打开时会弹出欢迎提示框，这极大地提高网页与用户之间的交互性，老洪告诉米拉，这是因为在网页中添加了行为，于是，老洪制作了"品牌展厅"网页，并在其中添加了常用的行为来为米拉演示行为的添加方法，其中包括了添加"交换图像"行为和"显示/渐隐"行为等知识。本案例完成后的参考效果如图7-98所示。

素材所在文件 　素材文件\第7章\课堂案例\ppzt\
效果所在位置 　效果文件\第7章\课堂案例\ppzt.html

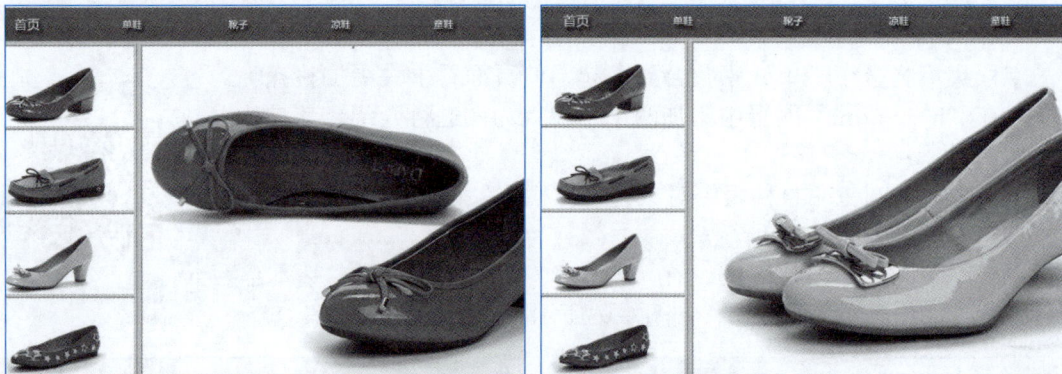

图7-98 "品牌展厅"网页的制作效果

7.4.1 关于行为的基础知识

行为是Dreamweaver中内置的脚本程序，为网页添加行为可极大地增强网页的交互性，下面将系统地对行为的相关基础知识进行讲解。

1. 行为的组成与事件的作用

行为是指在某种事件的触发下，通过特定的过程以达到某种目的或实现某种效果的方式。如浏览网页时单击某超链接（事件），浏览器将在此触发事件下打开一个窗口（目的），这就是一个完整的行为。

Dreamweaver中的行为由动作和事件两部分组成，动作控制什么时候执行行为，事件则控制执行行为的内容。不同的浏览器包含不同事件，其中大部分事件在各个浏览器中都被支持，常用的事件及其作用如表7-1所示。

表 7-1　Dreamweaver 中常用事件的名称及作用

事件名称	事件作用
onLoad	载入网页时触发
onUnload	离开页面时触发
onMouseOver	鼠标指针移到指定元素的范围时触发
onMouseDown	按下鼠标左键且未释放时触发
onMouseUp	释放鼠标左键后触发
onMouseOut	鼠标指针移出指定元素的范围时触发
onMouseMove	在页面上拖曳鼠标时触发
onMouseWheel	滚动鼠标滚轮时触发
onClick	单击指定元素时触发
onDblClick	双击指定元素时触发
onKeyDown	按任意键且未释放前触发
onKeyPress	按任意键且在释放后触发
onKeyUp	释放按下的键位后触发
onFocus	指定元素变为用户交互的焦点时触发
onBlur	指定元素不再作为交互的焦点时触发
onAfterUpdate	页面上绑定的元素完成数据源更新之后触发
onBeforeUpdate	页面上绑定的元素完成数据源更新之前触发
onError	浏览器载入网页内容发生错误时触发
onFinish	在列表框中完成一个循环时触发
onHelp	选择浏览器中的"帮助"菜单命令时触发
onMove	浏览器窗口或框架移动时触发
onResize	重设浏览器窗口或框架的大小时触发
onScroll	利用滚动条或箭头上下滚动页面时触发
onStart	选择列表框中的内容开始循环时触发
onStop	选择列表框中的内容停止时触发

知识提示

认识动作

　　动作是指当用户触发事件后所执行的脚本代码，它一般使用 JavaScript 或 VBScript 编写，这些代码可以执行特定的任务，如打开浏览器窗口、显示或隐藏元素，或为指定元素添加效果等。

2．认识"行为"面板

　　选择【窗口】/【行为】菜单命令或按【Shift+F4】组合键即可打开"行为"面板，如图 7-99 所示，其中各参数的作用介绍如下。

- **"显示设置事件"按钮**▤：单击该按钮可只显示已设置的事件列表。
- **"显示所有事件"按钮**▤：单击该按钮，可显示所有事件列表。
- **"添加行为"按钮**⊞：单击该按钮，可打开"行为"下拉列表，在其中可选择相应的行为，并可在自动打开的对话框中对行为进行详细设置。
- **"删除事件"按钮**⊟：单击该按钮，可删除"行为"面板列表框中选择的行为。
- **"增加事件值"按钮**▲：单击该按钮，可向上移动所选择的动作。
- **"降低事件值"按钮**▼：单击该按钮，可向下移动所选择的动作。

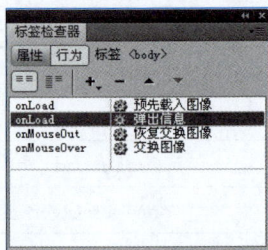

图7-99   "行为"面板

3．添加行为

　　添加行为是指将某个行为附加到指定的对象上，此对象可以是一个图像、一段文本、一个超链接，也可以是整个网页。添加行为的方法为：选择需添加行为的对象，打开"行为"面板，单击"添加行为"按钮⊞，在打开的下拉列表中选择需要的行为选项，并在打开的对话框中设置行为属性。完成后继续在"行为"面板中已添加行为左侧的列表框中设置事件即可，整个操作过程如图7-100所示。

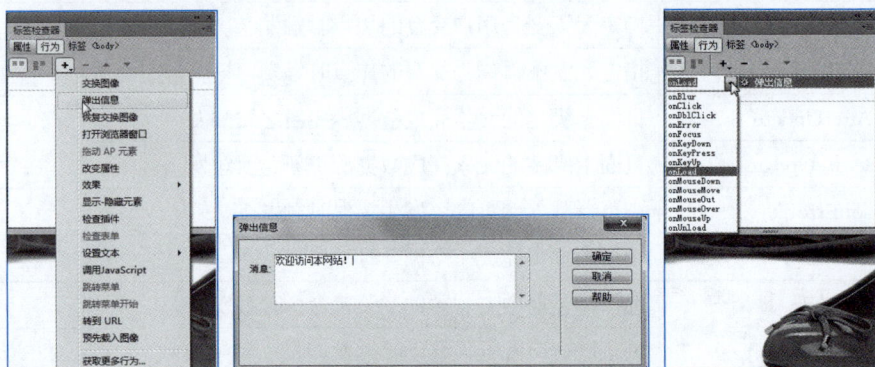

图7-100   为网页对象添加行为的大致过程

4．修改行为

　　添加行为后，可根据实际需要对行为进行修改，其方法为：在"行为"面板的列表框中选择要修改的行为，双击右侧的行为名称，在打开的对话框中重新进行设置，单击 确定 按钮即可，如图7-101所示。

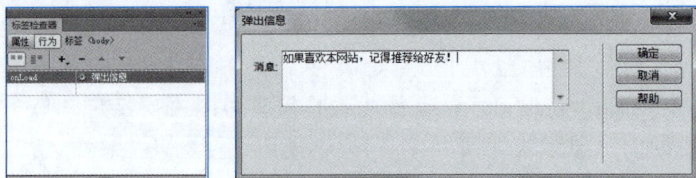

图7-101   修改行为

5．删除行为

　　对于无用的行为，可利用"行为"面板及时将其删除，以便更好地管理其他行为内容。

删除行为的方法主要有以下几种。

- **利用 ➖ 按钮删除**：在"行为"面板列表框中选择需删除的行为，单击上方的"删除事件"按钮 ➖ 。
- **利用快捷键删除**：在"行为"面板列表框中选择需删除的行为，直接按【Delete】键。
- **利用快捷菜单删除**：在"行为"面板列表框中选择需删除的行为，在其上单击鼠标右键，在弹出的快捷菜单中选择【删除行为】命令。

7.4.2 常用行为的使用方法

为便于用户更好地使用行为，Dreamweaver内置了大量的行为内容，下面将对其中一些常用行为的使用方法进行介绍。

1. 弹出信息

"弹出信息"行为可以打开一个消息对话框，常用于为欢迎、警告或错误等信息弹出相应的对话框。下面以在"ppzt.html"网页中为"banner.jpg"图像添加"弹出信息"行为为例进行介绍，其具体操作如下。

微课视频

弹出信息

（1）打开"ppzt.html"网页，选择上方的"banner.jpg"图像，在"行为"面板中单击"添加行为"按钮 ➕ ，在打开的下拉列表中选择【弹出信息】选项，如图7-102所示。

（2）打开"弹出信息"对话框，在"消息"文本框中输入需要显示的文本内容，完成后单击 确定 按钮，如图7-103所示。

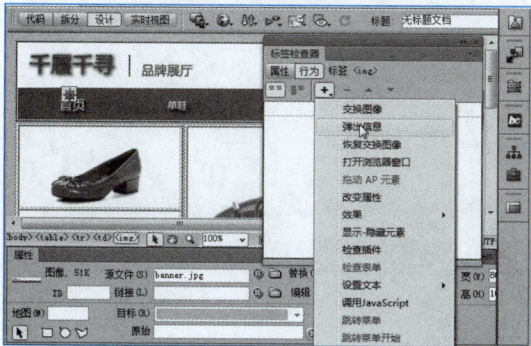

图7-102　选择行为

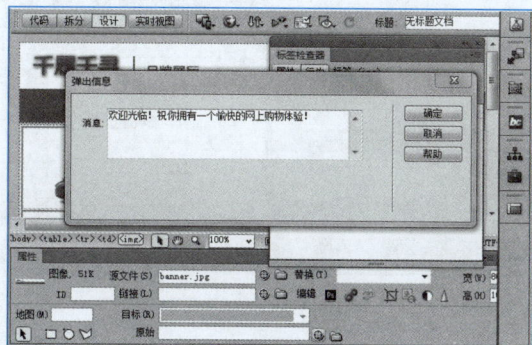

图7-103　设置信息内容

多学一招

为整个网页添加行为

如果想为整个网页添加行为，可单击"属性"面板上方的【<body>】标签，代表选择整个网页，然后按照添加行为的方法为其添加需要的行为即可。

（3）添加的行为将显示在"行为"面板的列表框中，按【Ctrl+S】组合键保存设置，如图7-104所示。

（4）按【F12】键预览网页，单击"banner.jpg"图像所在的区域即可打开"来自网页的消息"对话框，查看后单击 确定 按钮即可，如图7-105所示。

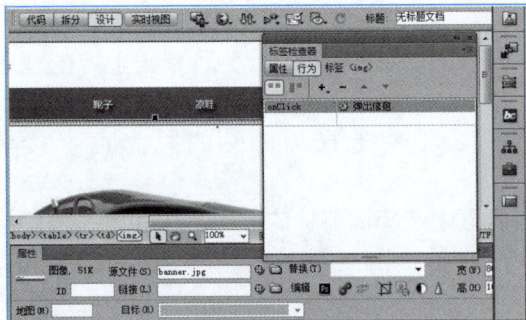

图7-104　保存设置

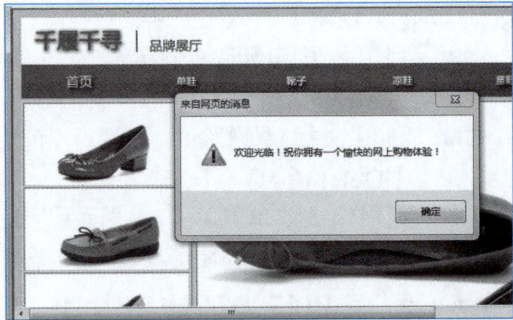

图7-105　触发行为

2．打开浏览器窗口

使用"打开浏览器窗口"行为可在触发事件后打开一个新的浏览器窗口并显示指定的文档，该窗口的宽度、高度和名称等属性均可自主设置。下面以在"ppzt.html"网页中添加"打开浏览器窗口"行为为例进行介绍，其具体操作如下。

（1）选择网页下方的版权信息文本，在"行为"面板中单击"添加行为"按钮，在打开的下拉列表中选择【打开浏览器窗口】选项，如图7-106所示。

（2）打开"打开浏览器窗口"对话框，单击"要显示的URL"文本框右侧的 浏览 按钮，如图7-107所示。

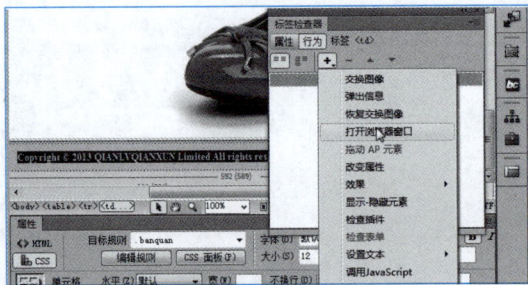

图7-106　选择行为

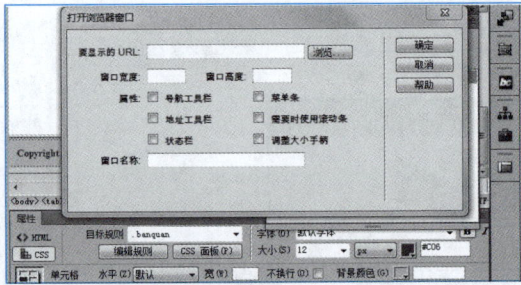

图7-107　设置要显示的窗口文件

（3）打开"选择文件"对话框，选择"qywh.html"网页文件，单击 确定 按钮，如图7-108所示。

（4）返回"打开浏览器窗口"对话框，将窗口宽度和窗口高度分别设置为"800"和"600"，单击 确定 按钮，如图7-109所示。

图7-108　选择网页文件

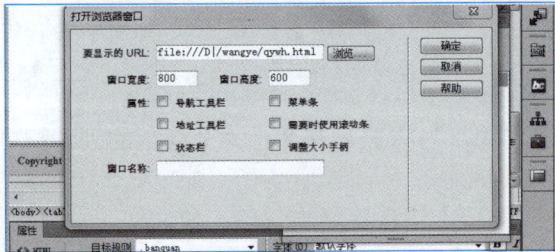

图7-109　设置窗口大小

（5）选择"行为"面板中已添加行为左侧的事件选项，单击出现的下拉按钮，在打开的下拉列表中选择【onClick】选项，如图7-110所示。

（6）保存并预览网页，单击标签信息区域后将打开大小为800×600的窗口，并显示"qywh.html"网页中的内容，效果如图7-111所示。

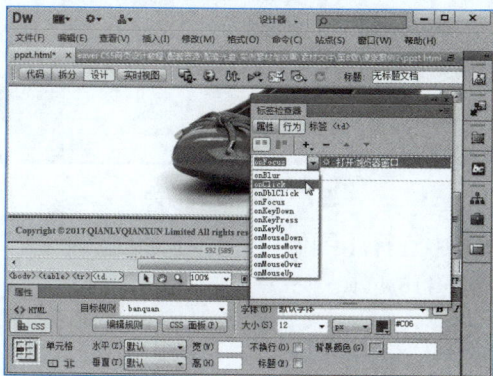

图7-110　设置事件

图7-111　预览效果

3．检查表单

"检查表单"行为主要用于检查表单对象的内容，以保证用户按要求输入或选择了正确的数据类型。比如为文本字段添加"检查表单"行为并使用"onBlur"事件，可使用户填写完该文本字段内容并切换到其他表单对象中时进行检查。添加"检查表单"行为的方法为：打开表单网页，在表单区域中选择需添加行为的表单或表单对象，在"行为"面板中单击"添加行为"按钮，在打开的下拉列表中选择【检查表单】选项，打开"检查表单"对话框，如图7-112所示，按需要进行设置后单击确定按钮即可。

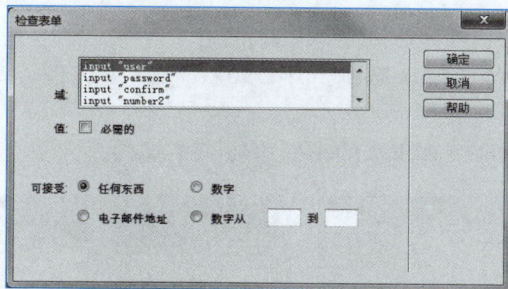

图7-112　"检查表单"对话框

4．交换图像

"交换图像"行为可实现一个图像和另一个图像的交换行为，为网页增加互动性。下面以在"ppzt.html"网页中为图像添加"交换图像"行为为例进行介绍，其具体操作如下。

（1）选择网页右侧的大图，在"属性"面板的"ID"文本框中输入"big"，为其添加ID名称，如图7-113所示。

（2）选择左侧最上方的小图，在"行为"面板中单击"添加行为"按钮，在打开的下拉列表中选择【交换图像】选项，如图7-114所示。

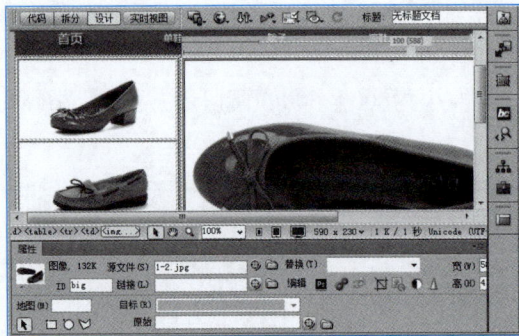

图7-113　添加图像ID名称

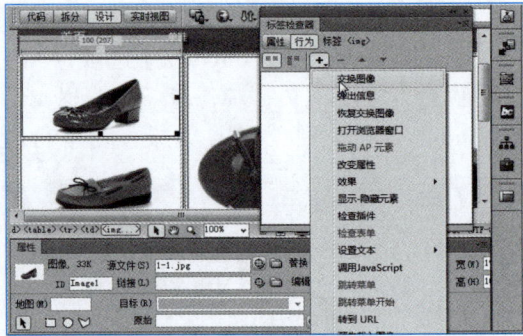

图7-114　选择行为

（3）打开"交换图像"对话框，在"图像"列表框中选择【图像"big"】选项，单击"设定原始档为"文本框右侧的 浏览 按钮，如图7-115所示。

（4）打开"选择图像源文件"对话框，选择提供的"1-2.jpg"图像文件，单击 确定 按钮，如图7-116所示。

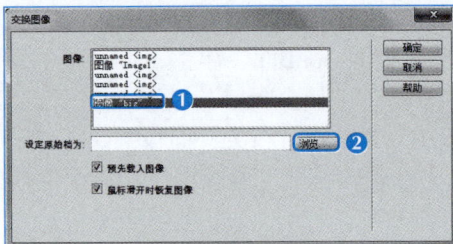

图7-115　选择图像

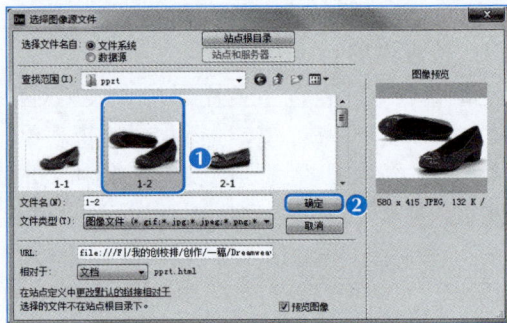

图7-116　选择交换的图像

（5）返回"交换图像"对话框，撤销选中 鼠标滑开时恢复图像 复选框，单击 确定 按钮，如图7-117所示。

（6）在"行为"面板中将所添加行为的事件更改为【onClick】，如图7-118所示。

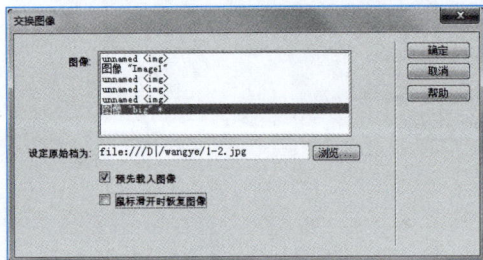

图7-117　设置交换图像其他属性

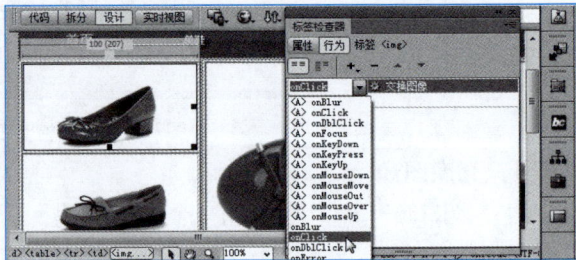

图7-118　设置事件

（7）选择左侧第2张小图，在"行为"面板中单击"添加行为"按钮 ，在打开的下拉列表中选择【交换图像】选项，如图7-119所示。

（8）打开"交换图像"对话框，在"图像"列表框中同样选择【图像"big"】选项，单击"设定原始档为"文本框右侧的 浏览 按钮，如图7-120所示。

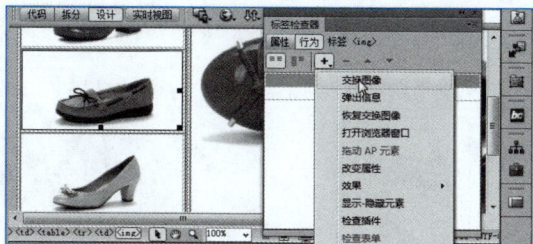

图7-119　选择行为

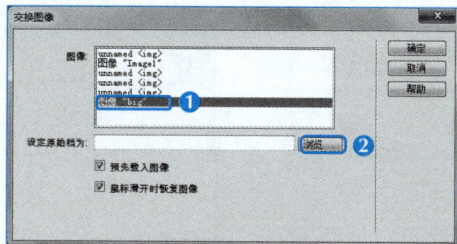

图7-120　选择图像

（9）打开"选择图像源文件"对话框，选择提供的"2-2.jpg"图像文件，单击 确定 按钮，如图7-121所示。

（10）返回"交换图像"对话框，撤销选中 鼠标滑开时恢复图像 复选框，单击 确定 按钮，如图7-122所示。

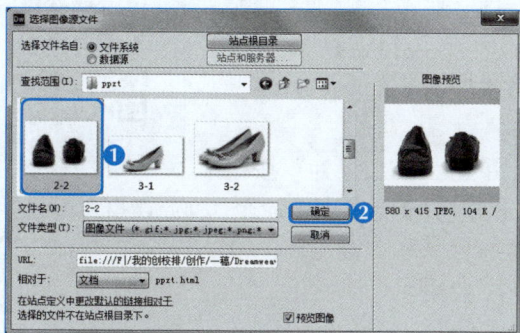

图7-121　选择交换图像

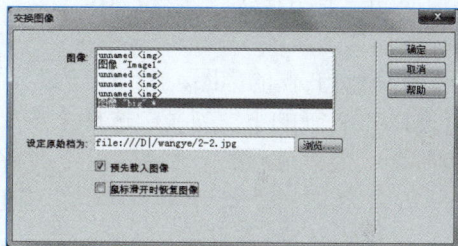

图7-122　设置交换图像的其他属性

（11）在"行为"面板中将所添加行为的事件更改为【onClick】，如图7-123所示。

（12）选择网页左侧第3张小图，按相同方法为其添加"交换图像"行为，事件设置为【onClick】，交换的图像设置为"3-2.jpg"，如图7-124所示。

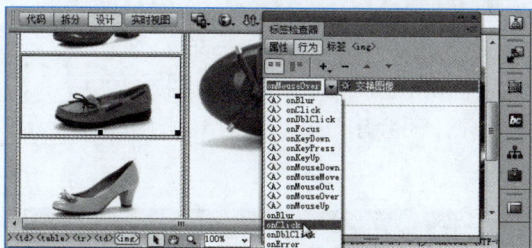

图7-123　设置事件

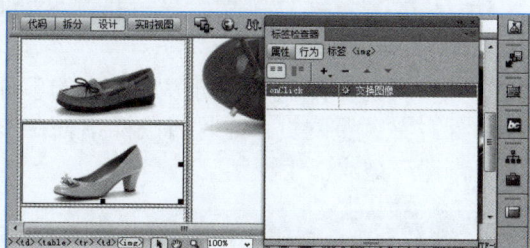

图7-124　添加行为

（13）选择网页左侧第4张小图，为其添加"交换图像"行为，事件设置为【onClick】，交换的图像设置为"4-2.jpg"，如图7-125所示。

（14）保存并预览网页，此时单击左侧任意小图，右侧便将显示对应的大图效果，如图7-126所示。

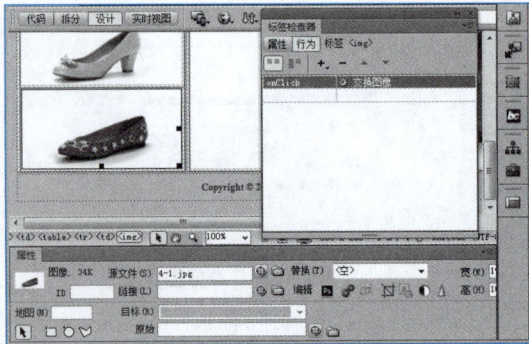

图7-125 添加行为

图7-126 预览效果

5．效果

利用"效果"行为可以为网页中的页面元素添加各种有趣的动态效果，如"增大/收缩""挤压""晃动""显示/渐隐"和"高亮颜色"等。这些效果的设置流程大致相同，下面以在"ppzt.html"网页中为图像添加"显示/渐隐"行为为例，介绍"效果"行为的添加方法，其具体操作如下。

微课视频

效果

（1）选择网页右侧的大图，在"行为"面板中单击"添加行为"按钮 ，在打开的下拉列表中选择【效果】/【显示/渐隐】菜单命令，如图7-127所示。

（2）打开"显示/渐隐"对话框，分别将"渐隐自"和"渐隐到"文本框中的数值设置为"50"和"100"，单击 确定 按钮，如7-128所示。

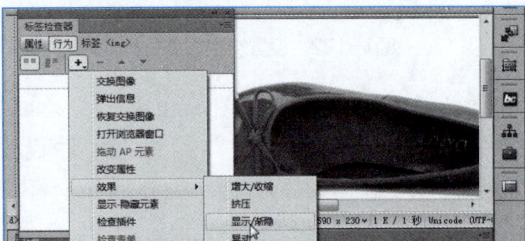

图7-127 选择行为

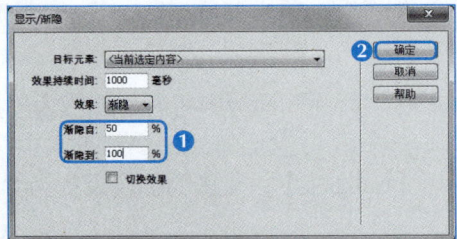

图7-128 设置"显示/渐隐"效果

（3）在"行为"面板中将所添加行为的事件更改为【onMouseMove】，如图7-129所示。

（4）保存并预览网页，此时将鼠标指针移至大图上时，便会出现如图7-130所示的"显示/渐隐"效果。

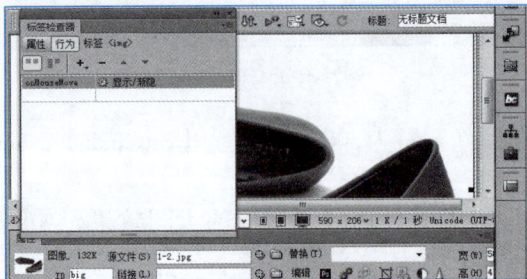

图7-129 设置事件

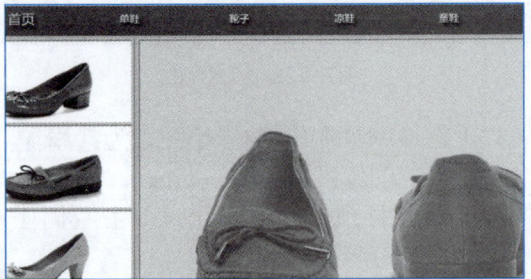

图7-130 预览效果

7.5 项目实训

7.5.1 制作"合作交流"网页

1．实训目标

本实训的目标是通过模板来快速制作合作交流页面，制作时可先创建模板，然后再应用模板，完成的参考效果如图7-131所示。

> **素材所在位置** 素材文件\第7章\项目实训\hzjl\
> **效果所在位置** 效果文件\第7章\项目实训\hzjl\rjdxhzjl.html

微课视频

制作"合作交流"网页

图7-131 "合作交流"网页

2．专业背景

在同一网站的不同页面中，往往有许多相同的版块，如网站Logo、Banner和版权区等，这些内容应尽量利用模板来设计。使用模板时一定要注意以下问题。

- 模板文件决不允许出现错误内容，包括错误的文字、图像和超链接等，否则将直接影响整个网站的专业性。
- 非固定版块不用模板设计，否则非但不能提高效率，修改内容时还会增加无谓的工作量和操作难度。

3．操作思路

根据实训要求，本实训可先创建模板，然后对模板进行编辑，最后通过创建的模板创建网页页面，其操作思路如图7-132所示。

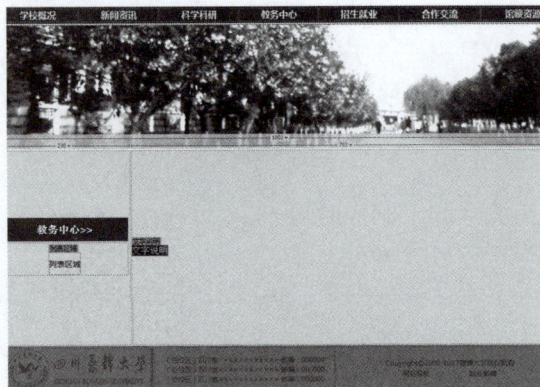

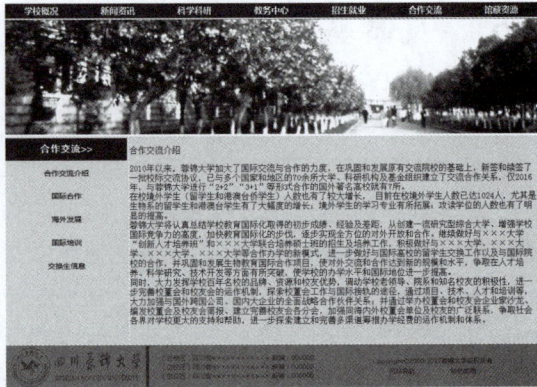

① 创建模板　　　　　　　　　　　　　② 根据模板创建网页

图7-132　"合作交流"网页的操作思路

【步骤提示】

（1）打开"rjdthzjl.html"素材网页，将其另存为模板，在其上创建两个可编辑区域。

（2）保存模板并关闭，然后通过模板新建"rjdxhzjl.html"页面，在可编辑区域中对具体的内容进行编辑。

（3）完成后保存页面，并按【F12】键预览。

7.5.2　制作"在线留言"网页

1．实训目标

本实训的目标是制作"在线留言"网页，该页面的主要信息包括留言者的姓名、邮箱、单位、联系电话、留言性质、留言内容等，完成后的效果如图7-133所示。

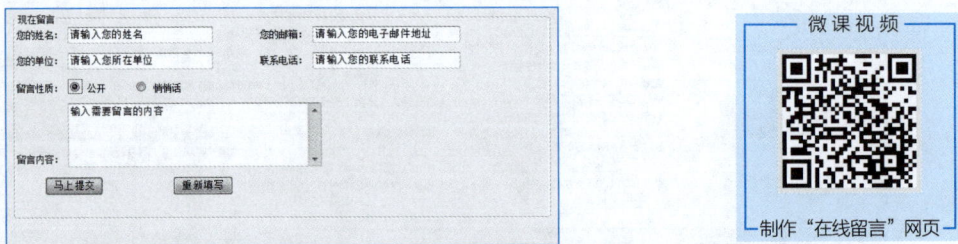

图7-133　"在线留言"网页效果

效果所在位置　效果文件\第7章\项目实训\zxly\message.html

2．专业背景

在实际工作中制作表单页面时需注意以下几个方面，从而提高表单制作的专业水平。

- 制作表单页面前需先插入一个表单，然后向表单中添加各种表单对象，如果没有插入表单而直接插入表单对象，Dreamweaver会弹出对话框询问用户是否添加表单。

- 不要对表单对象进行统一的命名，而应根据实际需要进行不同的设置，否则可能会出现选择混乱。但有时也需要将名称设置为相同，如分别添加了两个单选按钮，如果名称不一样则会出现两个都可选中的情况；如果将两个对象设置为相同的名称，则在网页中将只能选中一个。

● 很多表单页面仅需收集用户的一些文字信息，如用户名、密码、联系方式、出生年月等，如需用户提供一些文件信息，如单独的个人简历、照片等，则可在表单中添加文件域，让用户可以通过单击文件域按钮来向表单中添加附加文件。

3．操作思路

完成本实训需要通过文本字段、单选按钮组、按钮等表单对象的添加来完成制作，其操作思路如图7-134所示。

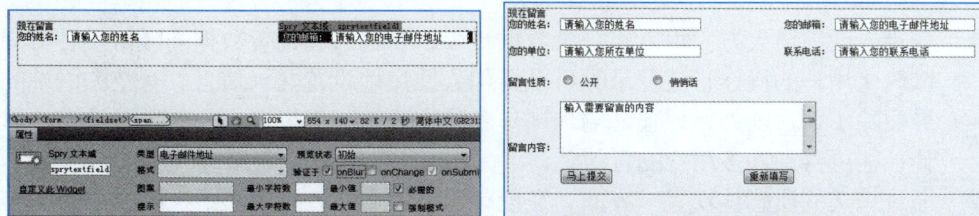

① 创建Div标签并设置相关格式　　② 添加内容并设置超链接及其CSS样式

图7-134　"在线留言"网页的操作思路

【步骤提示】

（1）新建"message.html"网页文件，设置文本大小为"12"，背景颜色为"#FF9"。

（2）插入一个表单标签，添加ID为"name"的Spry验证文本域，设置其字符宽度为"26"，最多字符数为"12"，初始值为"请输入您的姓名"，验证为"onBlur"。

（3）添加ID为"mail"的Spry验证文本域，设置其字符宽度为"26"，最多字符数为"20"，初始值为"请输入您的电子邮件地址"，验证类型为"电子邮件地址"，验证为"onBlur"。

（4）使用相同的方法在下方添加ID为"danwei"的文本字段，添加ID为"phone"的Spry验证文本域，并设置验证类型为"电话号码"。

（5）在下方添加一个单选按钮组，并设置单选按钮为"公开"和"悄悄话"。

（6）在下方添加一个Spry验证文本区域，并添加名称为"马上留言"和"重新填写"的按钮，完成后保存网页即可。

7.5.3　制作"登录"板块

1．实训目标

本实训的目标是完善"蓉锦大学"网站"首页"网页的登录板块，要求实现页面数据与后台的交互，完成后的效果如图7-135所示。

微课视频

制作"登录"板块

素材所在位置　素材文件\第7章\项目实训\d7\
效果所在位置　效果文件\第7章\项目实训\d7\rjdx_sy.html

图7-135　"登录"网页板块效果

2．专业背景

网站中的各种登录页面不仅可以为网站服务器提供用户登录的数据，使管理者及时获取网站访问量等数据，它也是网站能否吸引用户的关键页面之一。越来越多的大型网站把登录页面和首页放在一起设计，由此可见登录页面的重要性。一个出彩的登录界面将提升网站的品质，赋予网站独特的气质，登录界面也是一个发挥情感化设计，提升用户体验，拉近与用户之间距离的重要手段。一般来讲，注意以下几点可使设计的登录界面受到用户欢迎。

- 登录界面简洁大方。可以将登录数据减少，将输入和设置数据的区域设计得更大，以简化用户的操作，使登录时可以更加人性化地设置登录信息。有些的网站的登录界面除了背景以外，只包含输入用户名和密码的文本框以及一个登录按钮，这种设计往往可得到许多用户的青睐。
- 通过精美的质感体现登录界面。在设计登录界面时，也可考虑在网页中单击与登录相关的超链接后，打开一个充满质感的登录界面，比如Apple公司的"iCloud"登录界面就是这种设计的典型案例。这样的设计方法只需占用较小的页面空间，就能使用户更加准确地完成登录操作。
- 合理设计背景。为了更能体现网站的特性，有的网页设计师喜欢在登录页面的背景中添加精美的插图或其他图像，不仅丰富了页面效果，也不会干扰用户进行登录，这也是一种登录页面的设计方法。

3．操作思路

完成本实训可先创建表单，然后向表单中添加各种元素，最后使用行为检查表单，其操作思路如图7-136所示。

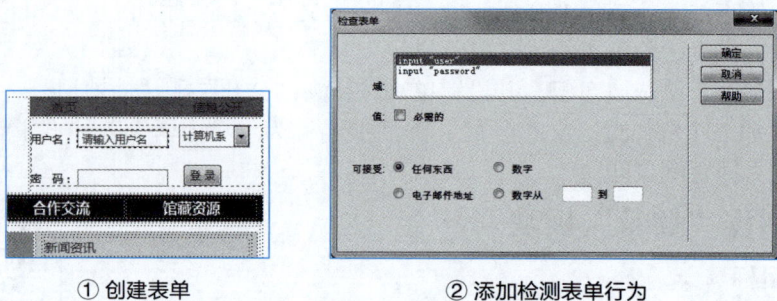

① 创建表单   ② 添加检测表单行为

图7-136 "登录"网页板块的操作思路

【步骤提示】

（1）打开提供的"rjdx_sy.html"素材网页，将右侧的登录板块的表格删除，然后插入一个表单，并添加相关的表单元素。

（2）通过"行为"面板插入一个"检查表单"行为，设置行为为用户名必须输入，且为任何语言；密码必须输入，且为8位数的数字，完成后保存网页即可。

7.6 课后练习

本章主要介绍了模板、库、表单和行为在网页中的应用，包括模板的创建、编辑、应用、更新、删除、脱离；以及"资源"模板的使用，库文件的创建、应用、编辑、更新和分离等知识；以及在Dreamweaver中使用表单和行为的操作，包括表单的作用，表单的创建，各种表单元素的添加和管理，行为的组成，"行为"面板的使用，行为的添加、编辑和删除等操作；以及常用行为的介绍等知识。对于本章的内容，读者应尽量掌握，以便在实际工作中灵活运用，提高网站的制作效率。

练习1：制作"航班查询"网页

本练习要求制作"航班查询"网页，主要通过列表/菜单、按钮来完成，参考效果如图7-137所示。

效果所在位置 效果文件\第7章\课后练习\hbcx\hangban.html

图7-137 "航班查询"网页效果

要求操作如下。

- 新建"hangban.html"网页文件，在其中插入表格，并设置表格属性。
- 添加表单标签，输入文本"出发城市："，在其右侧添加一个ID为"go"的列表/菜单，通过"属性"面板设置其列表值。
- 在下方的单元格中输入文本"到达城市："，复制添加的列表/菜单，将其ID和name修改为"go2"。
- 在下一行单元格中输入文本"出发日期："，在其右侧分别插入ID为"year""month""day"的3个列表/菜单，根据需要设置其列表值。
- 在下一行单元格中输入文本"航空公司："，在其右侧添加一个ID为"corp"的列表/菜单，根据需要设置其列表值。
- 在下一行单元格中输入文本"航段类型："，在其右侧添加ID为"type"的单选按钮组，并分别设置其标签和选定值为"直达、1"和"所有、2"。
- 在最后一行表格中添加按钮，并设置按钮的值为"国内航班实时查询"。保存网页完成网页的制作。

练习2：制作"论坛注册"网页

本练习要求打开"luntan_zc.html"网页文件，根据所学的知识，制作一个论坛用户注册页面，参考效果如图7-138所示。

素材所在位置 素材文件\第7章\课后练习\论坛\
效果所在位置 效果文件\第7章\课后练习\论坛\zhuce.html

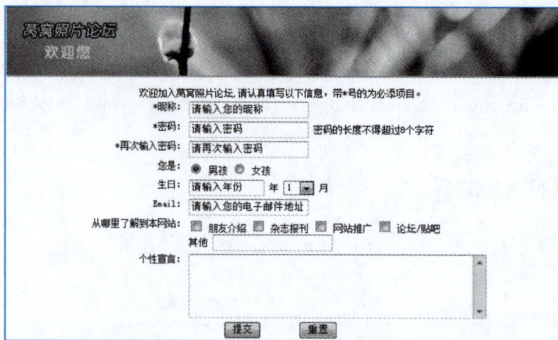

图7-138 "论坛注册"网页效果

要求操作如下。

● 打开"zhuce.html"网页文件，为"昵称"添加Spry验证文本域，为"密码"添加文本字段。

● 为"再次输入密码"添加Spry验证确认，为"您是"添加单选按钮，为"生日"添加文本字段和列表/菜单。

● 为"Email"添加Spry验证文本域并设置其类型为"电子邮件地址"，为"从哪里了解到网站"添加复选框组，为"个性宣言"添加文本区域。

● 最后再添加"提交"和"重置"按钮。

7.7 技巧提升

1．表单制作技巧

下面对表单制作的技巧进行介绍。

● **表单布局优化**：设计表单时，如果表单结构较为复杂或表单元素的位置排列和布局不尽如人意，可以通过表格对其进行结构优化，利用单元格来分隔不同的表单元素，以实现复杂的表单布局，从而设计出布局合理、外观精美的表单。

● **界面外观优化**：默认添加的表单对象的外观是固定的，如果需要设置个性化的外观，可以通过CSS样式来定义并进行美化。如希望制作个性化的按钮效果，可为按钮创建一个专门的CSS样式规则，通过在CSS样式规则中设置按钮文本样式、背景和边框等属性来修饰按钮；也可以直接使用表单对象中的图像域来代替按钮，这样就可以将任何一副图像作为按钮来使用。

● **隐藏与显示表单虚线框**：如果插入表单后网页文档中没有显示出红色虚线框，可选择【查看】/【可视化助理】/【不可见元素】菜单命令显示红色虚线框，再次选择该菜单命令则可隐藏红色虚线框。

● **表单对象的添加途径**：在Dreamweaver CS6中，可以通过3种途径来添加表单对象，第一种是"插入"工具栏中的"表单"选项卡；第二种是选择【插入】/【表单】菜单命令，在打开的子菜单中选中需要的表单对象；第三种是选择【插入】/【Spry】菜单命令，在打开的子菜单中可选择需要的Spry验证构件。

2．使用Spry验证表单结构

Spry表单构件是Dreamweaver CS6中的一项基于AJAX的框架的表单功能。在网页中使用它可以向访问者提供更丰富的体验以及对表单信息的验证。其添加方式是：在需要插入Spry的位置定位插入点，选择【插入】/【Spry】菜单命令，在打开的子菜单中选择相关的命令即可，下面主要对一些常用的Spry验证表单构件进行介绍。

- **验证文本域**：Spry验证文本域与普通文本域的不同之处在于，它是在普通文本域的基础上对用户输入的内容进行验证，并根据验证结果向用户发出相应的提示信息。其添加方法与添加普通的文本域方法类似。
- **验证文本区域**：Spry验证文本区域其实就是多行的Spry验证文本域。Spry验证文本区域的"属性"面板与Spry验证文本域的类似，不同的是添加了"计数器"和"禁止额外字符"属性。
- **验证复选框**：与传统复选框相比，Spry验证复选框的最大特点是当用户单击选中或撤销选中该复选框时会提供相应的操作提示信息。如"至少要求选择一项"或"最多能同时选择几项"等。添加Spry验证复选框后，即可在"属性"面板中对其属性进行设置。
- **验证选择**：Spry验证选择其实就是在"列表/菜单"的基础上增加了验证功能，它可以对用户选择的菜单选项值进行验证，当出现异常（如选择的值无效时）则进行提示。插入后需先在"列表/菜单"中进行列表值和其他属性的设置，然后单击Spry验证选择标签，在"属性"面板中进行相关设置，Spry验证选择的属性与其他对象的不同之处在于"不允许"栏中的两个复选框。
- **验证密码**：Spry 验证密码构件是一个密码文本域，可用于强制执行密码规则（如字符的数目和类型）。该构件根据用户的输入提供警告或错误消息。
- **验证确认**：Spry验证确认构件是一个文本域或密码表单域，当用户输入的值与同一表单中类似域的值不匹配时，该构件将显示有效或无效状态。如向表单中添加一个验证确认构件，要求用户重新键入在上一个域中指定的密码。如果用户未能完全一样地键入之前指定的密码，构件将返回错误消息，提示两个值不匹配。
- **验证单选按钮组**：验证单选按钮组构件是一组单选按钮，可支持对所选内容进行验证。该构件可强制从组中选择一个单选按钮。

3．调用JavaScript

"调用JavaScript"行为可以使设计者使用"行为"面板指定一个自定义功能，或当一个事件发生时执行一段JavaScript代码，其方法是：在文档中选择触发行为的对象，然后从行为列表中选择"调用JavaScript"选项，打开"调用JavaScript"对话框，在文本框中输入JavaScript代码或函数名，如图7-139所示。单击 确定 按钮关闭对话框，在"行为"面板中将事件设置为【onClick】即可。

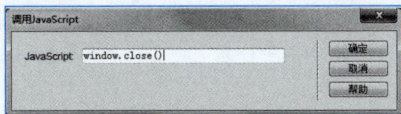

图7-139　"调用JavaScript"对话框

4．设置预先载入图像

当网页中包含很多图像，但一些图像在下载时不能同时被下载，需要显示这些图像时，浏览器再次向服务器请求指令继续下载图像，这样会给网页的浏览造成一定程度的延迟，这时就可以使用"预先载入图像"行为将不显示出来的图片预先载入浏览器的缓冲区，其方法是：在文档中选择触发行为的对象，然后从行为列表中选择【预先载入图像】选项，打开"预先载入图像"对话框，在"图像源文件"文本框中可选择图像的源文件，然后单击 ➕ 按钮将其添加到"预先载入图像"列表框中，如图7-140所示。单击 确定 按钮关闭对话框。

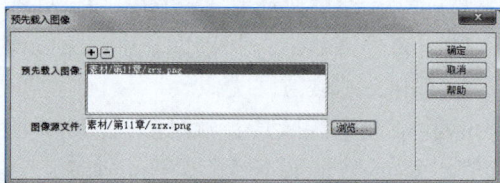

图7-140　"预先载入图像"对话框

5．获取更多网络行为

Dreamweaver虽然预置了一些行为，但很难满足我们学习或工作上的需要。此时可利用其提供的"获取更多行为"功能在网上下载并使用更多的行为。

单击"行为"面板上的"添加行为"按钮 ➕，在打开的下拉列表中选择【获取更多行为】选项，稍后将自动启动计算机中已安装的浏览器，并访问Adobe公司的官方网站，在其中便可下载更多的行为（Adobe官网上的大多数文件都是免费提供的，但也有少部分需要收费，这类文件的特点在于右上方会出现 Buy 按钮），其方法为：在网站中单击【Dreamweaver】超链接，在打开的网页中查找需要的行为文件，单击 Download 按钮即可下载使用。

需要注意的是，行为文件的扩展名通常为".mxp"，也有部分行为文件直接以网页的形式提供，对于这种行为，可以直接复制行为相应的代码进行使用。

CHAPTER 8

第8章

制作ASP动态网页

情景导入

　　掌握了表单的制作方法后，米拉对于表单中的"提交"按钮很疑惑，输入表单中的数据，最后提交到什么地方了呢？老洪告诉米拉，制作动态网页，表单中的数据就可以被提交到网站后台，供网站管理人员查看和管理。

学习目标

● 掌握配置动态网页数据源的方法

　　如了解动态网页配置基础、安装与配置IIS、使用Access创建数据表、创建与配置动态站点、创建数据源等。

● 掌握"登录数据管理"网页的制作方法

　　如创建记录集、插入记录、插入重复区域、分页记录集等。

● 掌握"加入购物车"网页的制作方法

　　如创建数据表、连接数据源、绑定记录集、插入字段、使用记录表单向导等。

案例展示

网友登录数据管理

编号	登录名称	登录密码
1	冷风@1014	18456287
2	雄霸天下2013	25841236
3	绝对秋	87413205
		上一页　　　下一页

2017春季新款时尚羊皮单鞋

产品货号: 20170046587
产品尺寸: 34
产品颜色: 黄色
购买数量: 3
加入购物车

▲ "登录数据管理"页面效果　　　　▲ "加入购物车"页面效果

8.1 课堂案例：配置动态网页数据源

米拉听了老洪的解释后，对动态网页制作非常感兴趣，老洪告诉她要想制作出动态网页，需要进行一系列准备工作，否则无法实现动态网页功能。

本案例涉及IIS的创建与配置、Access数据表的创建、动态站点的配置以及数据源的创建等。图8-1所示即为利用Access数据库软件创建的"user"数据表的结构。下面具体讲解动态网页数据源的配置方法。

效果所在位置 效果文件\第8章\课堂案例\d1sig1\userinfo.accdb

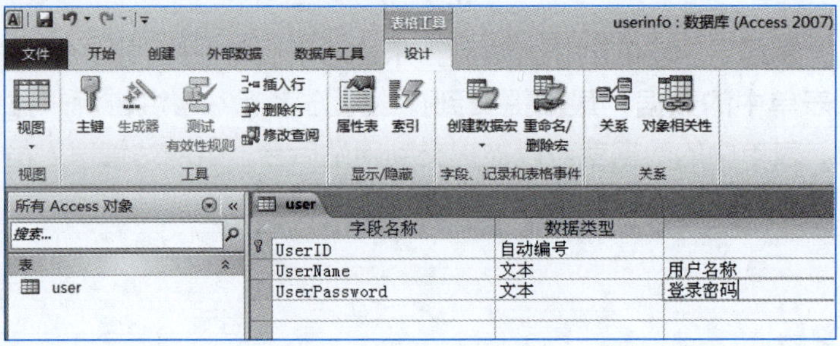

图8-1 "user"数据表

8.1.1 动态网页基础

动态网页技术是可以对网页数据进行动态管理的网页制作技术。在制作动态网页之前，有必要对动态网页的相关基础知识进行讲解。

1．认识动态网页

本书前面制作的扩展名为".html"的页面文件均代表静态网页，动态网页的扩展名多以".asp" ".jsp" ".php"等形式出现，这是二者在文件名上的区别。另外，动态网页并不是指网页上会出现各种动态效果，如动画或滚动字幕等，而是指这类网页可以从数据库中提取数据并及时显示在网页中，也可通过页面收集用户在表单中填写的各种信息以便于数据的管理，这些都是静态网页所不具备的强大功能。

总地来说，动态网页具有以下几个方面的特点。

● 动态网页以数据库技术为基础，可以极大地降低网站数据维护的工作量。
● 动态网页可以实现用户注册、用户登录、在线调查和订单管理等各种功能。
● 动态网页并不是独立存在于服务器上的网页，只有当用户请求时服务器才会返回一个完整的网页。

2．将网页另存为模板

目前主流的动态网页开发语言主要有ASP、ASP.NET、PHP、JSP和ColdFusion等，在选择开发技术时，应该根据其语言的特点，以及所建网站适用的平台综合进行考虑。下面对这几种语言的特点进行讲解。

（1）ASP

ASP是Active Server Pages的缩写，中文含义是"活动服务器页面"。自从Microsoft推出了ASP后，它以其强大的功能、简单易学的特点受到广大Web开发人员的喜欢。不过它只能在Windows平台下使用，虽然它可以通过增加控件而在Linux下使用，但是其功能最强大的DCOM控件却不能使用。ASP作为Web开发的最常用的工具，具有许多突出的特点，分别介绍如下。

- **简单易学**：使用VBScript、JavaScript等简单易懂的脚本语言，结合HTML代码，即可快速地完成网站应用程序的开发。
- **构建的站点维护简便**：Visual Basic非常普及，如果用户对VBScript不熟悉，还可以使用JavaScript或Perl等其他技术编写ASP页面。
- **可以使用标记**：所有可以在HTML文件中使用的标记语言都可用于ASP文件中。
- **适用于任何浏览器**：对于客户端的浏览器来说，ASP和HTML几乎没有区别，仅仅是后缀的区别，当客户端提出ASP申请后，服务器将"<%"和"%>"之间的内容解释成HTML语言并传送到客户端的浏览器上，浏览器接受的只是HTML格式的文件，因此，它适用于任何浏览器。
- **运行环境简单**：只要在计算机上安装IIS或PWS，并把存放ASP文件的目录属性设为"执行"，即可直接在浏览器中浏览ASP文件，并看到执行的结果。
- **支持COM对象**：在ASP中使用COM对象非常简便，只需一行代码就能够创建一个COM对象的事例。用户既可以直接在ASP页面中使用Visual Basic和Visual C++中各种功能强大的COM对象，同时还可创建自己的COM对象，直接在ASP页面中使用。

> **知识提示**
>
> ### 如何打开ASP网页
>
> ASP网页是以.asp为扩展名的纯文本文件，可以用任何文本编辑器（例如记事本）对ASP网页进行打开和编辑操作，也可以采用一些带有ASP增强支持的编辑器（如Microsoft Visual InterDev和Dreamweaver）简化编程工作。

（2）ASP.NET

ASP.NET是一种编译型的编程框架，它的核心是NGWS runtime，除了和ASP一样可以采用VBScript和JavaScript作为编程语言外，还可以用VB和C#来编写，这就决定了它功能的强大，可以进行很多低层操作而不必借助于其他编程语言。

ASP.NET是一个建立服务器端Web应用程序的框架，它是ASP 3.0的后继版本，但并不仅仅是ASP的简单升级，而是Microsoft推出的新一代Active Server Pages脚本语言。ASP.NET是微软发展的新型体系结构.NET的一部分，它的全新技术架构会让每一位用户的网络生活都变得更简单，它吸收了ASP以前版本的最大优点，并参照Java、VB语言的开发优势加入了许多新的特色，同时也修正了以前的ASP版本的运行错误。

（3）PHP

PHP是编程语言和应用程序服务器的结合，PHP的真正价值在于它是一个应用程序服务器，而且它是开发程序，任何人都可以免费使用，也可以修改源代码。PHP的特点如下。

- **开放源码**：所有的PHP源码都可以得到。
- **没有运行费用**：PHP是免费的。
- **基于服务器端**：PHP是在Web服务器端运行的，PHP程序可以很大、很复杂，但不会降低客户端的运行速度。
- **跨平台**：PHP程序可以运行在UNIX、Linux、Windows操作系统下。

- **嵌入HTML**：因为PHP语言可以嵌入到HTML内部，所以PHP容易学习。
- **简单的语言**：与Java和C++不同，PHP语言坚持以基本语言为基础，它可支持任何类型的Web站点。
- **效率高**：和其他解释性语言相比，PHP系统消耗较少的系统资源。当PHP作为Apache Web服务器的一部分时，运行代码不需要调用外部二进制程序，服务器解释脚本不需要承担任何额外负担。
- **分析XML**：用户可以组建一个可以读取XML信息的PHP版本。
- **数据库模块**：PHP支持任何ODBC标准的数据库。

（4）JSP

JSP（Java Server Pages）是由Sun公司倡导、许多公司参与并一起建立的一种动态网页技术标准。JSP为创建动态的Web应用提供了一个独特的开发环境，能够适应市场上包括Apache WebServer和IIS在内的大多数服务器产品。

JSP与Microsoft的ASP在技术上虽然非常相似，但也有许多的区别，ASP的编程语言是VBScript之类的脚本语言，JSP使用的是Java，这是两者最明显的区别。此外，ASP与JSP还有一个更为本质的区别：两种语言引擎用完全不同的方式处理页面中嵌入的程序代码。在ASP下，VBScript代码被ASP引擎解释执行；在JSP下，代码被编译成Servlet并由Java虚拟机执行，这种编译操作仅在对JSP页面的第一次请求时发生。JSP有如下几个特点。

- **动态页面与静态页面分离**：脱离了硬件平台的束缚，以及编译后运行等方式，大大提高了其执行效率，使其逐渐成为因特网上的主流开发工具。
- **以"<%"和"%>"作为标识符**：JSP和ASP在结构上类似，不同的是，在标识符之间的代码ASP为JavaScript或VBScript脚本，而JSP为Java代码。
- **网页表现形式和服务器端代码逻辑分开**：作为服务器进程的JSP页面，首先被转换成Servlet（一种服务器端运行的Java程序）。
- **适应平台更广**：多数平台都支持Java，JSP+JavaBean可以在所有平台下通行无阻。
- **JSP的效率高**：JSP在执行以前先被编译成字节码（Byte Code），字节码由Java虚拟机（Java Virtual Machine）解释执行，比源码解释的效率高；服务器上还有字节码的Cache机制，能提高字节码的访问效率。第一次调用JSP网页可能稍慢，因为它被编译成Cache，以后更快。
- **安全性更高**：JSP源程序不大可能被下载，特别是JavaBean程序完全可以放在不对外的目录中。
- **组件（Component）方式更方便**：JSP通过JavaBean实现了功能扩充。
- **可移植性好**：从一个平台移植到另外一个平台，JSP和JavaBean甚至不用重新编译，因为Java字节码都是标准的，与平台无关。在NT下的JSP网页可直接在Linux下运行。

3．动态网页的开发流程

要创建动态网站，首先应确定使用哪种网页语言，如ASP、ASP.NET、PHP、JSP等，然后确定需要哪种数据库，如Access、MySQL、Oracle、Sybase等，接着确定用哪种网站开发工具来开发动态网页，如Dreamweaver、Frontpage等，然后需要确定服务器，以便先对其进行安装和配置，并利用数据库软件创建数据库及表，最后在网站开发工具中创建站点并开始动态网页的制作。

在制作动态网页的过程中，一般先制作静态页面，然后创建动态内容，即创建数据库、请求变量、服务器变量、表单变量、预存过程等内容。将这些源内容添加到页面中，最后对整个页面进行测试，测试通过即可完成该动态页面的制作；如果未通过，则需进行检查修改，直至通过为止。最后将完成本地测试的整个网站上传到 Internet 申请的空间中，再次进行测试，测试成功后就可正式运行。

4．Web 服务器

Web 服务器的功能是根据浏览器的请求提供文件服务，它是动态网页不可或缺的工具之一。目前常见的 Web 服务器有 IIS、Apache、Tomcat 等几种。

- **IIS：** IIS 是 Microsoft 公司开发的功能强大的 Web 服务器，它可以在 Windows NT 以上的系统中对 ASP 动态网页提供有效的支持，虽然不能跨平台的特性限制了其使用范围，但 Windows 操作系统的普及使它得到了广泛的应用。IIS 主要提供 FTP、HTTP、SMTP 等服务，它使 Internet 成为了一个正规的应用程序开发环境。
- **Apache：** Aapche 是一款非常优秀的 Web 服务器，是目前世界市场占有量最高的 Web 服务器，它为网络管理员提供了非常多的管理功能，主要用于 UNIX 和 Linux 平台，也可在 Windows 平台中使用。Apache 的特点是简单、快速、性能稳定，并可作为代理服务器来使用。
- **Tomcat：** Tomcat 是 Apache 组织开发的一种 JSP 引擎，本身具有 Web 服务器的功能，可以作为独立的 Web 服务器来使用。但是在作为 Web 服务器方面，Tomcat 处理静态 HTML 页面时不如 Apache 迅速，也没有 Apache 稳定，所以一般将 Tomcat 与 Apache 配合使用，让 Apache 对网站的静态页面请求提供服务，而 Tomcat 作为专用的 JSP 引擎，提供 JSP 解析，以得到更好的性能。

8.1.2　安装与配置 IIS

IIS 是最适合初学者使用的服务器，下面介绍如何对 Web 服务器进行安装和配置，其具体操作如下。

（1）选择【开始】/【控制面板】菜单命令，在打开的"控制面板"窗口中单击【卸载程序】超链接，在打开的窗口中单击【打开或关闭 Windows 功能】超链接，如图 8-2 所示。

（2）打开"Windows 功能"对话框，展开【Internet 信息服务】选项，单击选中【Web 管理工具】选项下的所有子目录，如图 8-3 所示。

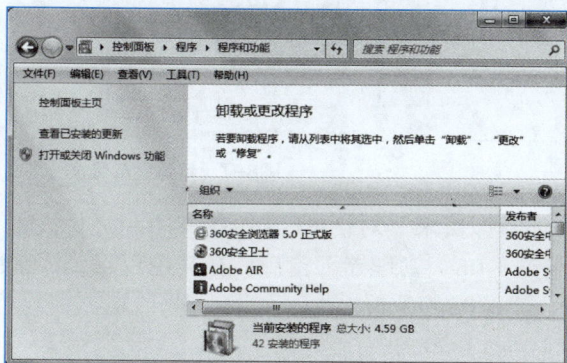

微课视频

安装与配置 IIS

183

图8-2　打开程序功能窗口

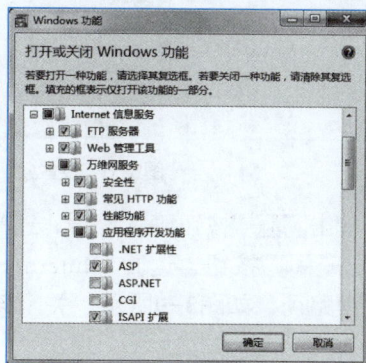

图8-3　设置 Internet 信息服务

（3）单击 确定 按钮即可安装选中的功能。

（4）返回"控制面板"窗口，单击【管理工具】超链接，打开"管理工具"窗口，双击
【Internet信息服务（IIS）管理器】选项，如图8-4所示。

（5）打开"Internet信息服务（IIS）管理器"窗口，在左侧列表中展开并选择【Default Web
Site】选项，在右侧列表中双击【ASP】选项，如图8-5所示。

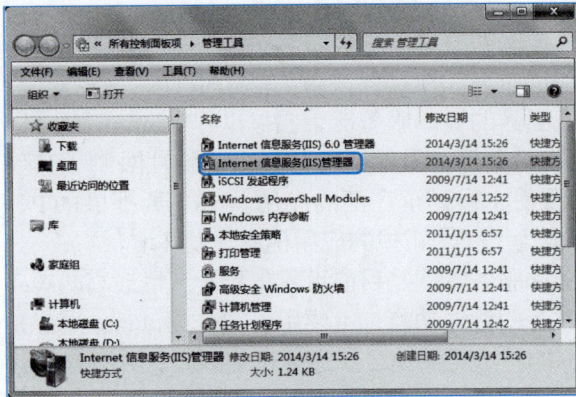

图8-4 打开信息管理器

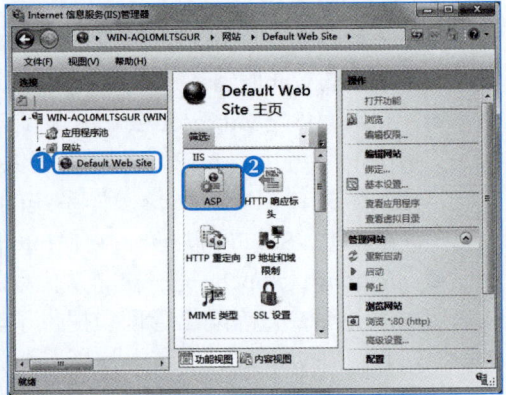

图8-5 设置Default Web Site主页

（6）在"行为"目录下的"启用父路径"属性的右侧将值设置为"True"，然后单击右侧
的【应用】超链接确认，如图8-6所示。

（7）在左侧的"Default Web Site"选项上单击鼠标右键，在弹出的快捷菜单中选择【添
加虚拟目录】命令，打开"添加虚拟目录"对话框，在其中设置别名为"sfw"，单击
按钮，打开"浏览文件夹"对话框，在其中选择F盘下的"sfw"文件夹，如图8-7
所示。

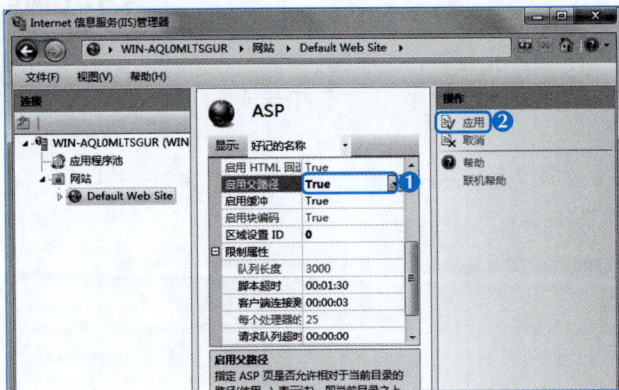

图8-6 设置父路径

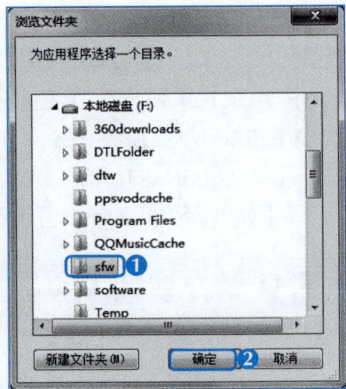

图8-7 新建虚拟目录

（8）单击 确定 按钮确认设置，返回"添加虚拟目录"对话框，按图8-8所示进行设置，单
击 确定 按钮，返回"Internet信息服务（IIS）管理器"窗口，在其中可看到添加的物
理路径，如图8-9所示。关闭该窗口，完成IIS的配置。

图8-8 完成目录创建

图8-9 查看创建的目录

8.1.3 使用Access创建数据表

Access是Office办公组件之一，用于创建和管理数据库。为获取动态网页中的数据，需要使用数据库收集和管理这些数据。下面以在Access 2010中创建数据表为例，介绍使用Access创建数据表的方法，其具体操作如下。

微课视频

使用 Access 创建
数据表

（1）启动Access 2010，打开"Access 2010"的操作界面，选择【文件】/【新建】菜单命令，在打开的界面中单击"空数据库"按钮，再单击当前窗口右侧的"浏览文件"按钮。

（2）打开"文件新建数据库"对话框，将保存位置设置为D盘下的"login"文件夹，将文件名设置为"userinfo.accdb"，单击 确定 按钮，如图8-10所示。

（3）返回Access窗口，单击"创建"按钮，如图8-11所示。

（4）创建空数据库后，在窗口中单击【表格工具/字段】选项卡，选择【视图】组，单击"视图"按钮，在打开的下拉列表中选择【设计视图】选项，如图8-12所示。

185

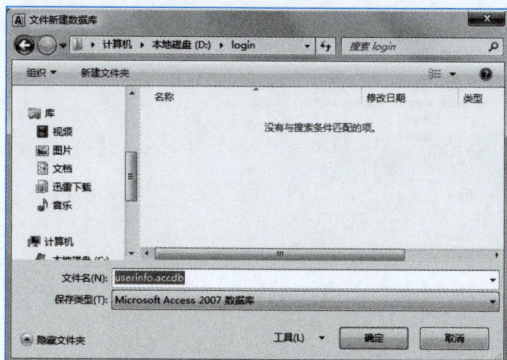

图8-10 设置数据库名称和位置

图8-11 创建数据库

（5）此时将自动打开"另存为"对话框，在"表名称"文本框中输入"user"，单击 确定 按钮，保存默认创建的空数据表，如图8-13所示。

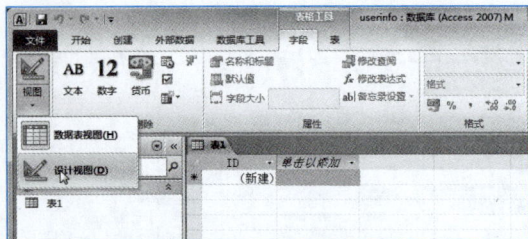

图8-12　切换视图模式

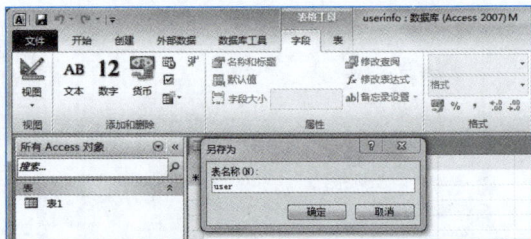

图8-13　保存数据表

（6）在"字段名称"栏下的空单元格中输入"UserID"，如图8-14所示。

（7）在"字段名称"栏下的第2个单元格中输入"UserName"，将对应的数据类型设置为"文本"，并添加"用户名称"说明，如图8-15所示。

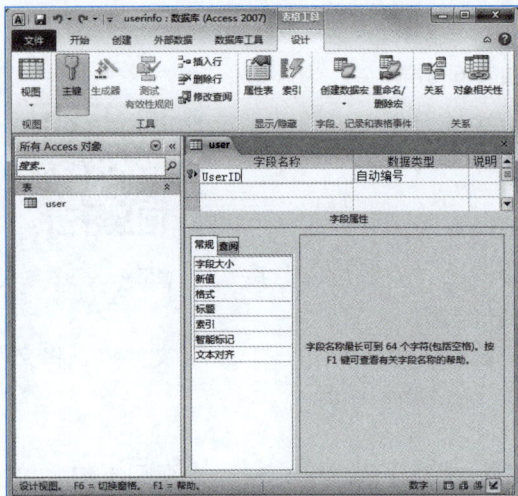

图8-14　添加表字段

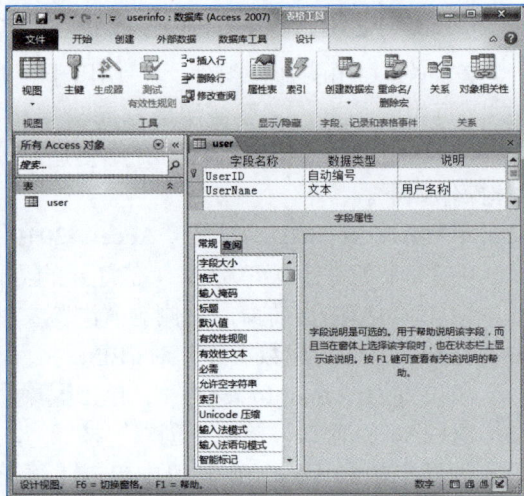

图8-15　添加表字段

（8）按相同方法添加名称为"UserPassword"的字段，数据类型为"文本"，说明内容为"登录密码"，如图8-16所示。按【Ctrl+S】组合键保存后关闭Access 2010即可。

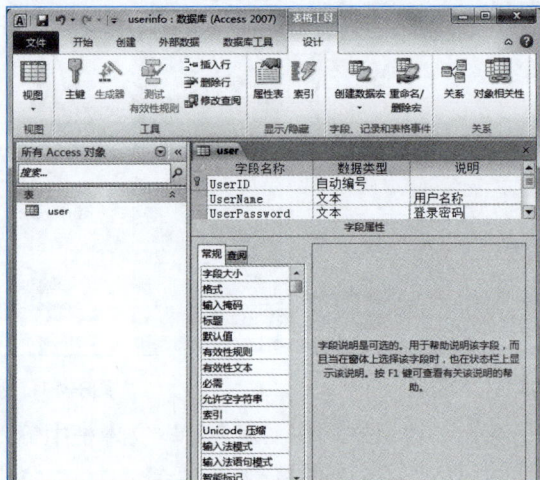

图8-16　添加表字段

8.1.4 创建与配置动态站点

为了让动态网页与数据库文件相关联，需要在Dreamweaver中创建与配置动态站点。下面以创建并配置名为"login"的动态站点为例进行介绍，其具体操作如下。

（1）在Dreamweaver操作界面中选择【站点】/【新建站点】菜单命令，如图8-17所示。

（2）在打开对话框左侧的列表框中选择【站点】选项，将站点名称设置为"login"，将本地站点文件夹设置为D盘下的"login"文件夹，如图8-18所示。

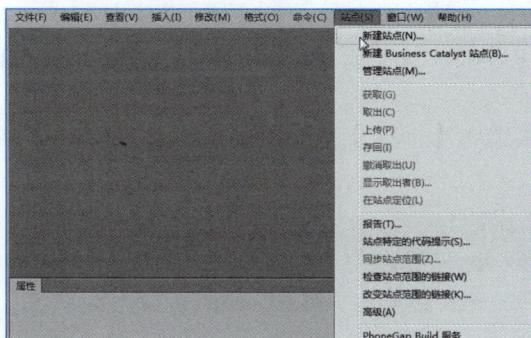

微课视频

创建与配置动态站点

图8-17 新建站点

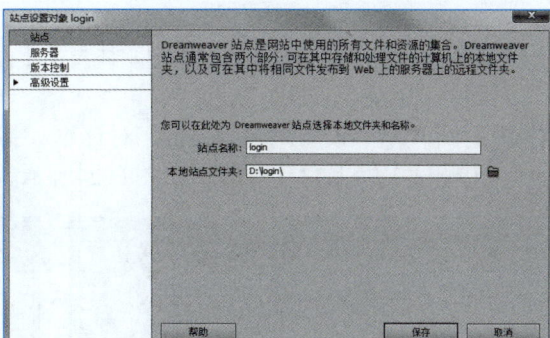

图8-18 设置站点名称和文件夹

187

（3）在左侧的列表框中选择【服务器】选项，单击右侧界面中的"添加"按钮 ，如图8-19所示。

（4）打开设置服务器的界面，在"服务器名称"文本框中输入"login"，在"连接方法"下拉列表框中选择【本地/网络】选项，单击"服务器文件夹"文本框右侧的"浏览文件夹"按钮 ，如图8-20所示。

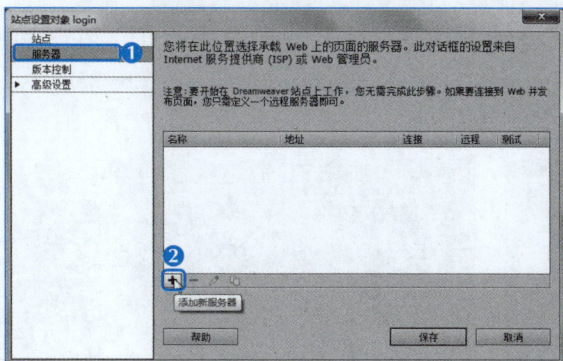

图8-19 添加服务器

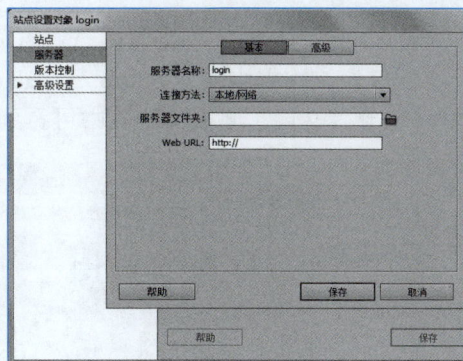

图8-20 配置服务器基本信息

（5）打开"选择文件夹"对话框，选择并双击站点中的"login"文件夹，然后单击 选择(S) 按钮，如图8-21所示。

（6）在返回界面的"Web URL"文本框中输入"http://localhost/login/"，单击上方的 高级 按钮，如图8-22所示。

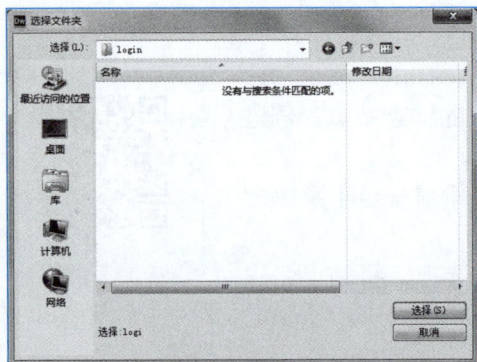

图8-21　选择文件夹

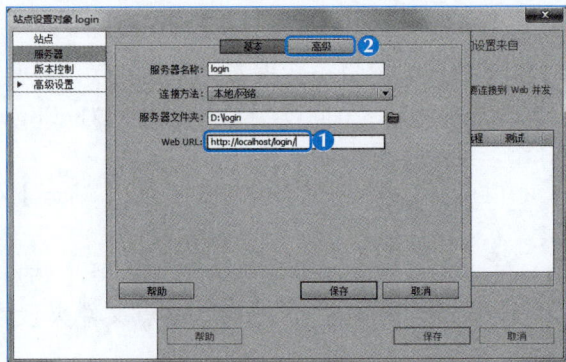

图8-22　设置"Web URL"地址

（7）在"服务器模型"下拉列表框中选择【ASP VBScript】选项，单击 保存 按钮，如图8-23所示。

（8）返回"站点设置对象 login"对话框，撤销选中【远程】栏下的复选框，并单击选中【测试】栏下的复选框，如图8-24所示。

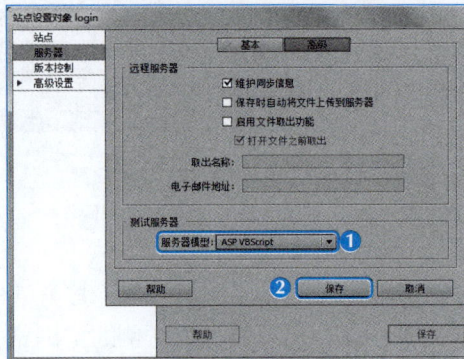

图8-23　设置服务器模型

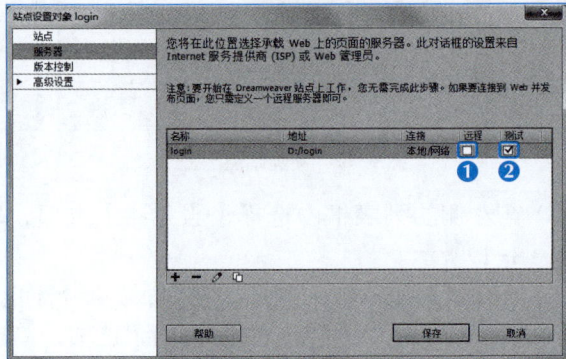

图8-24　设置测试服务器

（9）在对话框左侧的列表框中选择【高级设置】栏下的【本地信息】选项，在"Web URL"文本框中输入"http://localhost/login/"，单击 保存 按钮，如图8-25所示。

（10）打开"文件"面板，在其中可看到创建的站点内容，如图8-26所示。

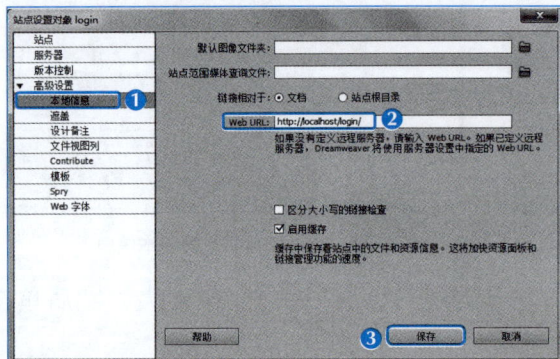

图8-25　设置服务器地址

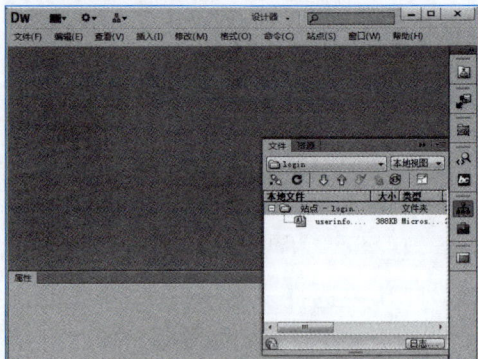

图8-26　完成站点的创建

8.1.5　创建数据源

创建动态站点后，还需要创建数据源，使动态网页中的数据能直接与数据库中的数据相关联。下面以新建ASP动态网页，并在其中创建数据源为例进行介绍，其具体操作如下。

（1）打开"控制面板"窗口，在其中单击【管理工具】超链接，打开"管理工具"窗口，继续双击其中的"数据源"图标，如图8-27所示。

（2）打开"ODBC 数据源管理器"对话框，单击其中的 添加(D)... 按钮，如图8-28所示。

图8-27　启用数据源工具

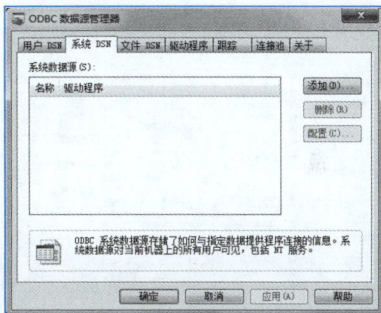

图8-28　添加系统数据源

（3）打开"创建新数据源"对话框，在"名称"列表框中选择【Microsoft Access Driver（*.mdb，*.accdb）】选项，单击 确定 按钮，如图8-29所示。

（4）打开"ODBC Microsoft Access 安装"对话框，在"数据源名"文本框中输入"conn"，在"说明"文本框中输入"用户登录数据"，单击"数据库"栏中的 选择(S)... 按钮，如图8-30所示。

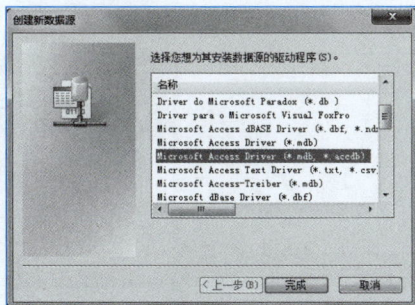

189

图8-29　选择数据源驱动程序

图8-30　设置数据库

（5）打开"选择数据库"对话框，在"驱动器"下拉列表框中选择D盘对应的选项，双击上方列表框中的"login"文件夹，并在左侧的列表框中选择前面创建的"userinfo.accdb"数据库文件，单击 确定 按钮，如图8-31所示。

（6）返回"ODBC Microsoft Access 安装"对话框，单击 确定 按钮，如图8-32所示。

（7）创建ASP VBScript动态页面，单击 创建(R) 按钮，如图8-33所示。

（8）选择【窗口】/【数据库】菜单命令，打开"数据库"面板，单击其中的"添加"按钮，在打开的下拉列表中选择【数据源名称（DSN）】选项，如图8-34所示。

图8-31　选择数据库文件

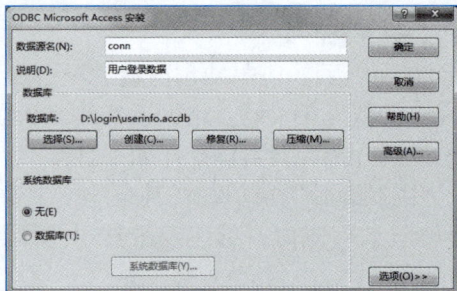

图8-32　确认设置

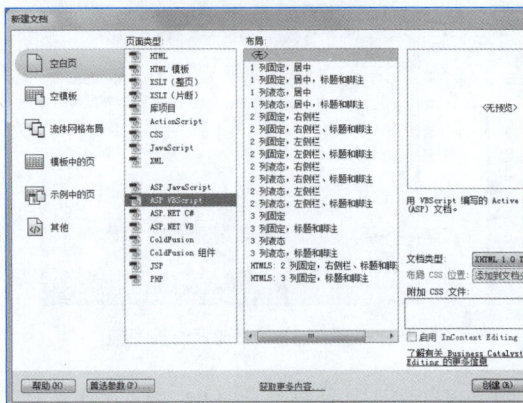

图8-33　新建ASP网页

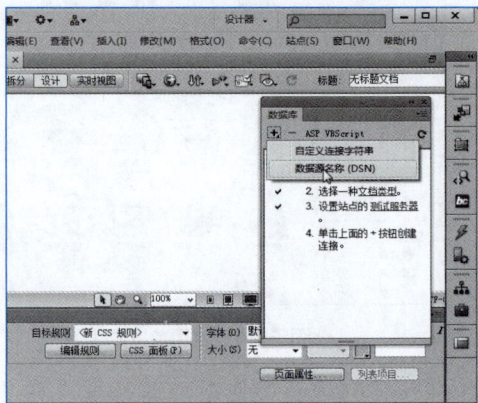

图8-34　新建数据源

（9）打开"数据源名称（DSN）"对话框，在"连接名称"文本框中输入"testconn"，在"数据源名称"下拉列表框中选择"conn"，单击 确定 按钮，如图8-35所示。

（10）完成数据源的创建，此时"数据库"面板中将出现"testconn"数据源，展开该目录后可看到前面已创建好的"user"数据表，如图8-36所示。

图8-35　设置连接名称

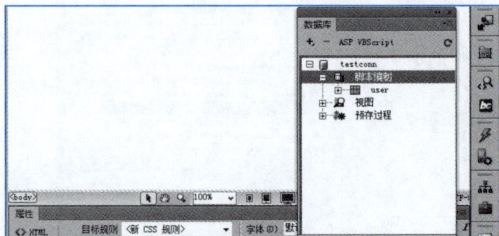

图8-36　完成创建

8.2　课堂案例：制作"登录数据管理"网页

做好动态网页的各项准备工作后，老洪让米拉制作"登录数据管理"网页，要求该网页能够实时地反映数据库中登录数据的内容。

要完成"登录数据管理"网页的制作，涉及记录集的创建、记录的插入、重复区域的插入以及记录集的分页等操作。如图8-37所示即为"登录数据管理"网页制作前后的对比效果。下面具体讲解该网页的制作方法。

素材所在文件 素材文件\第8章\课堂案例\dlsjgl\
效果所在位置 效果文件\第8章\课堂案例\dlsjgl\user.asp

网友登录数据管理		
编号	登录名称	登录密码
1	冷风@1014	18456287
2	雄霸天下2013	25841236
3	绝对秋	87413205
	上一页	下一页

网友登录数据管理		
编号	登录名称	登录密码

图8-37 "登录数据管理"动态网页的制作效果

8.2.1 创建记录集

创建记录集可以将数据表中的各字段绑定到站点中，以便在动态网页中插入记录。下面以在"user.asp"网页中创建记录集为例，介绍记录集创建的方法，其具体操作如下。

（1）将提供的"user.asp"和"userinfo.accdb"素材文件复制到电脑中的"D:\login"文件夹下。

（2）打开"user.asp"文件，选择【窗口】/【绑定】菜单命令，打开"绑定"面板，单击"添加"按钮 ，在打开的下拉列表中选择【记录集（查询）】选项，如图8-38所示。

（3）打开"记录集"对话框，在"名称"文本框中输入"mes"，在"连接"下拉列表框中选择"testconn"选项，在"排序"下拉列表框中选择"UserID"选项，在右侧的下拉列表框中选择"升序"选项，单击 确定 按钮，如图8-39所示。

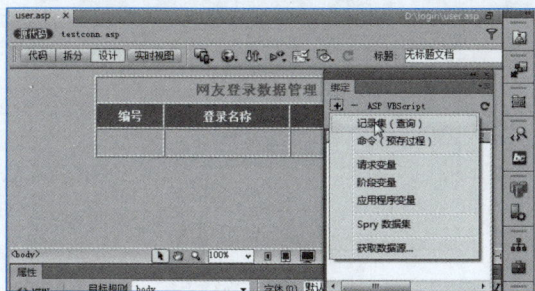

微课视频

创建记录集

191

图8-38 添加记录集

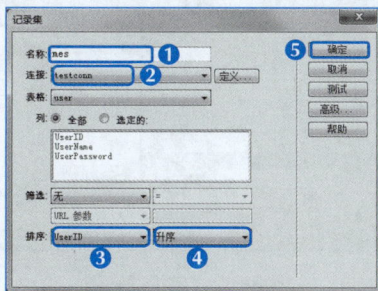

图8-39 设置记录集

（4）此时"绑定"面板中将显示添加的记录集，单击其左侧的"展开"按钮 ，如图8-40所示。

（5）展开添加记录集中包含的内容，此内容便是后面需要使用到的动态数据字段，如图8-41所示。

图8-40　添加的记录集

图8-41　展开记录集

8.2.2　插入记录

添加了记录集后，便可在动态网页中插入需要用到的记录集中的各记录字段，只有插入了字段的动态网页，才能实时显示数据库中的数据内容。下面以在"user.asp"网页中插入记录为例进行介绍，其具体操作如下。

微课视频

插入记录

（1）将插入点定位到网页表格中"编号"项目下的第1个单元格中，然后按【Ctrl+M】组合键插入一行单元格，将插入点定位到第1个单元格中，在"绑定"面板中选择插入记录集中的"UserID"选项，单击 插入 按钮，如图8-42所示。
（2）此时插入点所在单元格将插入"mes"记录中的"UserID"字段，效果如图8-43所示。
（3）将插入点定位到网页表格中"登录名称"项目下的第1个单元格中，在"绑定"面板中选择插入记录集中的"UserName"选项，单击 插入 按钮，如图8-44所示。
（4）此时插入点所在单元格中将插入"mes"记录中的"UserName"字段，效果如图8-45所示。

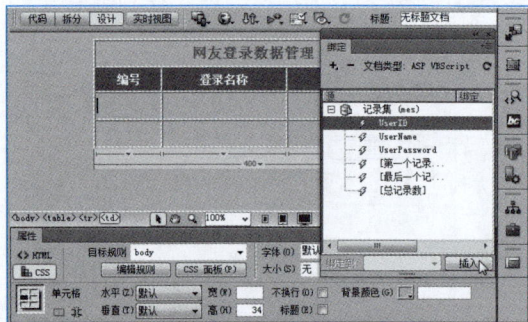

图8-42　定位插入点

图8-43　插入字段

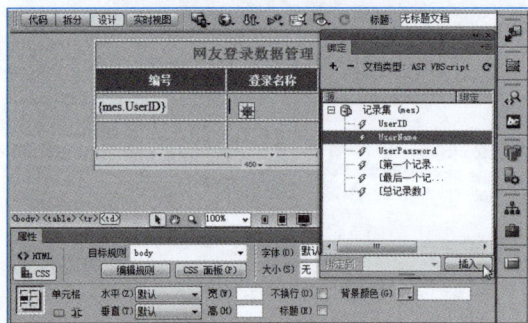

图8-44　定位插入点

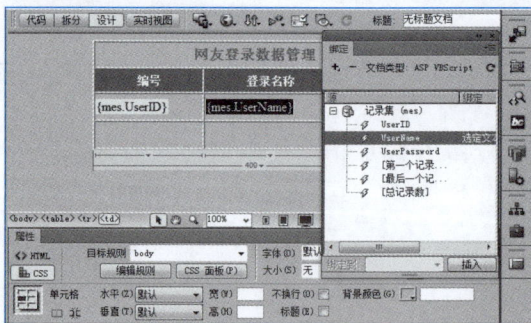

图8-45　插入字段

（5）继续将插入点定位到网页表格中"登录密码"项目下的第1个单元格中，在"绑定"面板中选择插入记录集中的"UserPassword"选项，单击 插入 按钮，如图8-46所示。

（6）此时插入点所在单元格中将插入"mes"记录中的"UserPassword"字段，效果如图8-47所示。

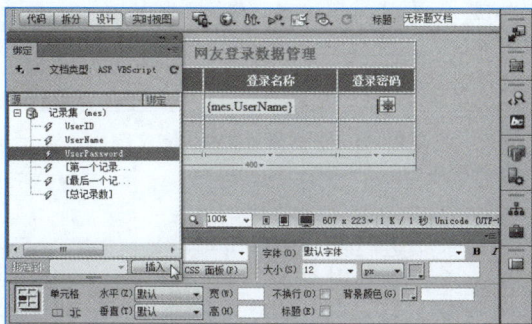

图8-46 定位插入点

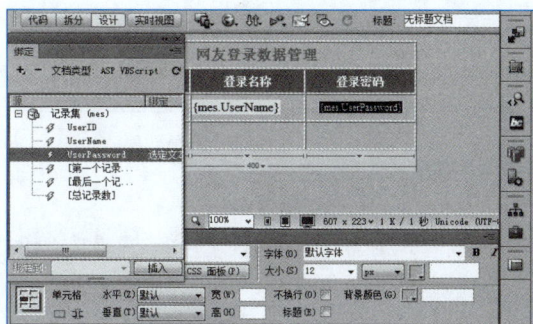

图8-47 插入字段

8.2.3 插入重复区域

为了快速显示多个相同的记录内容，即在表格中显示多个用户的登录情况，避免一一插入对应的记录字段，可为已插入的字段设置重复区域，使其自动显示数据库中的多项内容。下面以在"user.asp"网页中插入重复区域为例进行介绍，其具体操作如下。

微课视频

插入重复区域

（1）将鼠标指针移至插入的记录字段所在行左侧，当其变为➡形状时单击鼠标选择整行单元格，如图8-48所示。

（2）选择【窗口】/【服务器行为】菜单命令，打开"服务器行为"对话框，单击"添加"按钮 ，在打开的下拉列表中选择【重复区域】选项，如图8-49所示。

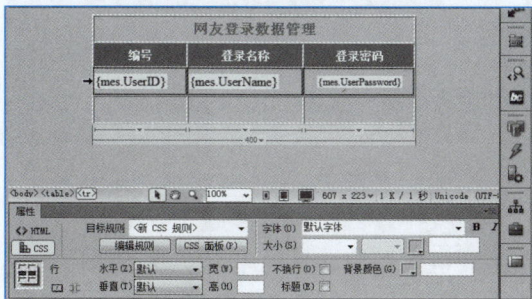

图8-48 选择行

图8-49 插入重复区域

（3）打开"重复区域"对话框，默认"记录集"下拉列表框中选择的"mes"选项，将显示记录的数量设置为"3"，单击 确定 按钮，如图8-50所示。

（4）此时所选行左上角将显示"重复"字样，代表该区域中插入了重复区域，效果如图8-51所示。

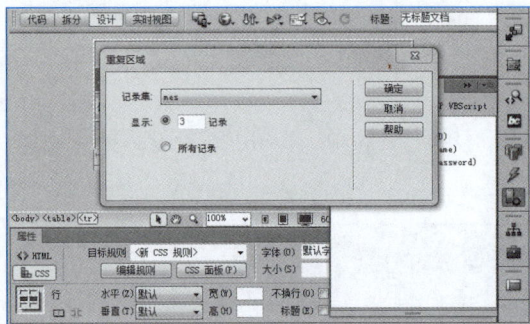

图8-50　设置重复记录数量

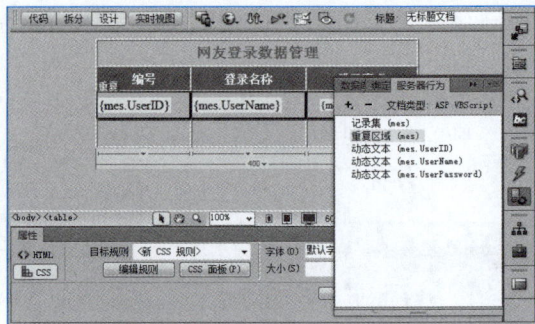

图8-51　完成重复区域的插入

8.2.4　分页记录集

当网页中无法同时显示所有记录内容时，可对记录集进行分页处理，通过单击类似"上一页"或"下一页"的超链接来切换记录显示页面，从而更有效地利用有限的网页空间。下面以在"user.asp"网页中分页记录集为例进行介绍，其具体操作如下。

（1）将插入点定位到第3行最右侧的单元格中，单击"服务器行为"面板中的"添加"按钮，在打开的下拉列表中选择【记录集分页】/【移至前一条记录】选项，如图8-52所示。

（2）打开"移至前一条记录"对话框，默认设置，直接单击　确定　按钮，如图8-53所示。

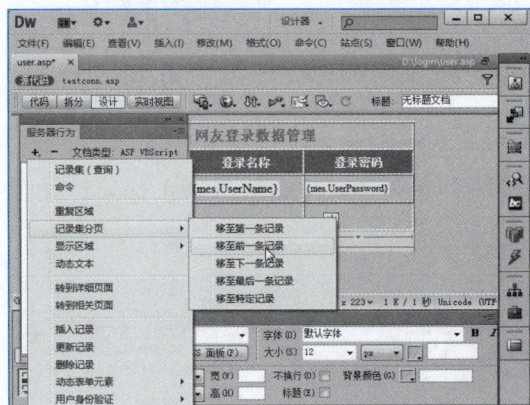

图8-52　插入记录集分页

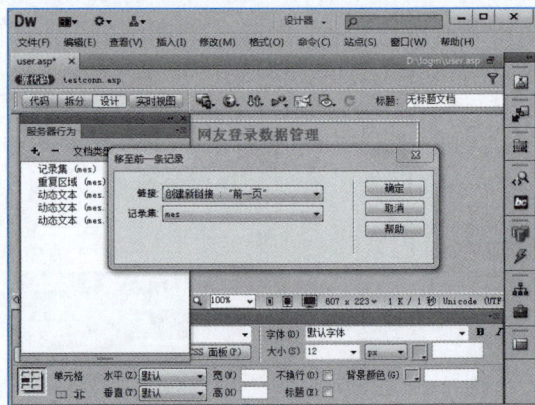

图8-53　设置链接目标

（3）此时插入点所在位置将插入内容为"前一页"的超链接对象，如图8-54所示。

（4）在插入的超链接后插入若干空格，并取消空格的链接目标，然后单击"服务器行为"面板中的"添加"按钮，在打开的下拉列表中选择【记录集分页】/【移至下一条记录】选项，如图8-55所示。

（5）打开"移至下一条记录"对话框，默认设置，直接单击　确定　按钮，如图8-56所示。

（6）此时插入点所在位置将插入内容为"下一个"的超链接对象，如图8-57所示。

（7）切换到代码视图，将超链接显示的内容分别更改为"上一页"和"下一页"，如图8-58所示。

（8）返回设计视图，保存设置的网页，如图8-59所示。

图8-54 插入的记录集分页

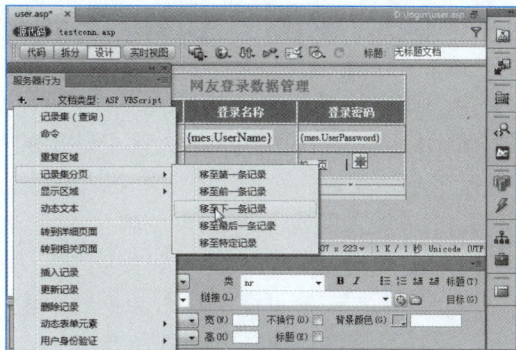

图8-55 插入记录集分页

图8-56 设置链接目标

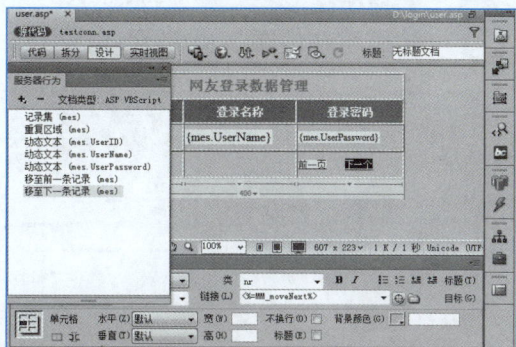

图8-57 插入的记录集分页

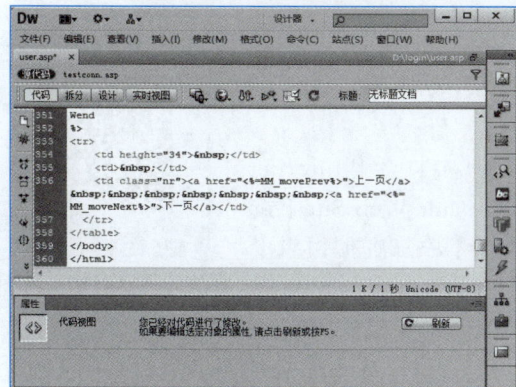

图8-58 更改代码

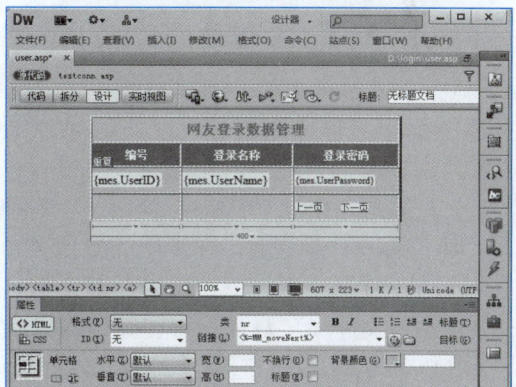

图8-59 保存设置

（9）预览网页，此时表格中将自动获取连接的数据表中的数据，并显示在网页中，根据设置的重复区域数量，表格将显示3条数据内容，效果如图8-60所示。

（10）单击"下一页"超链接将显示数据表中的其他未显示的数据记录，效果如图8-61所示。

图8-60 预览效果

图8-61 切换页面

8.3　课堂案例：制作"加入购物车"网页

　　为了让米拉能更熟练地掌握动态网页的制作，老洪让米拉接着制作"加入购物车"网页，使用户可以在此页面中输入需要购买的产品信息，如尺寸大小、颜色和购买数量等，然后通过单击"加入购物车"按钮将这些信息显示到确认购买的页面。

　　制作"加入购物车"网页同样涉及记录集的创建、记录的插入和重复区域的插入等内容，同时还将涉及"插入记录表单向导"功能的使用。图8-62所示即为制作的"加入购物车"网页效果，在该页面中输入数据后单击"加入购物车"按钮，可跳转到相应的确认购物页面。下面具体讲解该网页的制作方法。

　　素材所在文件　素材文件\第8章\课堂案例\jrgwc\
　　效果所在位置　效果文件\第8章\课堂案例\jrgwc\buy.asp、shop.asp

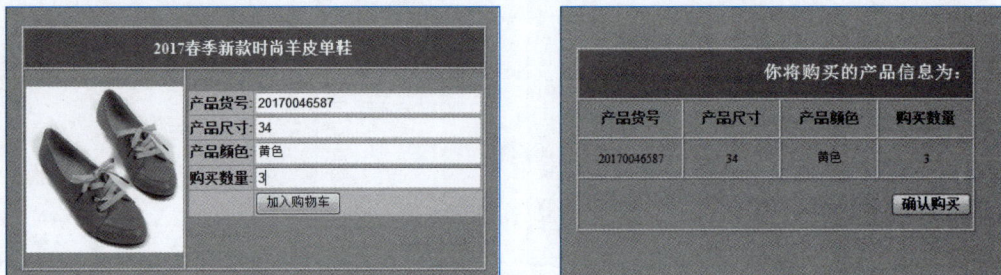

图8-62　"加入购物车"动态网页的制作效果

8.3.1　配置IIS和动态站点

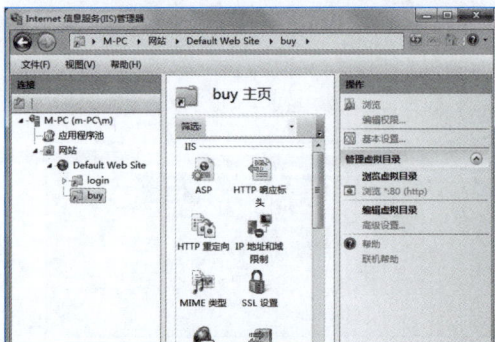

微课视频

　　制作"加入购物车"网页之前，同样需要对IIS和动态站点进行创建和配置，其具体操作如下。

（1）利用控制面板打开"管理工具"窗口，并在其中打开"Internet信息服务（IIS）管理器"窗口，在左侧的【Default Web Site】选项上单击鼠标右键，在弹出的快捷菜单中选择【添加虚拟目录】

配置IIS和动态站点

　　命令，打开"添加虚拟目录"对话框，在其中设置别名为"buy"，单击⬜按钮，打开"浏览文件夹"对话框，在其中选择D盘下的"buy"文件夹，如图8-63所示。

（2）在Dreamweaver中选择【站点】/【新建站点】菜单命令，创建动态站点，其中站点名称为"buy"，站点文件夹为"D:\buy\"，如图8-64所示。

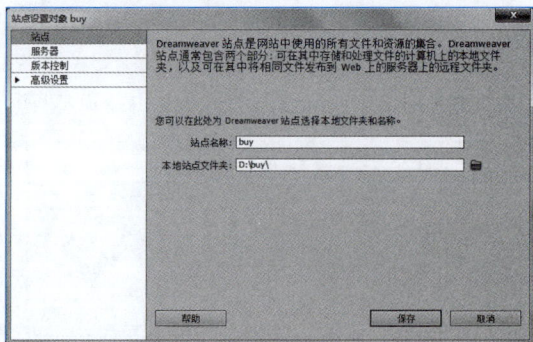

图8-63　创建IIS　　　　　　　　　　图8-64　设置站点名称和位置

（3）设置站点服务器的名称为"buy"，连接方法为"本地/网络"，服务器文件夹为"D:\buy"，Web URL地址为"http://localhost/buy/"，如图8-65所示。

（4）在"高级"栏中将动态站点的服务器模型设置为"ASP VBScipt"，单击【保存】按钮，如图8-66所示。

（5）取消远程服务器功能，并设置为测试服务器，如图8-67所示。

（6）将Web URL地址为"http://localhost/buy/"，如图8-68所示。

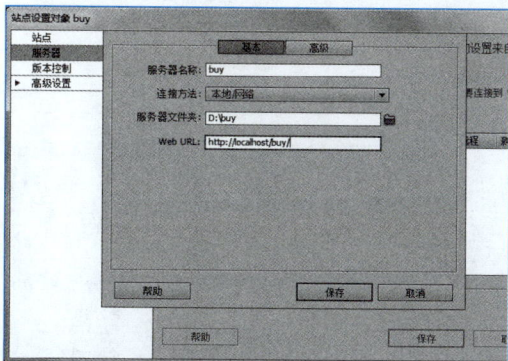

图8-65 设置服务器基本参数　　　　　　　　　图8-66 设置服务器模型

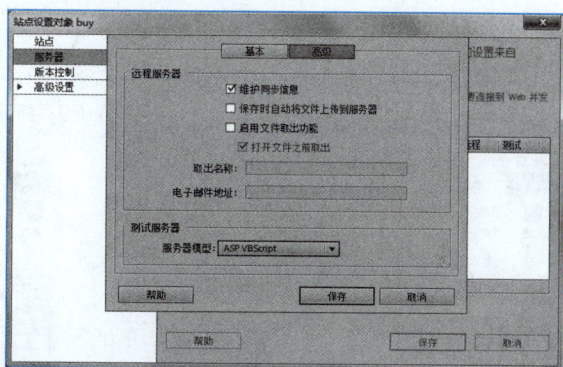

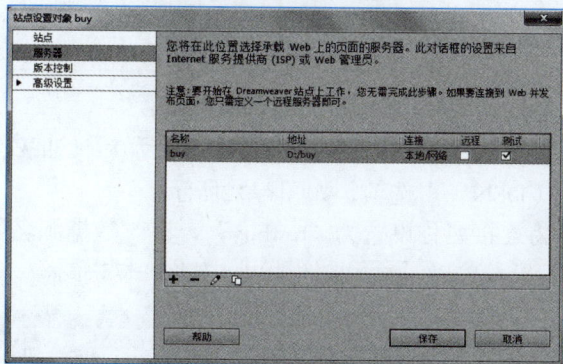

图8-67 设置测试服务器　　　　　　　　　图8-68 设置Web URL地址

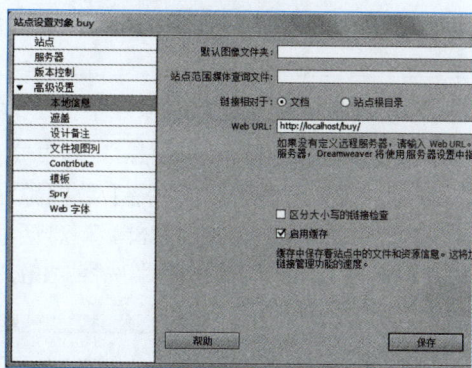

8.3.2 创建数据表并链接数据源

完成IIS和动态站点的配置后，接下来需要利用Access创建数据表，并在Dreamweaver中连接数据源。下面以创建名为"buy.accdb"的数据库为例，再次介绍数据表的创建和数据源的连接方法，其具体操作如下。

微课视频

创建数据表并链接数据源

（1）利用"开始"菜单启动Access 2010，单击【文件】选项卡，在左侧的列表框中选择【新建】选项，选择【空数据库】选项，设置文件名称为"buy.accdb"，保存在D盘的"buy"文件夹中，单击"创建"按钮，如图8-69所示。

（2）切换到设计视图，在打开的"另存为"对话框的"表名称"文本框中输入"buy"，单击【确定】按钮，如图8-70所示。

（3）切换到设计视图，创建4个字段，包括名称、数据类型和说明内容，具体如图8-71所示。最后保存并关闭Access，完成数据表的创建。

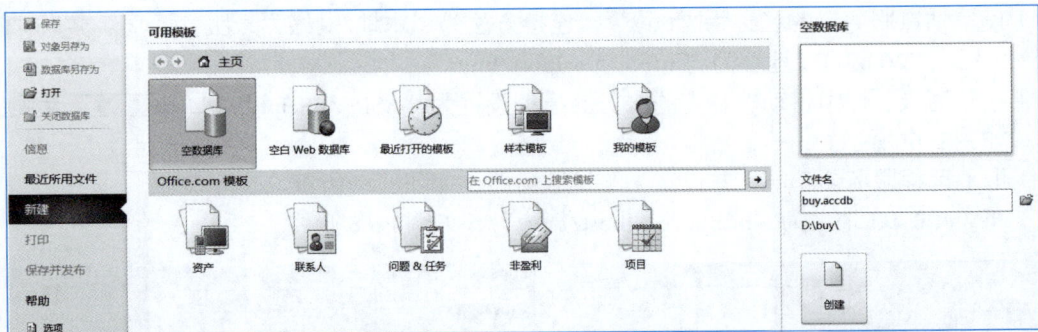

图8-69 新建空数据库

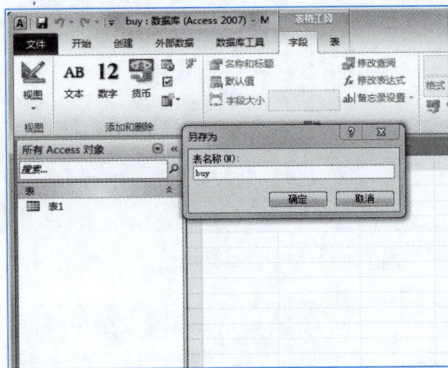

图8-70 重命名数据表

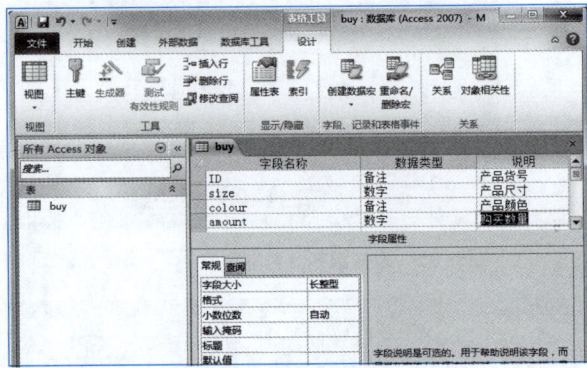

图8-71 设置数据表字段

（4）打开素材提供的"shop.asp"网页文件，打开"数据库"面板，单击"添加"按钮 ![+]，在打开的下拉列表中选择【数据源名称（DSN）】选项，如图8-72所示。

（5）打开"数据源名称（DSN）"对话框，将连接名称设置为"testbuy"，在"数据源名称（DSN）"下拉列表框中选择"buy"选项，单击 ![确定] 按钮即可，如图8-73所示。

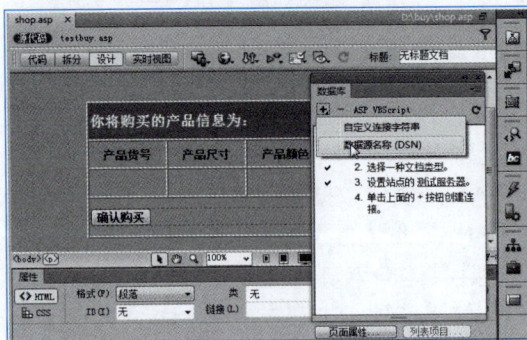

图8-72 连接数据源

图8-73 设置数据源名称

知识提示

"数据源名称"下拉列表框无法选择"buy"选项

若出现"数据源名称"下拉列表框无法选择"buy"选项的情况，是因为没有向系统的数据库中添加该数据库，单击右侧的 ![定义...] 按钮，在打开的对话框中按照前面介绍的创建数据源的方法操作即可。

8.3.3 绑定记录集并插入字段

完成以上工作后，即可将记录集中的字段插入到网页中以获取数据表中的数据。下面以在"shop.asp"网页中绑定记录集并插入字段为例进行介绍，其具体操作如下。

微课视频

绑定记录集并插入字段

（1）在"shop.asp"网页中打开"绑定"面板，单击"添加"按钮█，在打开的下拉列表中选择【记录集（查询）】选项，如图8-74所示。

（2）打开"记录集"对话框，在"名称"文本框中输入"mes"，在"连接"下拉列表框中选择"testbuy"选项，在"排序"下拉列表框中选择"ID"选项，在右侧的下拉列表框中选择"升序"选项，然后单击██确定██按钮，如图8-75所示。

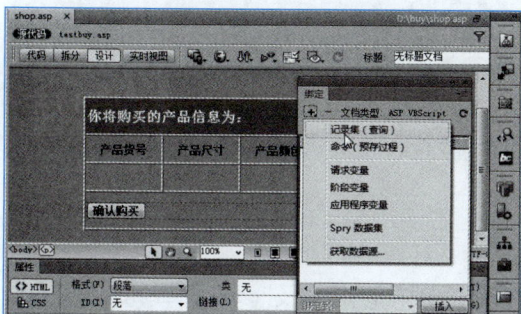

199

图8-74 绑定记录集 　　　　图8-75 设置记录集参数

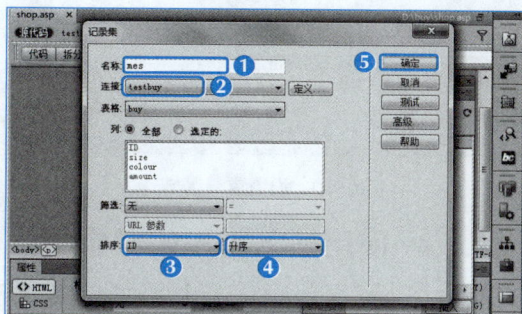

（3）将插入点定位到"产品货号"栏下的空白单元格中，展开"绑定"面板中绑定的记录集，选择"ID"字段选项，单击██插入██按钮，如图8-76所示。

（4）此时插入点所在的单元格中便将出现选择的记录字段，如图8-77所示。

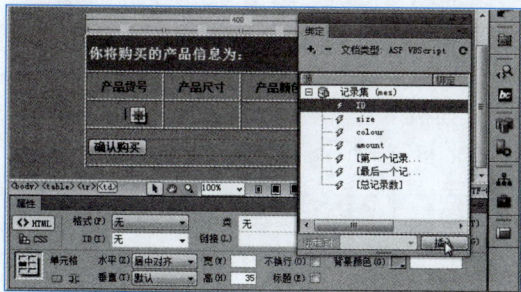

图8-76 选择字段 　　　　图8-77 插入字段

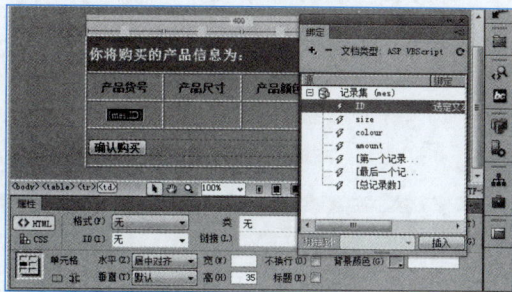

（5）按照相同的方法，利用"绑定"面板中的██插入██按钮将其他字段分别插入到网页中对应的空单元格中，如图8-78所示。

（6）选择记录字段所在的整行单元格，打开"服务器行为"面板，单击"添加"按钮█，在打开的下拉列表中选择【重复区域】选项，如图8-79所示。

图8-78 插入其他字段 　　　　图8-79 添加重复区域

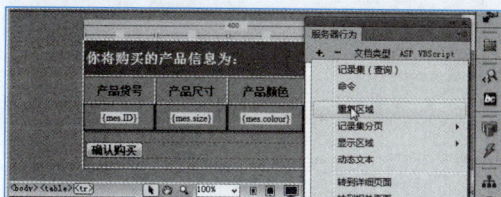

（7）打开"重复区域"对话框，在"记录集"下拉列表框中选择"mes"选项，单击选中 ⊙所有记录 单选项，单击 确定 按钮，如图8-80所示。

（8）完成重复区域的添加，效果如图8-81所示。

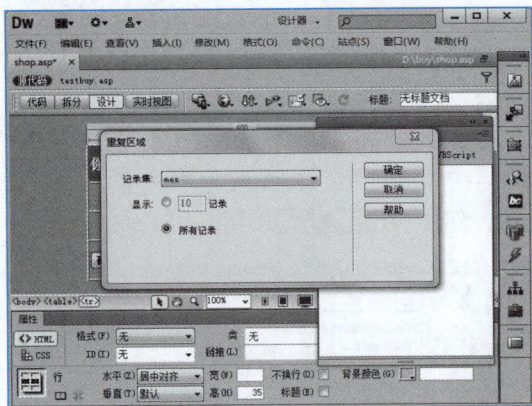

图8-80 设置重复区域

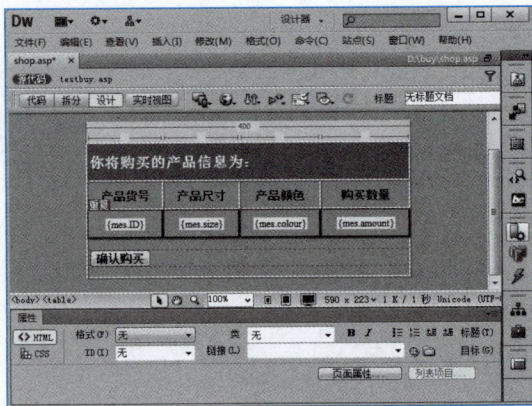

图8-81 完成重复区域的添加

8.3.4 使用插入记录表单向导

通过插入记录单向导工具，可将输入或设置到表单中的内容及时提交到连接的数据库中，并通过其他网页显示数据库中收集到的数据内容。下面以在"buy.asp"网页中使用插入记录表单向导工具为例进行介绍，其具体操作如下。

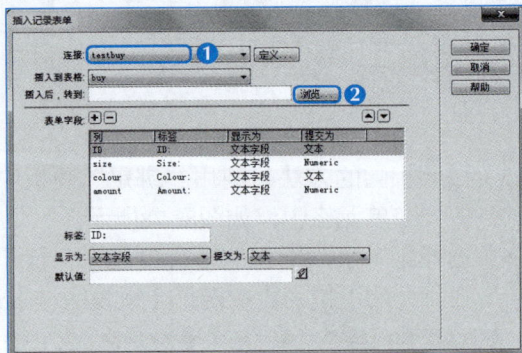

微课视频

使用插入记录表单向导

（1）打开"buy.asp"网页，将插入点定位到空白的单元格中，打开"插入"面板，切换到"数据"插入栏，单击"插入记录"选项左侧的下拉按钮 ，在打开的下拉列表中选择【插入记录表单向导】选项，如图8-82所示。

（2）打开"插入记录表单"对话框，在"连接"下拉列表框中选择"testbuy"选项，单击"插入后，转到"文本框右侧的 浏览 按钮，如图8-83所示。

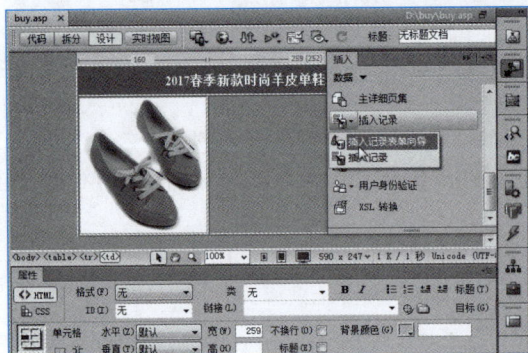

图8-82 插入记录表单向导

图8-83 设置连接的数据源

（3）打开"选择文件"对话框，选择前面设置好的"shop"文件选项，单击 确定 按钮，如图8-84所示。

（4）返回"插入记录表单"对话框，选择"表单字段"列表框中ID字段对应的选项，在"标签"文本框中输入"产品货号："，在"默认值"文本框中输入"20170046587"，如图8-85所示。

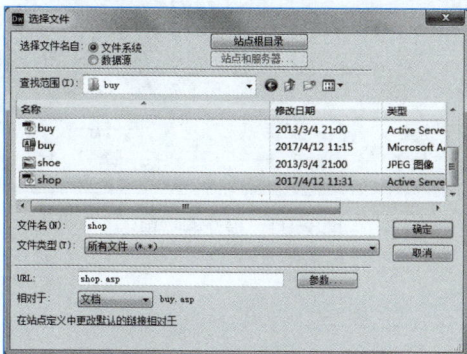

图8-84 选择跳转的目标页面

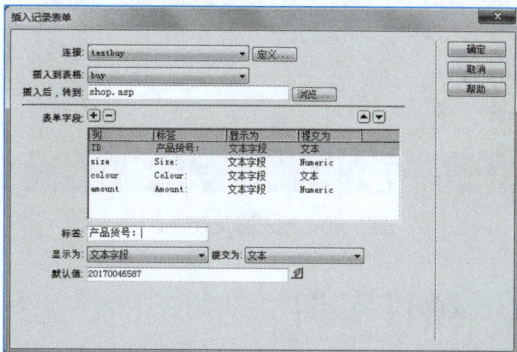

图8-85 设置表单字段

（5）继续设置其他字段的标签名称，完成后单击 确定 按钮，如图8-86所示。

（6）选择表单中的按钮，将其值设置为"加入购物车"，适当美化文本字段左侧的标签文本格式，效果如图8-87所示。

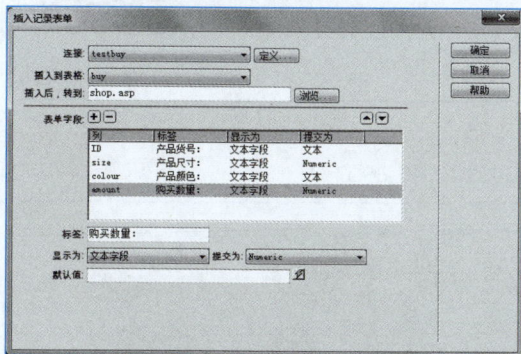

图8-86 设置其他表单字段

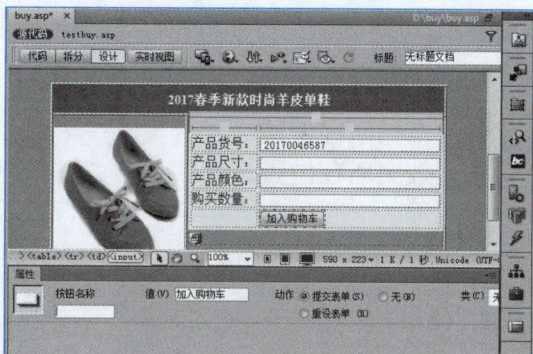

图8-87 设置表单按钮

（7）保存并预览网页，输入需要的产品尺寸、颜色和购买数量等数据，然后单击 加入购物车 按钮，效果如图8-88所示。

（8）此时将自动打开"shop.asp"网页，其中将收集填写的购物数据，效果如图8-89所示。

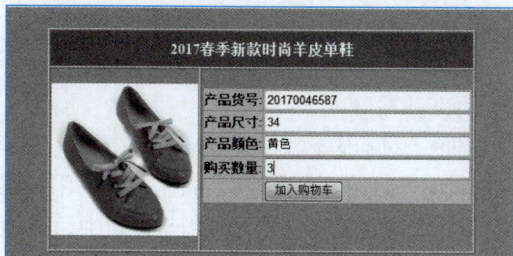

图8-88 输入购买数据

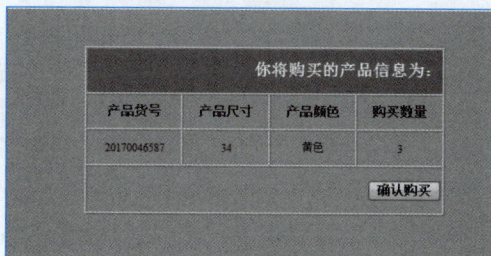

图8-89 提交购物单

（9）返回"buy.asp"网页，输入新的购买数据，然后单击 加入购物车 按钮，如图8-90所示。

（10）此时"shop.asp"网页又将增加填写的购物数据，效果如图8-91所示。

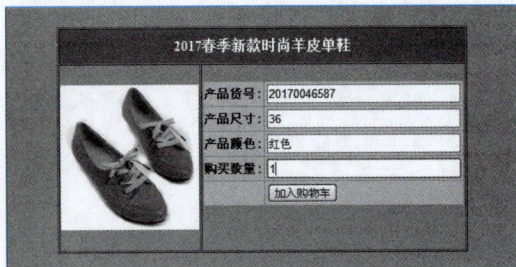

图8-90　输入购买数据

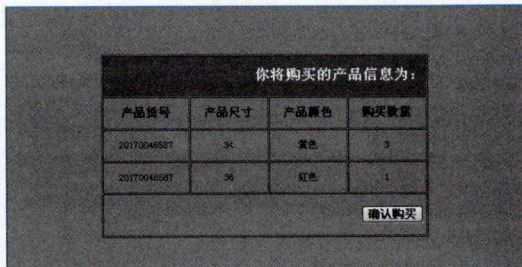

图8-91　提交购物单

8.4　项目实训

8.4.1　制作"用户注册"网页

1．实训目标

本实训的目标是在"快乐旅游网"中制作"用户注册"动态页面，目的在于将用户注册的信息同步收集到数据表中，以便网络管理员对数据进行管理。本实训的网页效果与注册成功后显示的网页效果如图8-92所示。

素材所在位置　素材文件\第8章\项目实训\yhzc\
效果所在位置　效果文件\第8章\项目实训\reg.asp

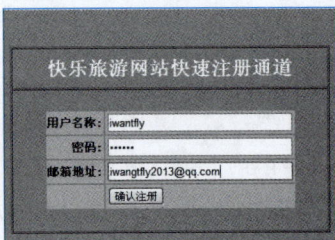

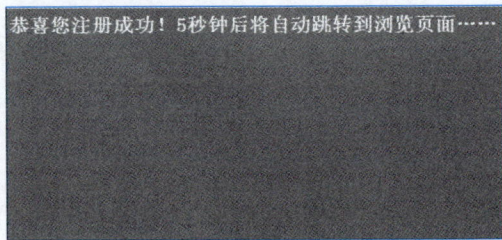

图8-92　"用户注册"页面与注册成功后显示的页面

2．专业背景

注册页面是大多数网站都具备的网页，要吸引到大量的用户在自己的网页注册，不仅需要网站内容符合用户的要求，注册页面的吸引力也能起到很大的作用。在网页制作的专业领域，专家们往往会从以下几个方面来考虑注册页面的设计与制作。

- 为用户提供注册的理由。要说服新用户注册，网站应致力于提高可感知价值，同时降低用户加入所需要投入的成本。战略集中于从显性与隐性两方面同时向用户灌输加入的好处，以提供其注册的动力。这些内容便可直接显示在注册页面中，从而让用户一目了然，坚定其注册的决心。

- 注册过程简单轻松。通过轻松的注册过程，提高成本/效益比例。如果注册过程便捷快速，用户会更倾向于尝试各种其他服务，就算用户并不确定到底会得到什么好处。过于复杂的注册过程会直接使用户望而却步。

- 不要悬置新用户。对新用户提供的指引信息不应在其注册后就停止。将新用户抛弃在一个不熟悉的页面或缺乏对他们下一步该如何行动的指示会使用户感到迷惘。因此注册后应向新用户提供欢迎信息，隐形或显性地指导他们下一步可以做什么。

3．操作思路

完成本实训主要包括IIS的配置、动态站点的创建和数据源的添加与绑定等过程，其操作思路如图8-93所示。

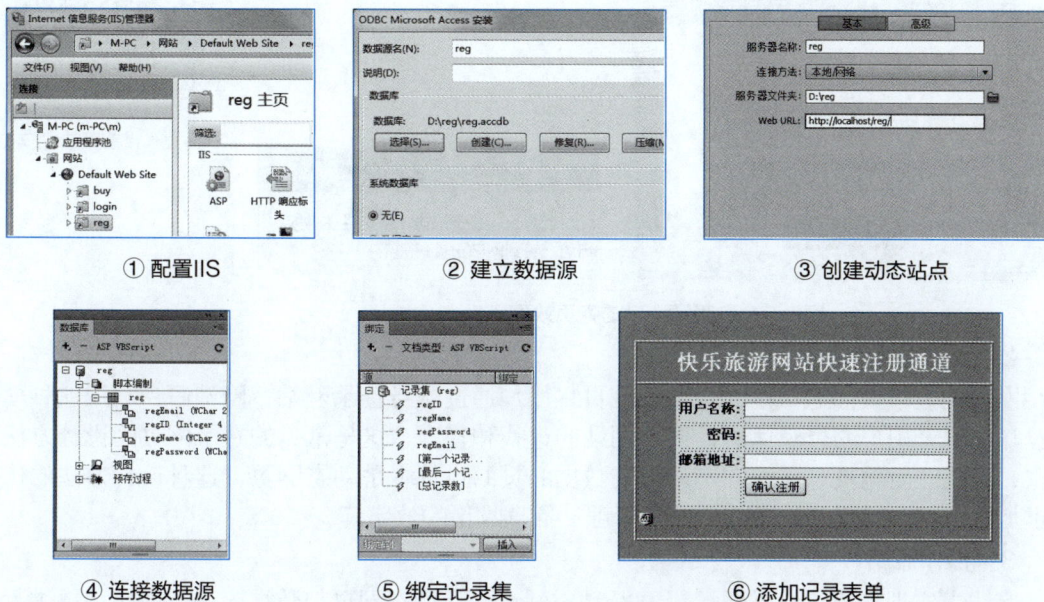

① 配置IIS   ② 建立数据源   ③ 创建动态站点

④ 连接数据源   ⑤ 绑定记录集   ⑥ 添加记录表单

图8-93 "用户注册"网页的制作过程

【步骤提示】

（1）配置别名为"reg"、位置为"D:\reg"的IIS。

（2）将提供的"reg.accdb"数据库文件复制到"D:\reg"文件夹中。

（3）配置站点名称为"reg"，本地根文件夹为"E:\reg\"，Web URL地址为"http://localhost/reg/"，服务器模型为"ASP VBScript"，访问类型为"本地/网络"的测试服务器。

（4）创建数据源名为"reg"，说明为"注册数据"，数据库为"reg.accdb"的数据源。

（5）打开提供的"reg.asp"网页素材，绑定"reg"记录集，排序为"regID""升序"。

（6）将文本插入点定位在表格的空单元格中，利用"插入记录表单向导"功能插入记录表单，注意需要指定跳转的页面并删除不需显示的"regID"字段。

（7）将"提交"按钮更改为"确认注册"，将"密码："对应的文本字段表单对象设置为"密码"类型，并适当美化表单。

（8）保存网页并预览，输入相应的注册数据后单击"确认注册"按钮跳转到指定的网页，"reg.accdb"数据库中的表格将同步收集到输入的数据。

8.4.2 制作"登录"动态网页

1．实训目标

本实训的目标是制作登录动态网页，实现用户输入数据库中所存在的用户名与密码后即可进行登录的功能，参考效果如图8-94所示。

素材所在位置	素材文件\第8章\项目实训\login_asp\
效果所在位置	效果文件\第8章\项目实训\login_asplogin.asp

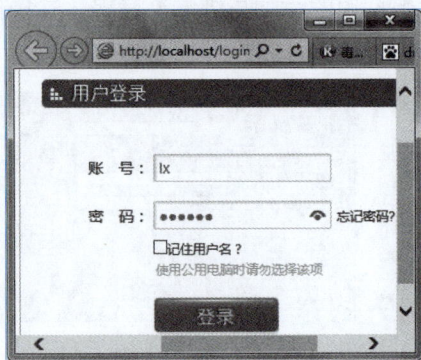

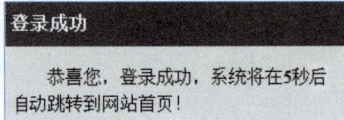

微课视频

制作"登录"动态网页

图8-94　"登录"动态网页效果

2．专业背景

网站的登录页面通常是一个动态网页，用户通过账号登录网站，网站后台利用这种动态交互功能记录用户的登录信息，便于网站的查找和管理，这是常见的登录网页的设计方法。其次，一些注册网页等需要向网站提交数据的页面也基本是动态网页，这种设计方法的优点在于加强了网页交互性，提高了网站管理、信息收集的效率等。

3．操作思路

完成本实训需要首先需要配置IIS及动态站点，让动态网页与数据库进行连接，再进行登录动态网页的制作，其操作思路如图8-95所示。

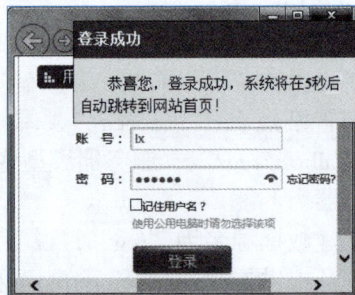

① 创建数据库　　　　　　　　　　　　　　　② 制作动态网页

图8-95　"登录"动态网页的操作思路

【步骤提示】

（1）将提供的素材复制到H盘下，完成本地站点文件夹的创建，打开文件夹，即可查看其文件夹中的所有内容。

（2）配置一个别名为"login"，位置为"H:\login_asp"的IIS服务器。

（3）配置站点名称为"login_asp"的本地站点，并在服务器中添加记录。

（4）打开"login.asp"网页，在其中创建数据库连接，并设置提供的数据源。

（5）打开"记录集"对话框添加记录，然后在"服务器行为"面板中单击 ■ 按钮，在打开的下拉列表中选择【用户身份验证】/【登录用户】选项。

（6）切换到代码视图，将鼠标光标定位到第2行后，按【Enter】键换行，添加 "md5.asp" 的引用代码。向下滚动编辑窗口，找到代码 "Request.Form("password")"，将其修改为 "md5(Request.Form("password"))"。

（7）完成设置后保存网页，然后测试网页，完成制作。

8.5　课后练习

本章主要介绍了制作ASP动态网页的相关知识，包括IIS的创建与配置、数据库的创建、动态站点的配置、数据源的创建与连接、记录集的绑定、记录的插入、重复区域的创建以及记录表单的创建等内容。对于本章的内容，读者适当理解即可，有兴趣的读者可以进一步查阅其他书籍进行更深入的学习。

练习1：制作"注册"动态网页

本练习要求制作"注册"动态页面，对用户提交的表单信息进行处理，参考效果如图8-96所示。如果注册成功则为右侧上图效果，否则为右侧下图效果。

效果所在位置　效果文件\第8章\课后练习\zhuce_asp\zhuce.asp

图8-96　"注册"动态页面

要求操作如下。

- 创建数据库文件、配置IIS和创建动态网站。
- 制作动态网页与数据库进行连接，以及插入数据库记录。

练习2：制作"果蔬网购买"网页

本练习要求为果蔬网购物网站制作"加入购物车"页面，使用户可以在此页面中输入需要购买的产品信息，然后通过单击"加入购物车"按钮将这些信息显示到确认购买的页面，参考效果如图8-97所示。

素材所在位置　素材文件\第8章\课后练习\buy.asp、shop.asp
效果所在位置　效果文件\第8章\课后练习\论坛\buy.asp、shop.asp

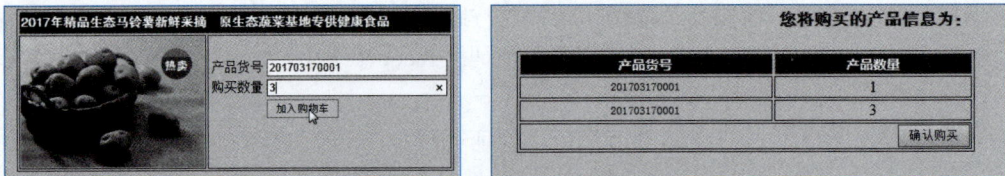

图8-97 "果蔬网购买"网页效果

要求操作如下。

- 配置IIS服务器，然后创建一个站点名称，别名为"buy"，并将站点指定到该目录中。然后使用Access 2010创建数据库，并在数据库中编辑"ID"货号和"amount"购买数量，保存并关闭。
- 打开提供的"buy.asp"素材网页，通过"数据库"面板链接创建的数据源。
- 通过"绑定"面板，创建记录集，并将相应的字段名称插入到对应的单元格中，完成后通过"服务器行为"面板将字段名称所在的单元格行创建为重复区域。
- 打开"shop.asp"网页，将插入点定位到空白单元格中，通过插入面板的"数据"选项卡打开"插入记录表单"对话框，在其中进行相关设置，其中将"插入后，转到"路径设置为"buy.asp"页面，然后修改"表单字段"中的内容。
- 插入一个表单，然后添加按钮元素，将值更改为"加入购物车"，然后通过空格移动位置，完成后保存网页，预览效果，单击"加入购物车"按钮后将打开"buy. asp"页面，并显示选择的数据。

8.6 技巧提升

1．更新记录

Web应用程序中可能包含让用户在数据库中更新记录的页面，更新记录的方法是：在"服务器行为"面板中单击"添加"按钮 ![+] ，在打开的下拉列表中选择"更新记录"选项，打开"更新记录"对话框，如图8-98所示。"更新记录"对话框中部分选项含义如下。

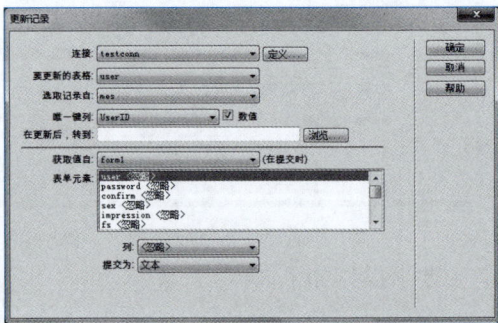

图8-98 "更新记录"对话框

- **"要更新的表格"下拉列表**：选择要更新的表的名称。
- **"选取记录自"下拉列表**：指定页面中绑定的记录集。
- **"唯一键列"下拉列表**：选择关键列，以识别在数据库表单上的记录，若值是数字，则应单击选中 ![数值] 复选框。
- **"在更新后，转到"文本框**：在文本框中输入一个URL，表单中的数据更新后将跳转到这个URL指向的页面。

2．删除记录

利用"删除记录"服务器行为，可以在页面中删除不需要的记录。其方法为：在"服务器行为"面板中单击"添加"按钮 ![+] ，在打开的下拉列表中选择【删除记录】选项，打开

"删除记录"对话框,如图8-99所示。

3．插入动态表格

表格是显示表格式数据最常用的方法,动态表格从数据库中获取数据并动态地显示在表格的单元格中。创建动态表格的具体操作如下。

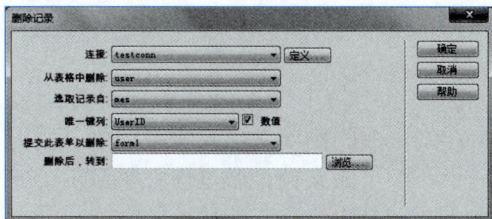

图8-99 "删除记录"对话框

（1）单击"数据"插入栏中"动态数据"工具后的下拉按钮▼,在打开的下拉列表中选择【动态表格】选项,打开"动态表格"对话框。

（2）在"记录集"下拉列表框中选择一个记录集,然后在下方进行具体设置,如图8-100所示。

（3）完成后单击 确定 按钮,即可在页面中插入一个动态表格,如图8-101所示。

图8-100 "动态表格"对话框

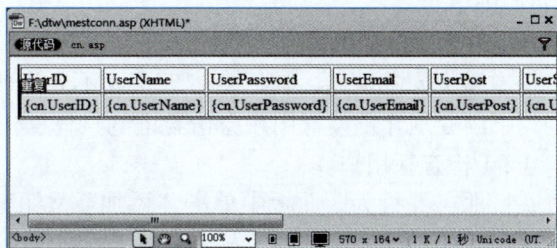

图8-101 插入的动态表格

4．插入动态文本

使用动态表格虽然非常方便,但会将记录集中每个字段的数据都显示出来,而在某些时候只需要显示部分内容,这时就需要使用动态文本工具手动添加每一个需要的字段。插入动态文本的具体操作如下。

（1）在页面中根据需要显示的字段数创建表格,将插入点定位到需要显示文本的单元格中,单击"数据"插入栏中的"动态数据"工具后的下拉按钮▼,在打开的下拉列表中选择【动态文本】选项。

（2）打开"动态文本"对话框,在"域"列表框中选择需要显示的字段,在"格式"下拉列表框中选择要使用的格式,如图8-102所示。

（3）单击 确定 按钮,动态文本即添加到插入点位置。添加动态文本后,在Dreamweaver中的显示效果和在浏览器中的预览效果如图8-103所示。

图8-102 "动态文本"对话框

图8-103 插入的动态文本效果

5．转到详情页

在制作动态页面时,通常会创建一个显示简略信息的记录列表,并为其创建超链接,当用户单击这些超链接时,就可以打开另一个页面显示更详细的信息,这个页面就是详细

207

页面。使用"转到详细页面"工具即可实现该功能。

动态网站中并不是每条记录都需要对应一个详细页面的物理文档，所有记录其实是共享同一个详细页面文档，通过传递参数的方式，来实现不同记录内容的读取和返回，也就是说只需要建立一个公用的详细页面程序文档就可以实现所有同类记录的详细内容展示。

图8-104　"转到详细页面"对话框

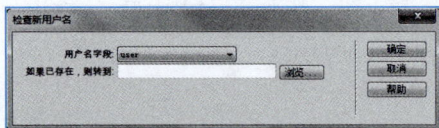

插入"转到详细页面"链接的方法是：在文档窗口中选择用于设置跳转链接的目标记录项，然后选择"数据"插入面板的【转到详细页面】工具，打开相应对话框进行设置即可，如图8-104所示。

6．用户身份验证

带有数据库的网站，其后台管理页面不允许普通用户访问，只有管理员经过登录后才能访问，下面分别介绍设置用户身份验证的具体操作。

（1）检查新用户。

在"服务器行为"面板中单击"添加"按钮 ，在打开的下拉列表中选择【用户身份验证】选项，在子列表中选择【检查新用户名】选项，打开"检查新用户名"对话框，检查新用户名，如图8-105所示。

（2）登录用户。

在"服务器行为"面板中单击"添加"按钮 ，在打开的下拉列表中选择【用户身份验证】选项，在子列表中选择【登录用户】选项，打开"登录用户"对话框，如图8-106所示。

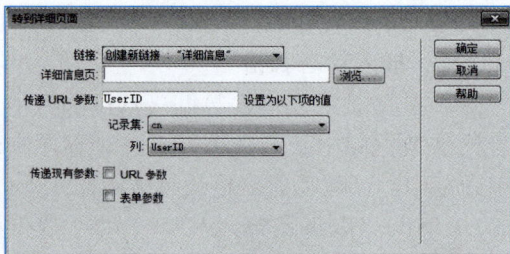

图8-105　"检查新用户名"对话框　　　图8-106　"登录用户"对话框

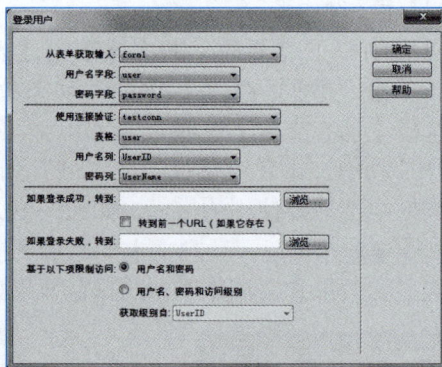

"登录用户"对话框中相关选项含义如下。

- **"从表单中获取输入"下拉列表**：选择接受哪一个表单的提交。
- **"用户名字段"下拉列表**：选择用户名所对应的文本框。
- **"密码字段"下拉列表**：选择用户密码所对应的文本框。
- **"使用链接验证"下拉列表**：选择使用连接的数据库。
- **"表格"下拉列表**：确定使用数据库中的哪一个表格。
- **"用户名列"下拉列表**：选择用户对应的字段。
- **"密码列"下拉列表**：选择用户密码对应的字段。

- **"如果成功登录，转到"文本框**：在该文本框中输入一个URL，表示用户如果成功登录，就打开该地址所在的页面。
- **"如果登录失败，转到"文本框**：在该文本框中输入一个URL，表示用户如果没有登录成功，就打开该地址所在的页面。
- **"基于以下项限制访问"栏**：单击选中相应的单选项，可设置是否包含级别验证。

（3）限制对页的访问。

在"服务器行为"面板中单击"添加"按钮 ，在打开的下拉列表中选择【用户身份验证】选项，在子列表中选择【限制对页的访问】选项，打开"限制对页的访问"对话框，如图 8-107 所示，在其中进行相关设置。单击 定义 按钮将打开"定义访问级别"对话框，可在其中设置用户对页的访问级别，如图 8-108 所示。

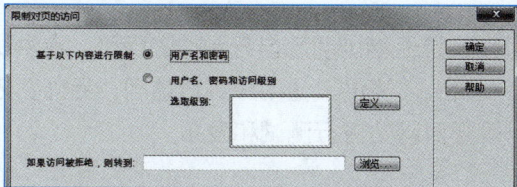

图8-107 "限制对页的访问"对话框

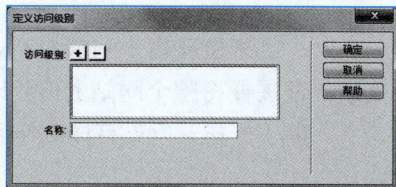

图8-108 "定义访问级别"对话框

（4）注销用户。

在"服务器行为"面板中单击"添加"按钮 ，在打开的下拉列表中选择【用户身份验证】选项，在子列表中选择【注销用户】选项，打开"注销用户"对话框，如图 8-109 所示，可在其中设置用户注销时的条件等。

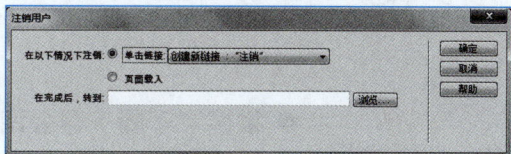

图8-109 "注销用户"对话框

209

CHAPTER 9

第9章

网站的测试与发布

情景导入

米拉还有个问题：不知道别人是否能访问到自己制作的网页。老洪说，还需要将整个网站上传到Internet上才能供其他用户浏览访问，另外，还叮嘱了米拉，网站完成制作后，需要对网站进行测试和发布。

学习目标

● 掌握"千履千寻公司"网站的测试方法
　　如兼容性测试、检查并修复链接、下载速度检测等。
● 掌握"千履千寻公司"网站的发布方法
　　如申请主页空间、发布站点等。

案例展示

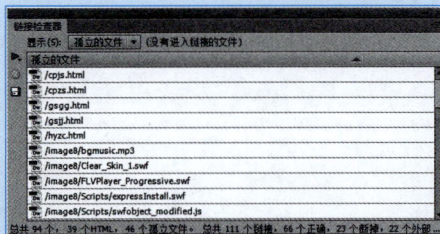

▲测试网站

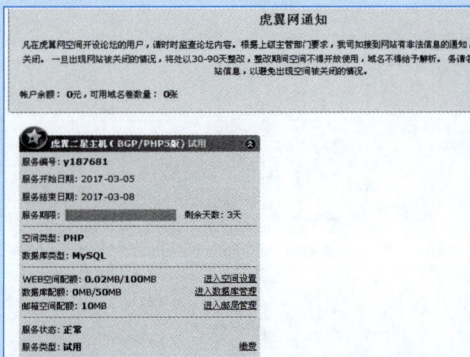

▲发布网站

9.1 课堂案例：测试"千履千寻公司"网站

米拉希望能尽快掌握将站点发布到Internet上的方法，但老洪告诉她需要先学习有关网站测试的内容，以保证发布到Internet上的网站在其他用户浏览时不会出现问题，并决定让米拉完成对"千履千寻公司"网站的测试工作。

此任务涉及网站兼容性测试、链接的检查与修复以及下载速度的检测等操作。图9-1所示即为链接检查和设置下载速度的界面。下面具体讲解完成此任务的操作方法。

素材所在文件 素材文件\第9章\课堂案例\q1qx\
效果所在位置 效果文件\第9章\课堂案例\q1qx\

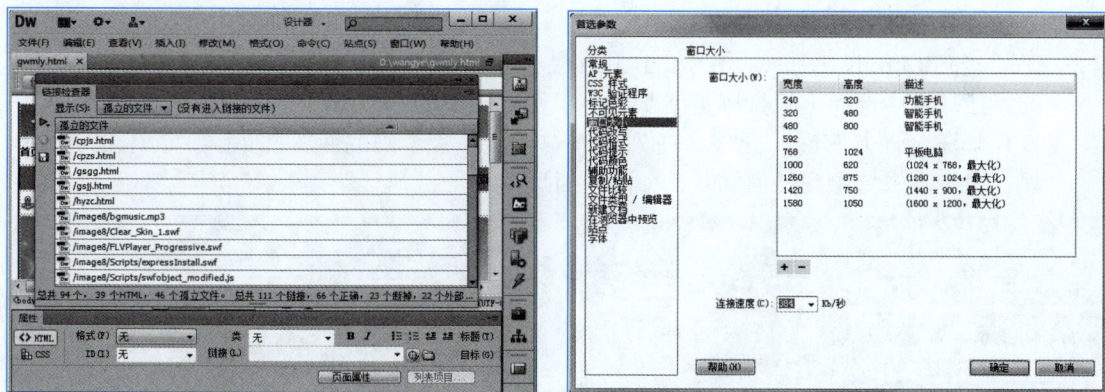

图9-1 链接检查与下载速度设置的界面

211

9.1.1 兼容性测试

对站点进行兼容性测试可以检查出网页中是否存在目标浏览器不支持的标签或属性，若包含目标浏览器不支持的属性会导致网页显示不正常或部分功能不能正常运作。目标浏览器检查提供了3个级别的潜在问题的信息，即告知性信息、警告和错误。

● **告知性信息：** 表示代码在特定浏览器中不支持，但没有可见的影响。

● **警告：** 表示某段代码将不能在特定浏览器中正确显示，但不会导致任何严重的显示问题。

● **错误：** 表示代码可能在特定浏览器中导致严重的、可见的问题，如导致页面的某些部分消失。

下面以在"gsdt.html"网页中测试浏览器兼容性为例介绍测试的方法，其具体操作如下。

（1）打开"gsdt.html"网页，单击工具栏上的"检查浏览器兼容性"按钮![按钮]，在打开的下拉列表中选择【设置】选项，如图9-2所示。

（2）打开"目标浏览器"对话框，在"浏览器最低版本"列表框中设置各种目标浏览器允许显示此网页的最低版本，完成后单击![确定]按钮，如图9-3所示。

微课视频

兼容性测试

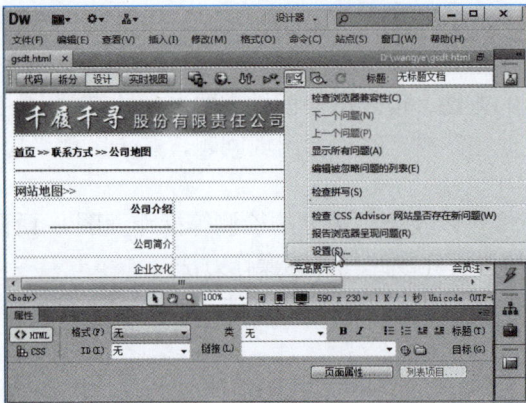

图9-2　设置目标浏览器

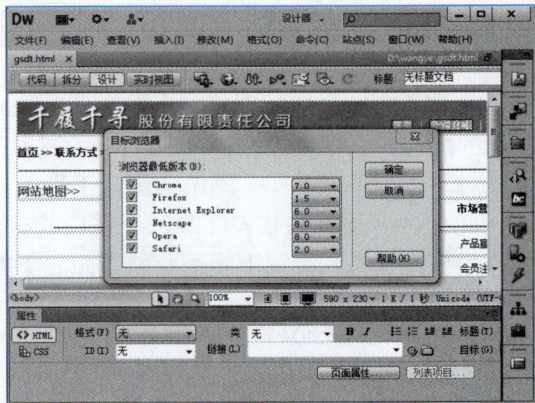

图9-3　设置浏览器最低版本

（3）返回"gsdt.html"网页，再次单击工具栏上的"检查浏览器兼容性"按钮，在打开的下拉列表中选择【检查浏览器兼容性】选项，如图9-4所示。

（4）打开"浏览器兼容性"面板，在列表框中将显示检查到的兼容性错误，若未检测到错误，将提示未检测到任何问题，如图9-5所示。

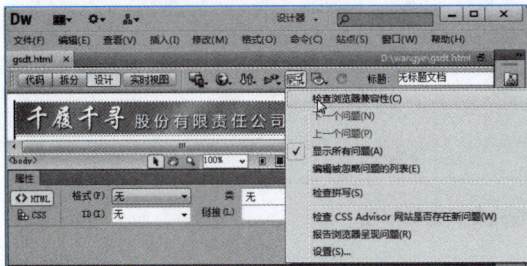

图9-4　检查浏览器兼容性

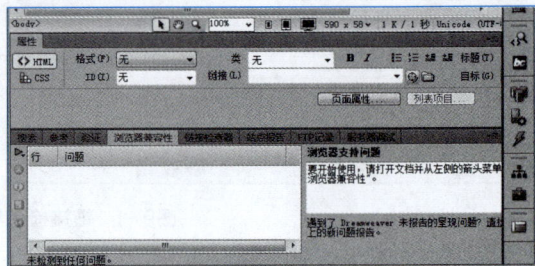

图9-5　显示兼容性错误

9.1.2　检查并修复链接

为确保网页中的超链接都可靠有效，在发布站点前还需检查所有超链接的URL地址是否正确，若有错误需及时修改，以保证浏览者在单击链接时能准确转到目标位置。Dreamweaver可以检查3种类型的链接，分别为断掉的链接、外部链接和孤立文件。

● **断掉的链接**：检查文档中是否存在断开的链接。

● **外部链接**：检查外部链接。

● **孤立文件**：检查站点中是否存在孤立文件。

利用Dreamweaver提供的"检查链接"功能可快速地在打开的文档、本地站点的某一部分或整个本地站点中搜索断开的链接和未被引用的文件。下面以在"gwmly.html"网页中检查并修复链接为例进行介绍，其具体操作如下。

（1）打开"gwmly.html"网页，选择【文件】/【检查页】/【链接】菜单命令，如图9-6所示。

（2）打开"链接检查器"面板，在"显示"下拉列表框中选择【断掉的链接】选项，此时将显示当前网页中断开的链接，如图9-7所示。

微课视频

检查并修复链接

212

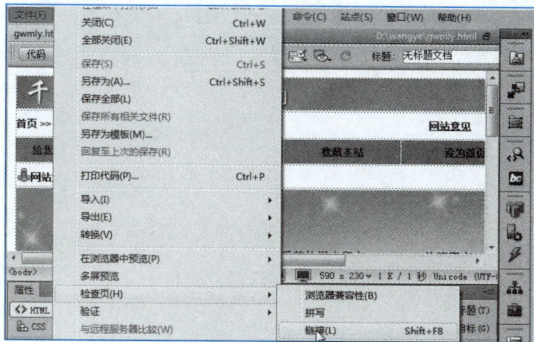

图9-6　检查链接

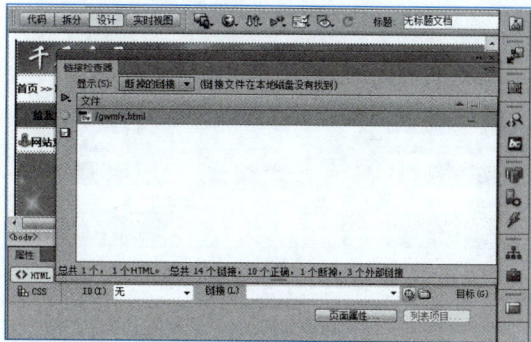

图9-7　显示断掉的链接

（3）在"断掉的链接"栏中的路径处单击鼠标使路径呈可编辑状态，单击右侧的"浏览文件夹"按钮，如图9-8所示。

（4）打开"选择文件"对话框，在其中重新链接目标文件即可，如图9-9所示。

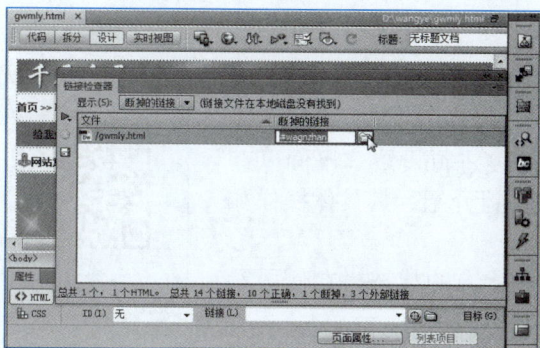

图9-8　修复链接

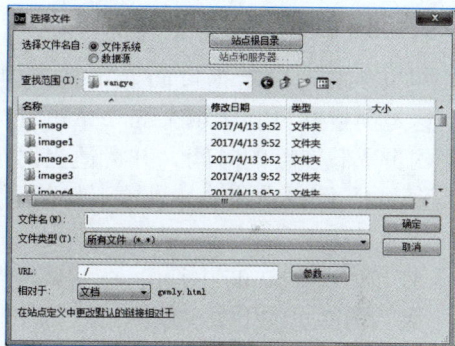

图9-9　重新链接文件

213

（5）在"链接检查器"面板的"显示"下拉列表框中选择【外部链接】选项，此时将检查当前网页中的所有外部链接，如图9-10所示。

（6）在"外部链接"栏下的路径处单击鼠标使其呈可编辑状态，重新输入正确的外部链接地址即可，如图9-11所示。

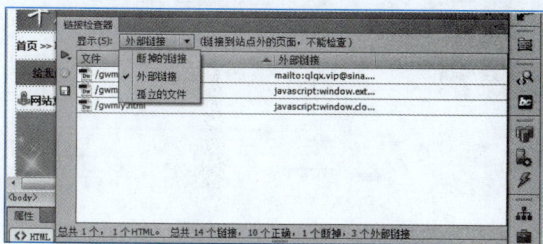

图9-10　显示外部链接

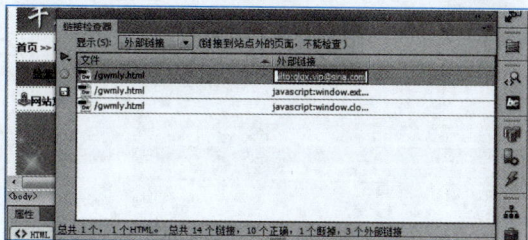

图9-11　更改链接路径

（7）打开"文件"面板，在"站点-qlqxsite"文件夹上单击鼠标右键，在弹出的快捷菜单中选择【检查链接】/【整个本地站点】菜单命令，如图9-12所示。

（8）在"链接检查器"面板的"显示"下拉列表框中选择【孤立的文件】选项，此时将显示站点中所有孤立文件的情况，如图9-13所示。

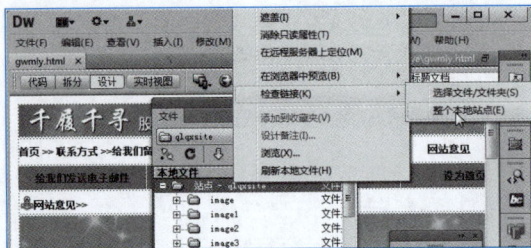

图9-12 选择整个站点

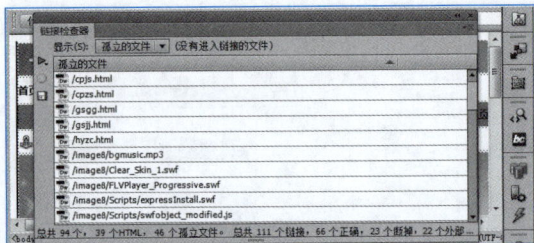

图9-13 显示孤立文件

知识提示

什么是孤立的文件

孤立文件是指站点中没有用到的文件对象，有可能是多余的，也有可能是忘记链接的对象，因此不能轻易删除，而应重新进行检查才能确定是否属于多余的文件。

9.1.3 检测下载速度

网页下载速度是指页面显示完其中包含的所有内容所耗费的时间，这是衡量网页制作水平的一个重要标准。在发布站点之前，可以检测网页下载速度的时间，并可适当对下载速度进行设置。下面以在"rxjp.html"网页中检测并设置下载速度为例进行介绍，其具体操作如下。

微课视频

检测下载速度

（1）打开"rxjp.html"网页，在"属性"面板上方的状态栏右侧可看到当前网页的下载速度为1秒，如图9-14所示。

（2）按【Ctrl+U】组合键打开"首选参数"对话框，在"分类"列表框中选择【窗口大小】选项，在右侧的"窗口大小"列表框中可更改网页窗口的宽度和高度，在"连接速度"下拉列表框中可更改下载速度，完成后单击 确定 按钮即可，如图9-15所示。

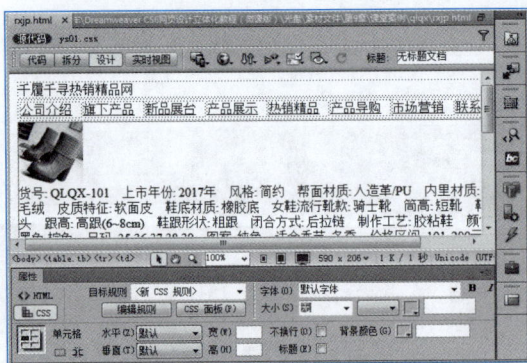

图9-14 查看网页下载速度

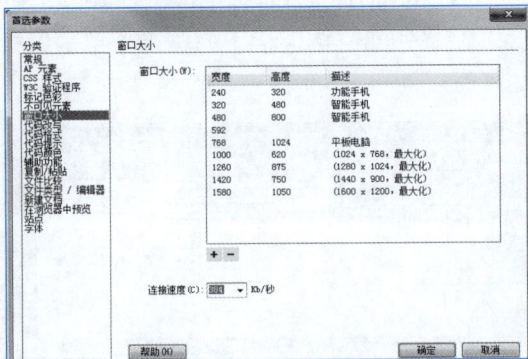

图9-15 更改网页下载速度

9.2 课堂案例：发布"千履千寻公司"网站

完成站点测试的工作后，老洪让米拉将千履千寻公司网站发布到Internet中，供其他用户浏览，并提示她完成申请和开通主页空间、配置远程信息以及发布站点等操作。图9-16所示即为申请的主页空间和发布站点时的界面。下面具体讲解完成此任务的操作方法。

📥 **素材所在文件** 素材文件\第9章\课堂案例\qlqxgs\

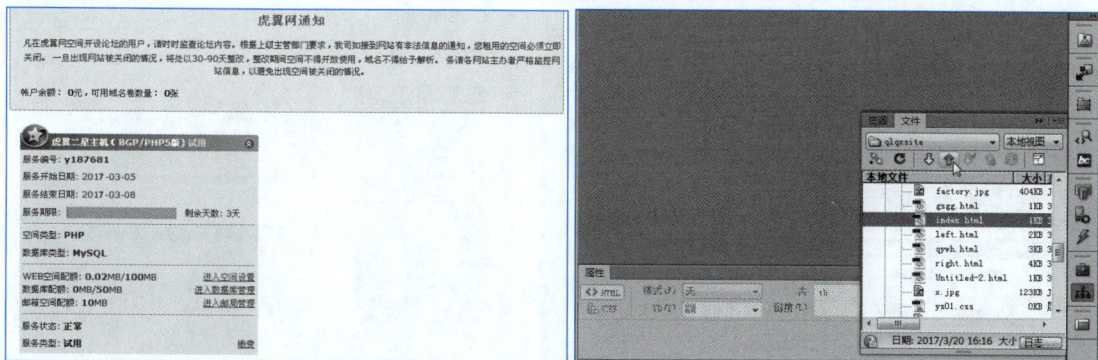

图9-16 申请主页空间和发布站点的界面

9.2.1 申请主页空间

要让其他用户可以通过Internet访问自己的网站，需要在将网站发布到Internet之前，申请一个主页空间，该空间即网站在Internet中存放的位置，网上用户在浏览器中输入该位置的地址后即可访问网站。

1. 注册并申请主页空间

网上可申请主页空间的网站比较多，各个网站上的申请操作也基本相同，下面以在"虎翼网"上申请免费主页空间为例进行介绍，其具体操作如下。

微课视频

注册并申请主页空间

（1）启动浏览器，在地址栏中输入"www.51.net"后按【Enter】键，访问虎翼网，单击网页右上方的"免费试用，立即注册"图像超链接，如图9-17所示。

（2）打开"快速注册"界面，在其中输入并设置注册信息，单击 快速注册 按钮，如图9-18所示。

图9-17 访问网站

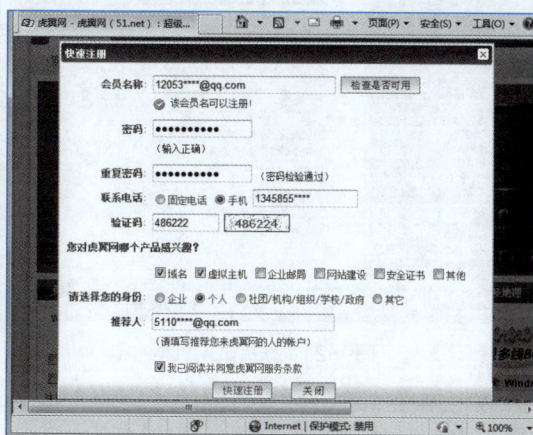

图9-18 注册用户

（3）成功后将打开"注册成功"的提示对话框，如图9-19所示。

（4）稍后网页将自动跳转到如图9-20所示的页面，在其中可选择试用的类型。

图9-19　注册成功

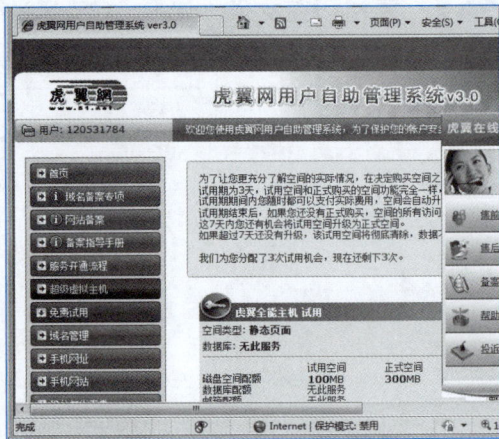

图9-20　显示注册后的网页

2．开通主页空间

注册成功后还需要开通主页空间，下面继续以在"虎翼网"中开通主页空间为例进行介绍，其具体操作如下。

（1）单击需开通机型右下方的【试用该服务】超链接，如图9-21所示。

（2）打开提示对话框，单击 关闭 按钮，如图9-22所示。

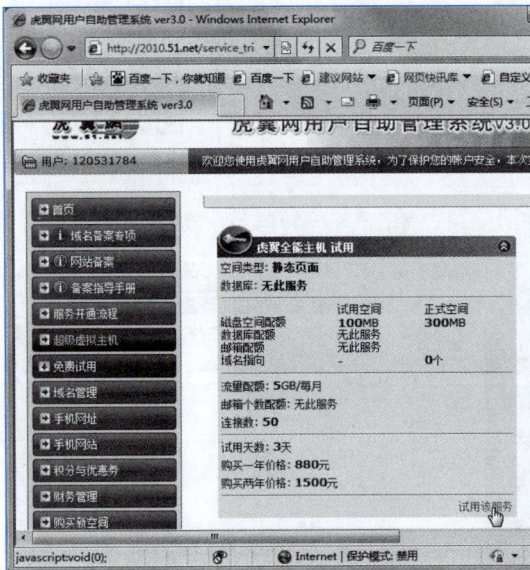

图9-21　选择试用机型

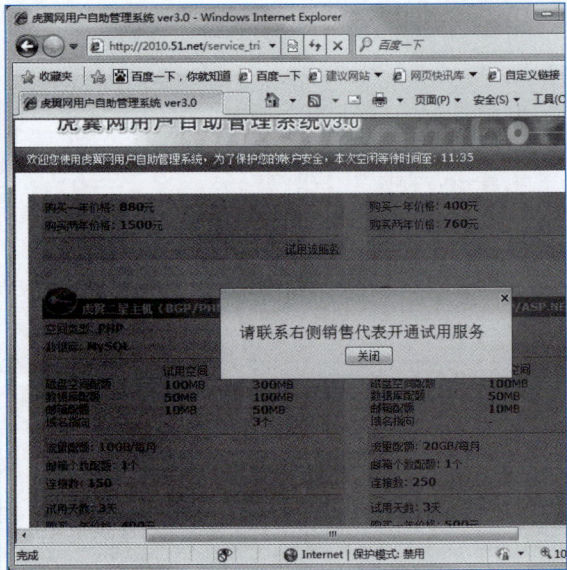

图9-22　关闭提示网页

（3）根据提示单击网页右侧的【售前咨询】超链接，如图9-23所示。

（4）在打开的网页中输入开始对话的内容，包括姓名、电子邮件和问题等内容，然后单击 留言 按钮，如图9-24所示。

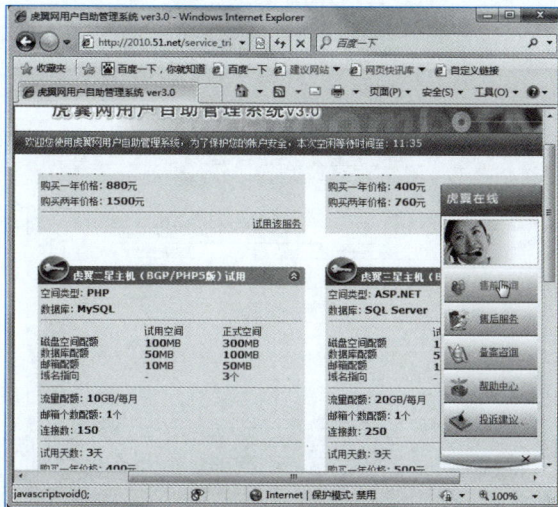

图9-23 售前咨询

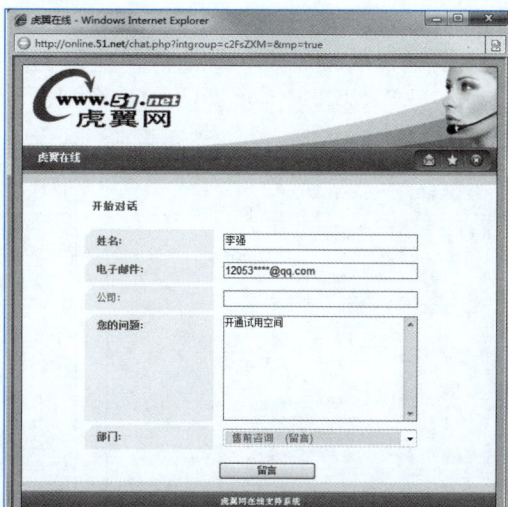

图9-24 输入对话信息

（5）稍后"虎翼网"将接通客服人员，可根据自己的实际需要与对方进行交流，该客服人员了解情况后会按照要求开通相应的试用主机，如图9-25所示。

（6）返回之前的网页，在其中即可查看开通试用主机的效果，其中提示了试用期限和空间大小等内容，如图9-26所示。

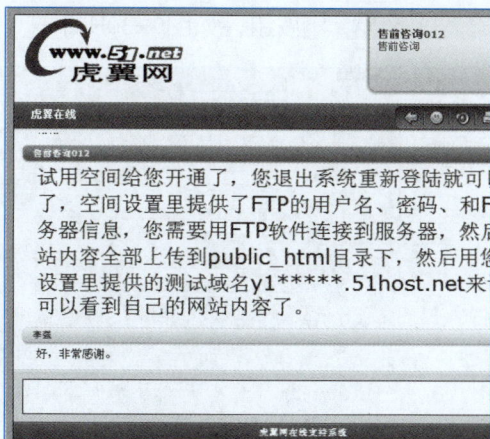

图9-25 通过对话开通空间

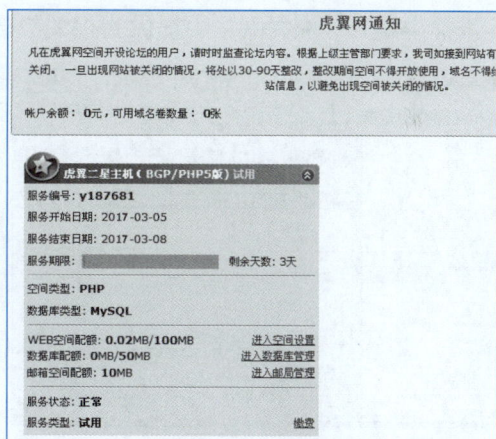

图9-26 开通成功

9.2.2 发布站点

利用Dreamweaver发布站点时，首先应对站点的远程信息进行配置，然后才能进行发布操作，下面分别对这两个环节进行介绍。

1. 配置远程信息

配置远程信息可以使Dreamweaver连接到Internet中的主页空间，为实现将站点文件上传到主页空间做好准备。下面以配置"qlqxsite"站点为例，介绍配置远程信息的方法，其具体操作如下。

微课视频

配置远程信息

（1）在Dreamweaver中选择【站点】/【管理站点】菜单命令，如图9-27所示。

（2）打开"管理站点"对话框，在列表框中选择"qlqxsite"选项，单击"编辑当前选定的站点"按钮 ✐ ，如图9-28所示。

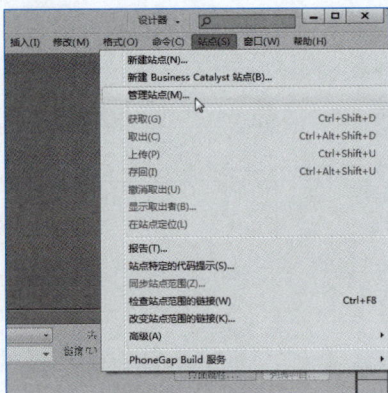

图9-27 管理站点

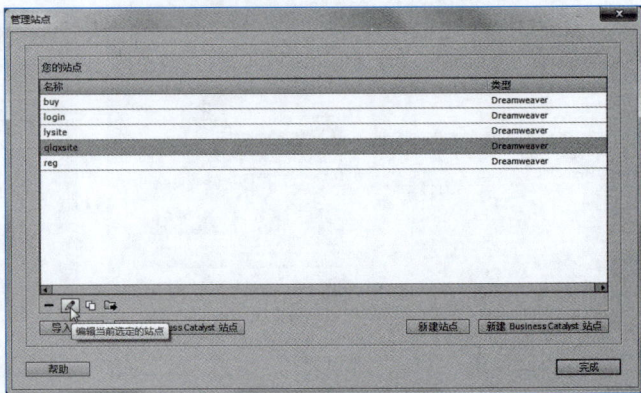

图9-28 编辑站点

（3）在打开的对话框左侧选择【服务器】选项，单击界面右侧的"添加"按钮 ➕ ，如图9-29所示。

（4）在打开的对话框中将服务器名称设置为"qlqxsite"，在"连接方法"下拉列表框中选择"FTP"选项，在"FTP地址""用户名""密码""根目录"和"Web URL"文本框中输入"虎翼网"中提供的相关数据，单击 测试 按钮，如图9-30所示。

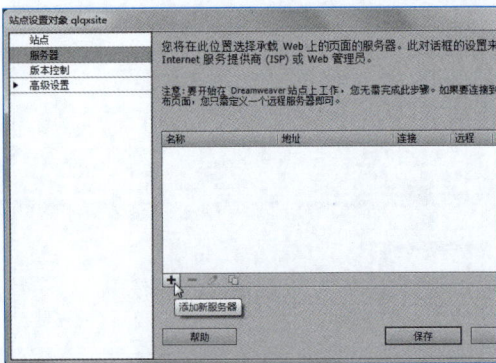

图9-29 添加服务器

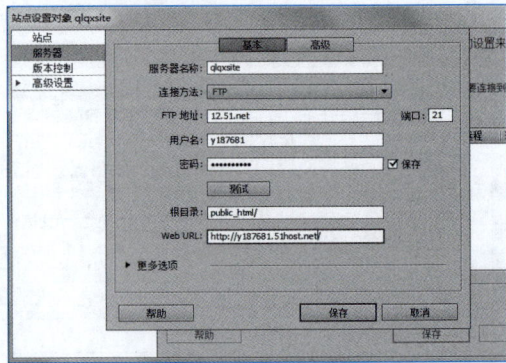

图9-30 设置服务器

如何获取服务器相关信息

知识提示

　　重新登录"虎翼网"后，在显示的网页左侧选择"空间设置"选项，将在界面右侧显示"FTP服务器""FTP用户名""FTP密码"和"试用期临时域名"，并在开通空间时客服人员会及时告知根目录。

（5）稍后Dreamweaver将尝试连接Web服务器，成功后将打开如图9-31所示的提示对话框，单击 确定 按钮即可。

（6）依次单击 保存 按钮完成服务器的远程信息配置，如图9-32所示。

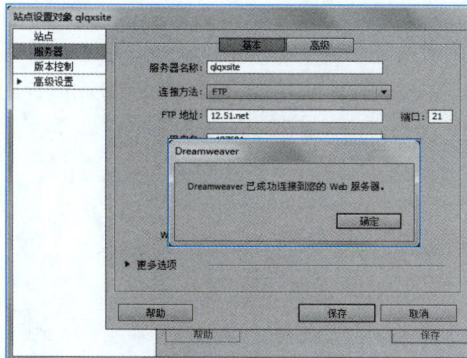

图9-31 测试成功

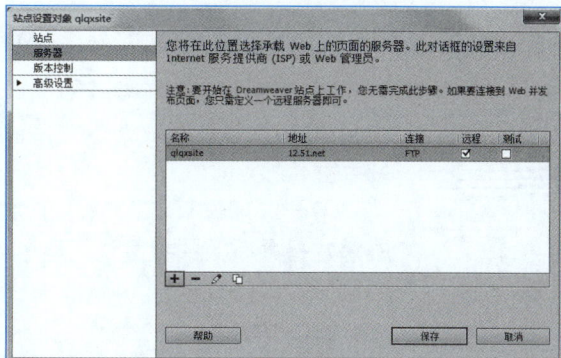

图9-32 保存设置

2．发布站点

成功配置站点的远程信息后，即可发布站点。下面以发布"qlqxsite"站点为例进行介绍，其具体操作如下。

微课视频

发布站点

（1）打开"文件"面板，选择需上传的网页文件，然后单击"上传文件"按钮，如图9-33所示。

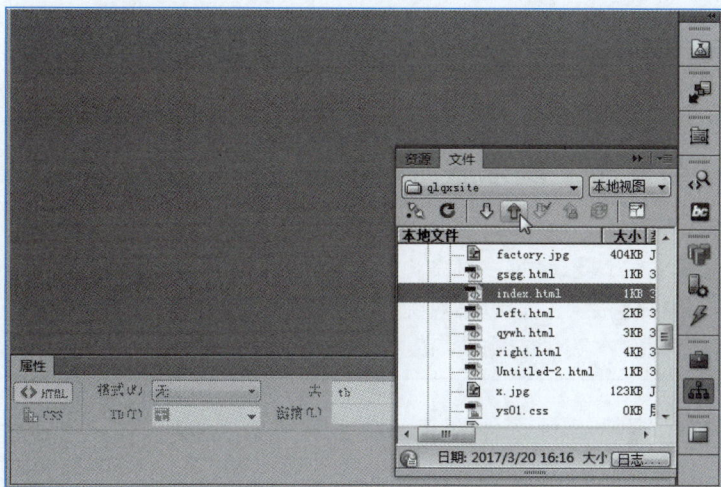

图9-33 选择上传的网页文件

（2）当Dreamweaver连接到Web服务器后，将打开"后台文件活动"窗口，其中会显示文件的上传进度。文件上传成功后将自动关闭该对话框。

多学一招

上传整个站点文件

如果在"文件"面板中选择站点对应的文件夹后再单击"上传文件"按钮，则代表上传整个站点的内容。

认识站点访问量

站点的访问量是衡量网站成功与否的重要指标之一，要想增加网站访问量，则需对网站进行宣传。下面介绍几种在网站制作行业最常用的站点宣传技巧。

①导航网站登录。对于流量不大、知名度不高的网站来说，进入导航网站是最有效的提高访问量的方法之一，如"网址之家"（www.hao123.com）、"265网址"（www.265.com）等网站就是著名的导航网站。

②友情链接。友情链接可以给一个网站带来稳定的访问量，同时也有助于提升网站在Google等搜索引擎中的排名。进行友情链接时，最好能链接一些流量较高的知名网站，或是和网站内容互补的网站，然后再是同类网站。

③搜索引擎登录。搜索引擎给网站带来的流量非常大，登录搜索引擎可以使用专门的登录软件（如"登录骑兵"等），也可以采用手工登录的方式。

④网络广告投放。网络广告的投放虽然花钱，但给网站带来的流量却很可观。

9.3 项目实训

9.3.1 测试与发布"快乐旅游"网站

微课视频

测试与发布"快乐旅游"网站

1．实训目标

本实训的目标是对"快乐旅游"网站进行测试与发布，通过测试修复浏览器兼容性和各种链接，然后对站点配置正确的远程信息，并将其上传至申请的主页空间。本实训的测试与发布操作如图9-34所示。

素材所在位置　素材文件\第9章\项目实训\klly\

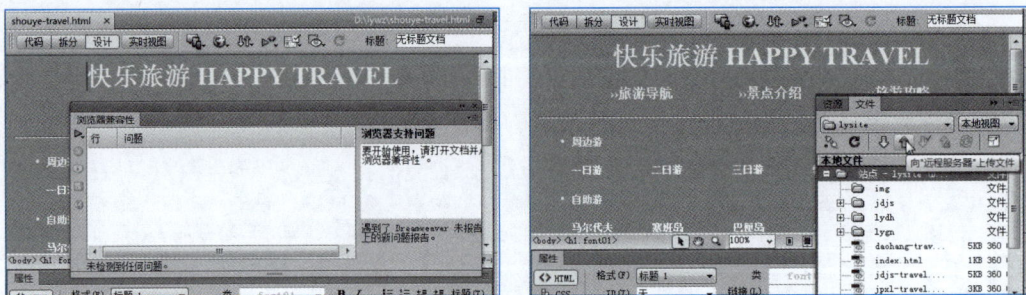

图9-34　站点测试与发布的操作效果

2．专业背景

网站发布标志着网页制作正式告一段落，在正式发布网站之前，必须对网页进行测试。

本章只简要地对网页进行了一些基本设置，在专业领域，网站测试包括了许多方面，如配置测试、兼容性测试、易用性测试、文档测试以及安全性测试等。假如网站面向全球范围的浏览者，则还应包括本地化测试。

另外，使用不同技术制作的网站程序应该在不同的环境中进行测试。目前主流的一些网站程序，如ASP、ASP .NET和PHP等都需在不同的环境中进行测试得到测试结果。因此测试网站前了解其运行环境，不仅利于测试，也为决定以后选购什么样的网站空间奠定了基础。

3．操作思路

完成本实训主要涉及网页兼容性测试、链接测试、下载速度测试、远程信息配置以及站点的发布等操作，其操作思路如图9-35所示。

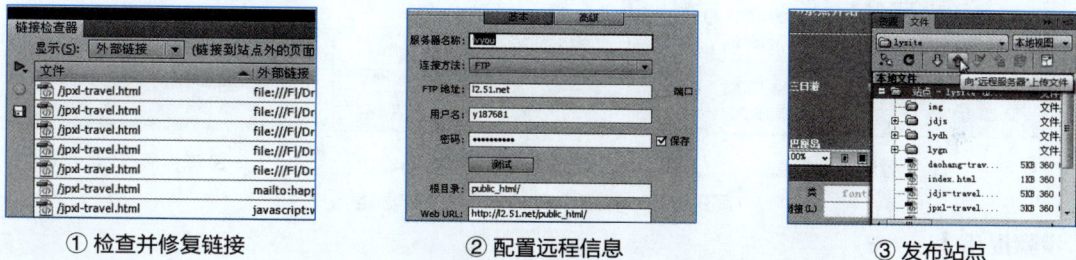

① 检查并修复链接　　　　② 配置远程信息　　　　③ 发布站点

图9-35　测试与发布"快乐旅游"站点的操作过程

【步骤提示】

（1）分别打开"lvyou"站点中制作的各个网页，对其进行兼容性测试、链接检查和下载速度测试等操作。

（2）对"lvyou"站点进行远程信息配置，包括设置访问方式、FTP主机地址、登录名及密码等信息，并进行测试。

（3）将整个站点的内容全部发布到申请的"虎翼网"主页空间中。

9.3.2　测试与发布"多肉植物"网站

1．实训目标

本实训的目标是将制作的"多肉植物"网站进行站点配置，并将其上传至申请的主页空间。本实训的操作如图9-36所示。

素材所在位置　素材文件\第9章\项目实训\dr\

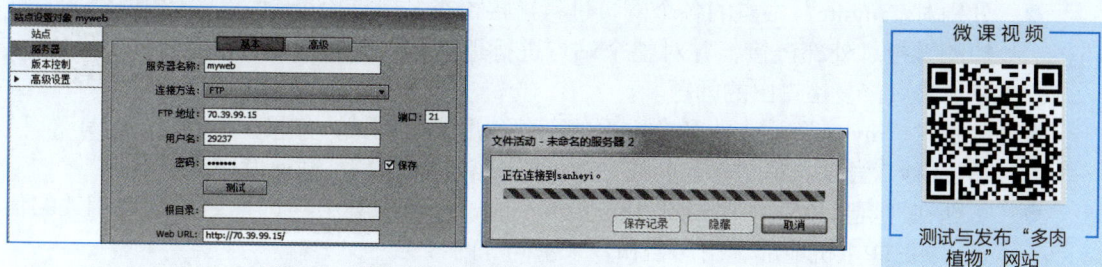

微课视频

测试与发布"多肉植物"网站

图9-36　发布"多肉植物"网站效果

2．专业背景

网站的登录页面通常是一个动态网页，用户通过账号登录网站，网站后台利用这种动态交互功能记录用户的登录信息，便于网站的查找和管理，这是常见的登录网页的设计方法。其次，一些注册网页等需要向网站提交数据的页面也基本是动态网页，这种设计方法的优点在于加强了网页交互性，提高了网站管理、信息收集等能力。

3．操作思路

完成本实训首先需要配置IIS及动态站点，让动态网页与数据库进行连接，再进行登录动态网页的制作，其操作思路如图9-37所示。

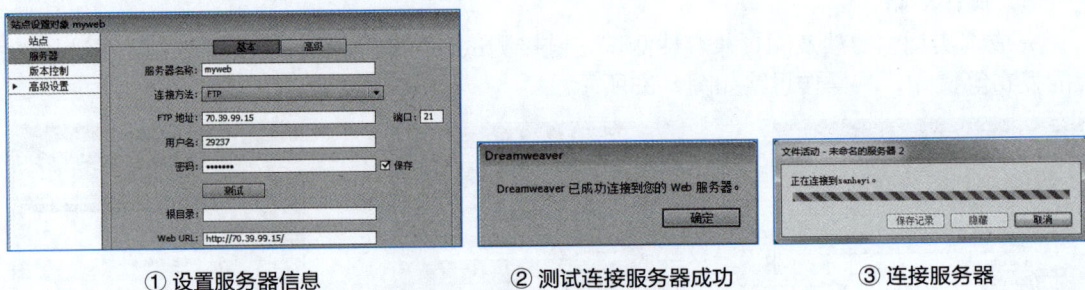

① 设置服务器信息　　　　② 测试连接服务器成功　　　　③ 连接服务器

图9-37　"登录"动态网页的操作思路

【步骤提示】

（1）对"dr"站点进行远程信息配置，包括设置访问方式、FTP主机地址、登录名及密码等信息，并进行测试。

（2）将整个站点的内容全部发布到申请的"虎翼网"主页空间中。

9.4　课后练习

本章主要介绍了网站的测试与发布的知识，包括网站兼容性测试、链接的检查与修复、下载速度的测试与设置、主页空间的申请和开通、远程信息的配置以及站点的发布等内容。对于本章的内容，读者可以适当理解和掌握，只要能成功发布站点即可。

素材所在位置　素材文件\第9章\课后练习\mysite\

本练习主要是测试并发布"mysite"站点，相关操作要求如下。

- 打开"mysite"站点中的各个网页，对其进行兼容性测试。
- 分别对"mysite"站点的各个网页进行链接检查，包括检查断掉的链接、外部链接，并对整个站点进行孤立文件的链接检查，最后修复检查出的问题。
- 分别对"mysite"站点的各个网页的下载速度进行测试，如果超过8秒，尝试利用"首选参数"对话框对窗口大小和下载速度进行设置。
- 重新在"虎翼网"中申请试用的主页空间，并获取其中与远程信息配置相关的信息，如FTP主机地址、用户名和登录密码等内容。
- 对"mysite"站点进行远程信息配置，包括设置访问方式、FTP主机地址、登录名及密码等信息，并进行测试。
- 将"mysite"站点的内容全部发布到刚申请的主页空间中。

微课视频

课后练习

9.5 技巧提升

1．申请免费域名及空间

在申请免费的个人主页时，提供免费个人主页的网站一般会同时提供一个免费的域名及空间，下面就对域名的申请进行拓展介绍。

域名是由一串用点分隔的名字组成的Internet上某一台计算机的名称，用于在数据传输时标识该计算机的电子方位，便于用户记忆和访问服务器地址。一般来讲，免费的域名都是二级域名或带免费域名机构相应信息的一个链接目录，其服务没有必要的保证，随时可能被删除或停止。如果是专业性网站、大中型公司网站或有大量访问客户的网站则需申请专用的域名，若是个人网站则不一定非要申请专用的域名。

在申请域名前应多准备几个域名，以防这些域名已被注册。为了验证是否已被注册，可到专门的网站进行域名查询。在"www.net.cn"或"www.now.cn"等网站上均可查询要申请的域名是否已被注册。

如果需要的域名未被注册，则应及时向域名注册机构申请注册，在网上申请域名会要求填写相应的个人或单位资料，申请国内域名还需单位加盖公章后方可办理。在填写资料时，个人的地址信息及其他联系信息如电话、E-mail等应填写具体，以便联系。

域名申请成功后，通常还需要将该域名指向主页空间，以便用户能通过该域名访问到对应的网页内容。

2．如何在局域网中发布站点

首先要在局域网中作为服务器的计算机上安装类似Windows Server 2012操作系统等具备服务器功能的操作系统，同时要安装IIS，并对IIS的Web服务器进行配置，使其能正常显示网页。接着需要对FTP服务器进行配置，即创建FTP服务器，其中最主要的是指定访问用户，同时也要指定正确的站点目录，通常与Web服务器中指定的位置相同。最后使用Dreamweaver软件制作并上传网页即可。

3．轻松解决发布站点后，首页页面不显示的问题

发布站点后，在浏览器的地址栏中输入了正确的网址后不能显示首页，这可能是由首页网页命名与空间所在的网站默认的首页命名不同造成的。遇到这种情况，可以首先阅读所申请空间的网站对首页名称的相关规则，然后根据该规则重新设置首页名称。

CHAPTER 10

第10章

综合案例——制作植物网站

情景导入

　　米拉在如今的工作中游刃有余，在老洪的指导下，制作各种网页的速度和质量都有了保证，公司最近需要制作一个关于植物类的信息网站，米拉自告奋勇地担当了该网站的主要设计师。

学习目标

● 巩固使用Dreamweaver CS6制作网站的方法
　　　　如创建站点、创建Div标签、创建CSS样式、添加并设置表格、添加图片等。
● 进一步熟悉网站的制作流程
　　　　如网站前期规划、后期制作等。

案例展示

▲ "植物网站"首页效果

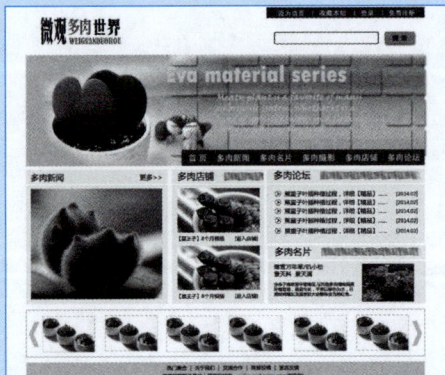

▲ "微观多肉世界"页面效果

10.1　实训目标

　　本实训要求制作一个植物类的信息网站，在制作该网站时应该先创建站点文件，并将制作网站需要的素材都统一放置到其中，再启动Dreamweaver CS6来进行网页的制作。该网站以浅色调为主，通过棕色、绿色等色彩对页面进行丰富，并在其中添加文字与图片。该网站分为上、中、下3个结构，上方用于放置网站的主要导航条，中间用于放置主要的内容、下方用于显示网站的基本信息，参考效果如图10-1所示。

> **素材所在位置**　素材文件\第10章\综合案例\plant\
> **效果所在位置**　效果文件\第10章\综合案例\plant\

图10-1　植物网站首页效果

10.2　专业背景

　　在制作网站前，应先明确制作网站的目的以及预期的效果。建站的目的不同，需要实现的功能不同，在其设计与规划时就不同。本例的植物网站属于一个信息类的网站，因此在制作网站时，需要注意以下几个方面。

- 事先准备制作网站需要的相应资料，如Logo、网站简介、产品图片、产品目录及报价、服务项目、服务内容、地址及联系方式等。
- 由于信息类网站中的内容较多，本例将采用三栏布局，将页面的中间用于显示网站的主要内容。

- 为了更好地体现出网站的特色，本例将划分多个导航条，即除了网站上方的主要导航条外，将再添加左侧的内容导航条，右侧的快速导航条，使用户在浏览本网站时能快速找到自己需要的内容。
- 为了更清楚地表达网站的内容，网站将采用淡色调为主，文本、图片等的颜色则采用深色为主，以使用户有一种轻快的感觉。
- 为了避免用户阅读大量冗余的文字，产生枯燥感的情况，网站主页将尽量采用图片来显示，以吸引用户的目光。
- 网站中的信息必须准确，不要为用户提供错误的信息，提高网站的专业性。
- 网站首页主要用于体现网站的主要服务、特色和功能，不要添加太多不必要的内容，以免引起用户的反感。

10.3　制作思路分析

本例的制作涉及本书讲解的大部分知识，制作前，应该先创建站点、创建Div标签和CSS样式、创建CSS文件等。本例的操作思路如图10-2所示。

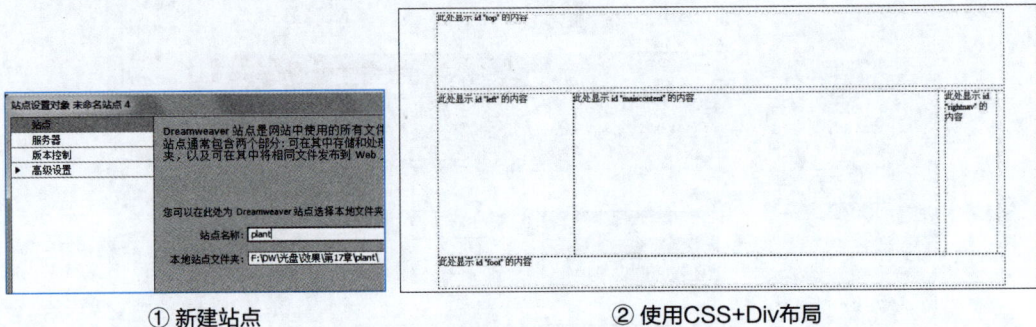

① 新建站点　　　　　　　　　② 使用CSS+Div布局

图10-2　植物网站首页的操作思路

10.4　操作过程

在明确操作思路之后，接下来就可以进行植物网站的制作了。本例将制作植物网站的首页，其制作步骤可分为以下几个。

10.4.1　创建站点和网页文件

下面将新建"plant"站点，创建网站主页为"index.html"，并新建"style.css"层叠样式表文件，将其链接到网站中，为网页的制作创建最基本的文件，其操作步骤如下。

微课视频

创建站点和网页文件

（1）启动Dreamweaver CS6，选择【站点】/【新建站点】菜单命令，在打开对话框的"站点名称"文本框中输入"plant"，在"本地站点文件夹"文本框中设置文件的根目录，然后单击 保存 按钮，如图10-3所示。

（2）选择【文件】/【新建】菜单命令，在打开的对话框中保持默认设置不变，单击 创建(R) 按钮创建一个空白网页，在新建的空白页面中按【Ctrl+S】组合键，在打开的对话框中将其存储到创建的"plant"站点根目录下，并将其命名为"index.html"。

（3）选择【文件】/【新建】菜单命令，在"空白页"选项卡的"页面类型"列表框中选择

【CSS】选项，单击 创建(R) 按钮创建一个空白的CSS层叠样式表文件，如图10-4所示。

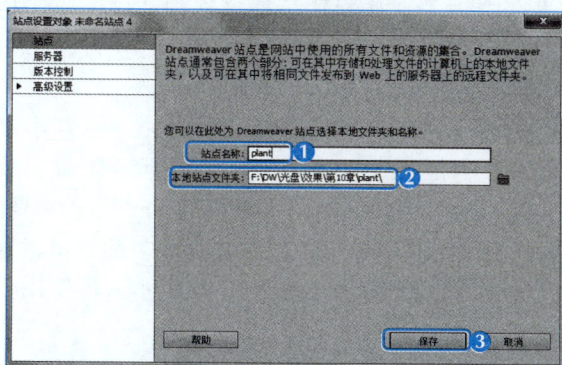

图10-3 创建站点

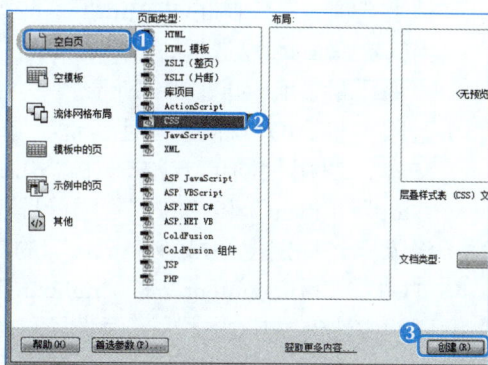

图10-4 新建CSS层叠样式表

（4）在新建的空白CSS层叠样式表文件中按【Ctrl+S】组合键，在打开的对话框中将其存储位置设置为"plant"站点的根目录，并将其命名为"style.css"。

（5）切换到"index.html"页面中，选择【窗口】/【CSS样式】菜单命令，打开"CSS样式"面板，在其中单击"附加样式表"按钮。

（6）打开"链接外部样式表"对话框，在"文件/URL"文本框中输入需链接的CSS样式表文件，保持其他默认设置不变，单击 确定 按钮，如图10-5所示。

（7）完成后保存"index.html"页面，此时，可在Dreamweaver CS6的"index.html"下方看到链接后的"style.css"文件，如图10-6所示。

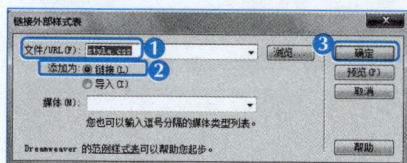

图10-5 链接CSS层叠样式表

图10-6 查看链接后的文件

10.4.2 布局页面结构

下面将对页面的整体结构进行布局，将其划分为上、中和下3栏，并对中间部分的页面布局进行划分，其操作步骤如下。

（1）将鼠标光标定位在"index.html"中，选择【插入】/【布局对象】/【Div标签】菜单命令，打开"插入Div标签"对话框。在"ID"下拉列表框中输入"plant"，单击 新建 CSS 规则 按钮，如图10-7所示。

（2）打开"新建CSS规则"对话框，在"规则定义"下拉列表框中选择"style.css"，保持其他设置不变，单击 确定 按钮，如图10-8所示。

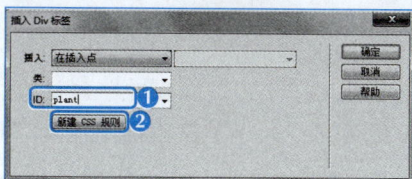

图10-7 插入Div标签

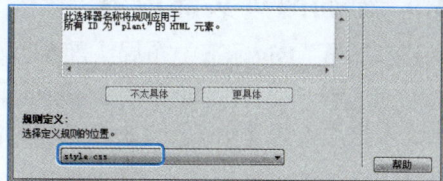

图10-8 新建CSS规则

（3）打开"#plant 的CSS规则定义（在style.css中）"对话框，在"分类"列表框中选择【方框】选项，在右侧的"Width"下拉列表框中输入"1024"，撤销选中"Margin"栏中的☐全部相同(F)复选框，在"Right"和"Left"下拉列表框中选择"auto"选项，单击 确定 按钮，如图10-9所示。

（4）返回"插入Div标签"对话框，单击 确定 按钮，然后删除"plant"标签中的文本，使用相同的方法，在"plant"标签中插入3个Div标签，分别将其命名为"top""main"和"foot"，并设置其CSS样式为如图10-10所示的样式。

（5）将鼠标光标定位在id为"main"的Div标签中，删除其中的文字，在其中插入id名为"left""maincontent"和"rightnav"的Div标签，其源代码如图10-11所示。再使用相同的方法设置其CSS样式，如图10-12所示。

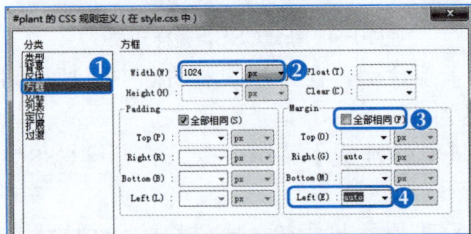

图10-9 设置"plant"标签的CSS样式

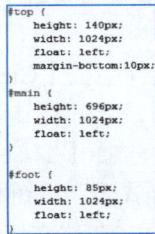

图10-10 添加并设置标签样式

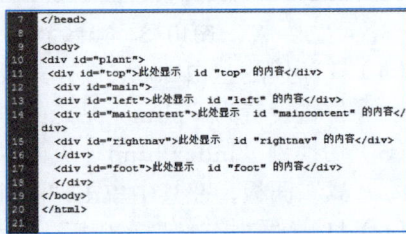

图10-11 Div源代码

（6）使用相同的方法设置其CSS样式，如图10-12所示。返回网页中，即可看到页面已布局完成，其效果如图10-13所示。

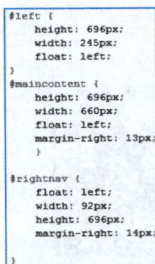

图10-12 设置Div的CSS样式

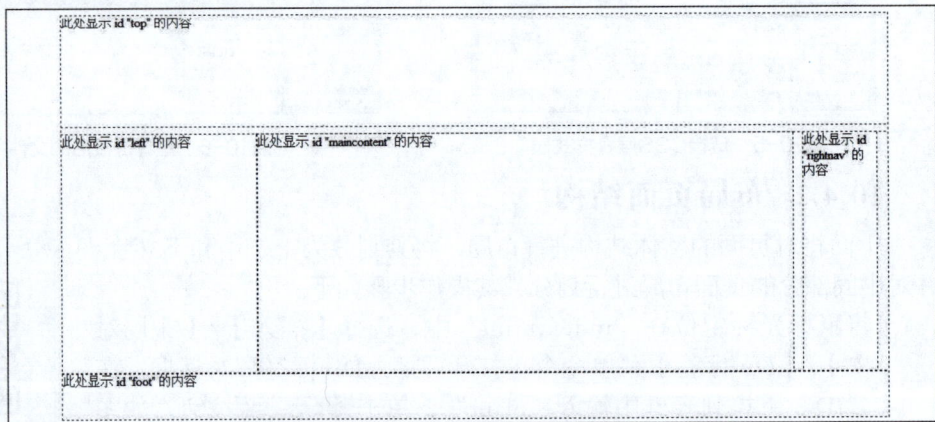

图10-13 查看页面布局效果

10.4.3 添加网页头部内容

下面将在"top"Div标签中布局头部页面，并添加对应的内容，其操作步骤如下。

（1）在网页中单击"属性"面板中的 页面属性... 按钮，打开"页面属性"对话框，在"分类"列表框中选择【外观（CSS）】选项，在右侧的"大小"文本框中输入"12"，在"背景颜色"文本框中输入"#eee6d6"，单击 确定 按钮，如图10-14所示。

（2）将鼠标光标定位在"top"Div标签中，删除其中的文本，在其中插入id为"topbg"

"logo"和"mainmenu"的Div标签,并设置其CSS样式为如图10-15所示。

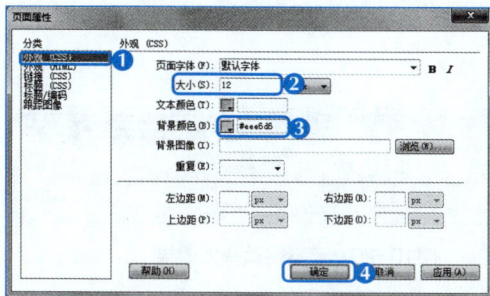

图10-14　设置页面属性

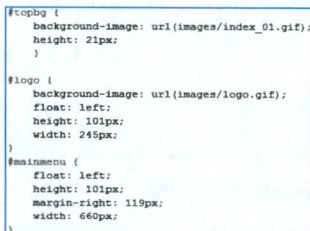

图10-15　添加并设置Div标签

（3）在id为"topbg"的Div标签中添加一个id为"topnav"的Div标签,并设置其CSS样式的"font-size、color、text-align、margin-right"分别为"10px、#FFF、right、150px"。

（4）返回网页中,在"topnav"Div标签中输入文本"主页 ｜ 登录 ｜ 广告 ｜ 联系我们 ｜ 在这里留言",使文本在"topbg"Div标签中显示,其效果如图10-16所示。

图10-16　查看添加文本后的效果

（5）将鼠标光标定位在id为"mainmenu"的Div标签中,选择【插入】/【表格】菜单命令,在打开的对话框中设置插入一个1行5列,宽为"660像素",边框粗细、单元格边距和单元格间距都为"0"的表格,如图10-17所示。

（6）单击对话框中的 确定 按钮,返回网页中将鼠标光标定位在第一个单元格中,选择【插入】/【图像】菜单命令,在打开的对话框中选择插入的图片"menu01.gif",单击 确定 按钮,如图10-18所示。

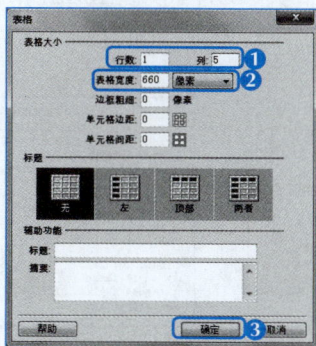

229

图10-17　插入表格

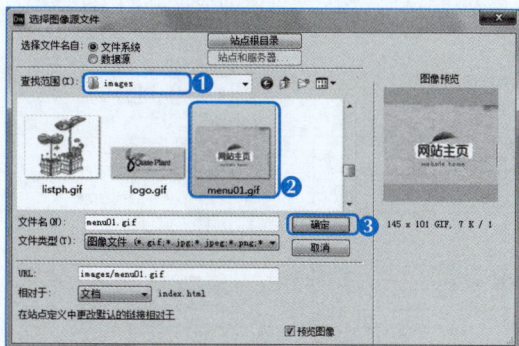

图10-18　插入图像

（7）在打开的提示对话框中单击 确定 按钮,完成图像的插入。返回网页中即可看到插入的图像。

（8）将鼠标光标定位在第2个单元格中,选择【插入】/【图像对象】/【鼠标经过图像】菜单命令,打开"插入鼠标经过图像"对话框。在"原始图像"和"鼠标经过图像"文本框中输入图像的路径,单击 确定 按钮,如图10-19所示。

（9）使用相同的方法,在剩余的单元格中分别插入鼠标指针经过图像,并设置原始图像为"menu03.gif""menu04.gif""menu05.gif";鼠标指针经过图像为"menu03h.gif" "menu04h.gif" "menu05h.gif"，完成导航的制作，其效果如图10-20所示。

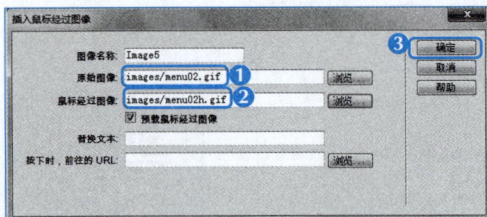

图10-19 添加鼠标指针经过图像

图10-20 查看网页头部效果

10.4.4 制作网页主体

下面将制作网页的主要内容部分，分别在"left""main"和"rightnav"Div标签中添加内容，其操作步骤如下。

（1）为"left"标签的CSS样式添加"background-image"和"background-repeat"样式，其属性值分别为"index_leftbg.gif"和"no-repeat"，然后将鼠标光标定位在"left"Div标签中，在其中插入一个id为"leftnav"的Div标签，并设置其CSS样式，如图10-21所示。

微课视频

制作网页主体

（2）将鼠标光标定位在"leftnav"Div标签中，在其中添加id为"navtitle""navmenu"和"navcontat"的Div标签，并设置其CSS样式，如图10-22所示，返回网页查看效果。

（3）将鼠标光标定位在"navmenu"Div标签中，在其中添加一个ul列表，设置其第1个li的id值为"listtitle"，其余li的class值为"listnav"，其源代码如图10-23所示。

（4）切换到CSS样式表，在其中添加对应的CSS样式，使第一个列表文本显示为白色并为其添加背景色；取消列表前默认的小圆点，并设置背景图片。其CSS样式如图10-24所示。

图10-21 "leftnav"标签

图10-22 设置CSS样式

图10-23 添加列表

图10-24 设置列表的CSS样式

（5）将鼠标光标定位在"navcontent"Div标签中，在其中插入2个class名称为"navtime"的Div标签，并设置其CSS样式的"float、margin-bottom、width"分别为"left、5px、203px"。

（6）在第1个"navtime"Div标签中插入一个4行3列的表格，然后合并第1列，设置其宽度为"38"；合并第1行，设置其高度为"34"，并在其中输入文本，效果如图10-25所示。

（7）在样式表中新建"tdtitle"和"tdcontent"的类CSS样式，其CSS代码如图10-26所示。

（8）在网页的"设计"视图中选择表格中的第一行，在其上单击鼠标右键，在弹出的快捷菜单中选择【CSS样式】/【tdtitle】命令，为其应用tdtitle样式，并为第2~4行应用

tdcontent样式。然后使用相同的方法为第2个"navtime"Div标签添加表格、文本，并应用样式，其效果如图10-27所示。完成网页主体左侧内容的设置。

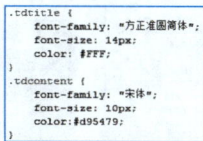

图10-25 添加表格　　　　图10-26 设置表格的CSS样式　　　　图10-27 查看效果

（9）将鼠标光标定位在"maincontent"标签中，为"maincontent"样式添加"background_image"和"background_repeat"样式，属性值分别为"url(images/index_29.gif)"和"no_repeat"。

（10）在"maincontent"Div标签中插入id名称为"contentlist""contph"和"contentinf"的Div标签，并分别设置其CSS样式，如图10-28所示。

（11）将鼠标光标定位在"contentlist"Div标签中，在其中添加class名称为"leftlist"的Div标签，并在"leftlist"Div标签中插入2个class名称为"photolist"和"list"的Div标签。并分别在其中添加一张图片和ul列表，其源代码如图10-29所示。

（12）切换到CSS样式表文件，为其添加对应的CSS样式，其代码如图10-30所示。

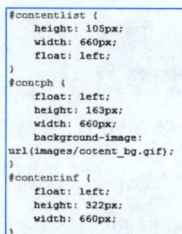

图10-28 设置CSS样式　　　　图10-29 添加源代码　　　　图10-30 添加CSS代码

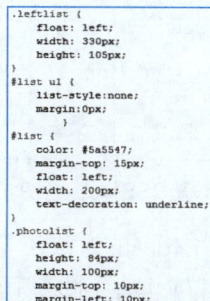

231

（13）复制"leftlist"Div标签所包含的内容，在该标签后进行粘贴。并修改复制后的标签中的图片和文本，其效果如图10-31所示。

图10-31 查看复制标签后的效果

（14）将鼠标光标定位在"contph"标签中，在其中插入id名称为"phtitle""phimg"和"phcont"的Div标签，并设置其CSS样式，如图10-32所示。

（15）在"phtitle"和"phcont"标签中输入文本，在"phimg"标签中插入"imglist"标签，并在"imglist"标签中嵌套class名称为"imgstyle"和"imgtitle"的Div标签。设置其对应的CSS样式，如图10-33所示。

（16）完成后返回网页，在"imgstyle"和"imgtitle"Div标签中添加图像和文本，然后复制并粘贴4个"imglist"Div标签，修改其中的图像和文本，其效果如图10-34所示。

```
#contph #phtitle {
    font-size: 12px;
    font-weight: bold;
    color: #FFF;
    float: left;
    height: 15px;
    margin-bottom: 2px;
    margin-left: 20px;
    margin-top: 8px;
    width: 620px;
}
```

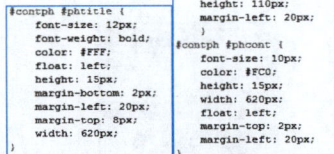

图10-32　设置页面

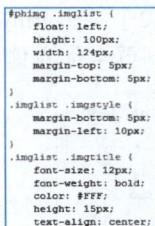

```
#contph #phimg {
    float: left;
    width: 620px;
    height: 110px;
    margin-left: 20px;
}
#contph #phcont {
    font-size: 10px;
    color: #FC0;
    height: 15px;
    width: 620px;
    float: left;
    margin-left: 20px;
}
```

图10-33　设置布局

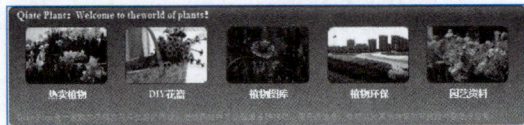

```
#phimg .imglist {
    float: left;
    height: 100px;
    width: 124px;
    margin-top: 5px;
    margin-bottom: 5px;
}
.imglist .imgstyle {
    margin-bottom: 5px;
    margin-left: 10px;
}
.imglist .imgtitle {
    font-size: 12px;
    font-weight: bold;
    color: #FFF;
    height: 15px;
    text-align: center;
}
```

图10-34　查看效果

（17）利用与设置前面两个Div标签相同的方法设置"contentinf"Div标签，在其中嵌套class名称为"leftcontent"和"rightcontent"的Div标签，分别设置CSS样式，如图10-35所示。

（18）在"leftcontent"Div标签中嵌套class名称为"act"的Div标签，并在"act"标签中嵌套"acttitle"和"actcont"Div标签，并分别设置其CSS样式，如图10-36所示。

（19）在"acttitle"标签中输入文本，在"actcont"标签中插入图像并输入文本，然后为其图像定义CSS样式，如图10-37所示。

（20）完成后在"leftcontent"Div标签中再粘贴一个"act"标签，然后修改其中的图像和文本，其最终效果如图10-38所示。

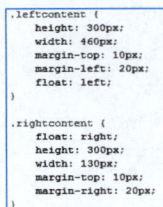

```
.leftcontent {
    height: 300px;
    width: 460px;
    margin-top: 10px;
    margin-left: 20px;
    float: left;
}
.rightcontent {
    float: right;
    height: 300px;
    width: 130px;
    margin-top: 10px;
    margin-right: 20px;
}
```

图10-35　设置CSS样式

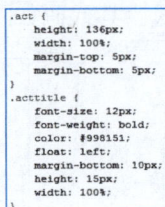

```
.act {
    height: 136px;
    width: 100%;
    margin-top: 5px;
    margin-bottom: 5px;
}
.acttitle {
    font-size: 12px;
    font-weight: bold;
    color: #998151;
    float: left;
    margin-bottom: 10px;
    height: 15px;
    width: 100%;
}
```

图10-36　设置样式

```
.act .actcont {
    font-size: 11px;
    color: #C93;
    height: 110px;
    float: left;
    width: 100%;
}
.actcont img {
    float: left;
    margin-right: 8px;
    margin-bottom: 2px;
    margin-left: 2px;
}
```

图10-37　定义样式

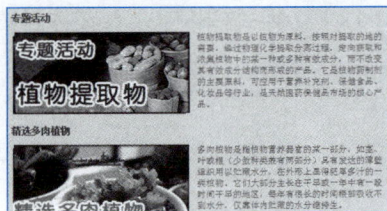

图10-38　预览效果

（21）使用相同的方法在"rightcontent"Div标签中添加"acttitle"和"actimg"Div标签，并设置"actimg"标签中img的CSS样式的"float、margin-top、margin-left、border、border-color"的值为"left、3px、3px、solid、#C93"，完成后的效果如图10-39所示。

（22）使用相同的方法在右侧的"rightnav"Div标签中添加"h3"和"navh3"标签，其源代码、CSS样式和应用后的效果分别如图10-40的左图，中图，右图所示。

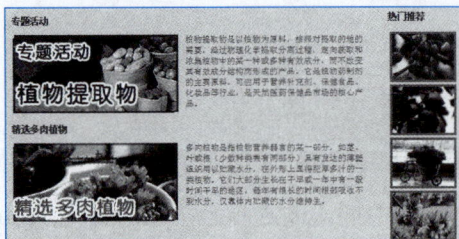

图10-39　查看效果

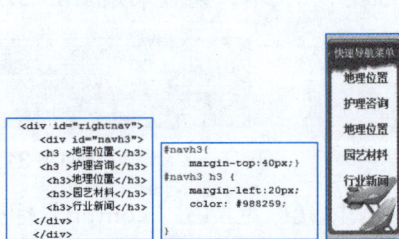

```
<div id="rightnav">
    <div id="navh3">
        <h3>地理位置</h3>
        <h3>护理咨询</h3>
        <h3>地理位置</h3>
        <h3>园艺材料</h3>
        <h3>行业新闻</h3>
    </div>
</div>
```

```
#navh3{
    margin-top:40px;}
#navh3 h3 {
    margin-left:20px;
    color: #988259;
}
```

图10-40　源代码、CSS代码及效果

10.4.5　制作页脚内容

下面将在网页底部的"foot"Div标签中添加并定位每部分的位置和内容，使其显示网页的相关信息，其操作步骤如下。

（1）删除"foot"Div标签中的文本，在其中嵌套id名称为"footloge""footline"和"footinf"的Div标签，并分别设置其CSS样式，如图10-41所示。

微课视频

制作页脚内容

（2）在"fontinf"Div标签中嵌套id名称为"inf1"和"inf2"的Div标签，并分别设置其CSS样式，如图10-42所示。

（3）完成后在"inf1"和"inf2"标签中分别输入文本，其效果如图10-43所示。

（4）完成后保存网页和CSS文件，并在浏览器中预览效果。

```
#footloge {
    background-image: url(images/blogo.gif);
    background-repeat: no-repeat;
    height: 85px;
    width: 233px;
    float: left;
}
#footline {
    background-image: url(images/index_23.gif);
    float: left;
    height: 85px;
    width: 51px;
}
#footinf {
    float: left;
    height: 85px;
    width: 740px;
    background-image: url(images/index_24.gif);
}
```

图10-41 CSS样式

```
#inf1 {
    margin-top: 20px;
    margin-bottom: 10px;
    margin-left: 30px;
    font-size: 12px;
    font-weight: bold;
    color: #9A8354;
}
#inf2 {
    margin-left: 30px;
    font-size: 12px;
    color: #9A8354;
}
```

图10-42 CSS样式

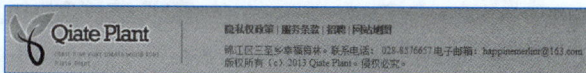

图10-43 预览页脚效果

10.5 项目实训

10.5.1 制作"北极数码"网站

1．实训目标

本实训的目标是制作"北极数码"网站，此网站提供的信息是与数码产品相关的所有数据、最新资讯和行业动态等内容。要求利用模板来提高网页的制作效率，涉及模板应用，CSS样式设置，超链接创建，以及文本、图像等对象的添加等，参考效果如图10-44所示。

| 素材所在位置 | 素材文件\第10章\项目实训\bjsm\img\ |
| 效果所在位置 | 效果文件\第10章\项目实训\bjsm\digit\index.html |

233

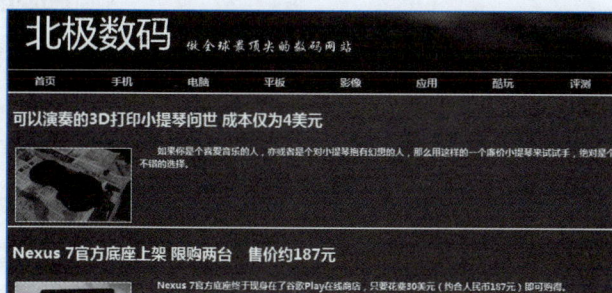

图10-44 "北极数码"网站首页的参考效果

微课视频

制作"北极数码"网站

2．专业背景

网站已经成为互联网最重要的组成部分，数码产品的盛行更使得数码类网站的数量日益增多。要想创建专业的数码类网站，就应该具备一些必须的特点。

● 网站结构应清晰且便于用户使用。针对这种情况，可考虑使用醒目的标题或文字来突出内容，尽量做到简单整洁、易于阅读和操作。

● 网站导向功能应清晰，使用超链接让用户可在网站中轻松实现各个目标的链接跳转。

● 网站内容的快速下载也至关重要。因此，使用图像时，要尽量避免使用体积过大的图像，可考虑通过调整图像格式来保证图像质量，同时减少其体积。

● 数码类网站是用户了解数码产品的重要通道，要想在众多同类网站中脱颖而出，仅仅做到以上几点是远远不够的，需要不断地借鉴、模仿和积累，认真学习，仔细分析，才能做出成功的网站。

3．操作思路

根据实训要求，本实训涉及规划和管理站点、创建并制作网页模板以及通过模板制作网站首页及其他页面等操作，其操作思路如图10-45所示。

① 创建并管理站点　　　　② 制作模板　　　　③ 制作网页

图 10-45　"北极数码"网站的制作思路

【步骤提示】

（1）创建名为"digit"的站点，并将站点文件夹设置在D盘的"digit"文件夹中，将素材提供的"img"文件夹复制到"digit"文件夹中。

（2）在Dreamweaver中打开"资源"面板，创建名为"frame"的模板，双击打开模板文件，在其中通过创建表格和外部CSS样式文件等操作制作模板内容，然后添加可编辑区域。

（3）利用模板创建"index.html"页面，在可编辑区域中插入表格，并输入新闻标题和内容，插入相关图像并调整。复制表格并进行修改，制作此网页的其他新闻内容。

微课视频

制作"微观多肉植物"网页

（4）按照相同思路利用模板文件创建"北极数码"站点中的其他页面。

10.5.2　制作"微观多肉植物"网页

1．实训目标

本实训的目标是设计"微观多肉世界"网站，该网站主要是多肉植物爱好者的交流网站。完成后的参考效果如图10-46所示。

素材所在位置　素材文件\第10章\项目实训\wgdr\img\
效果所在位置　效果文件\第10章\项目实训\wgdr\html\index.html

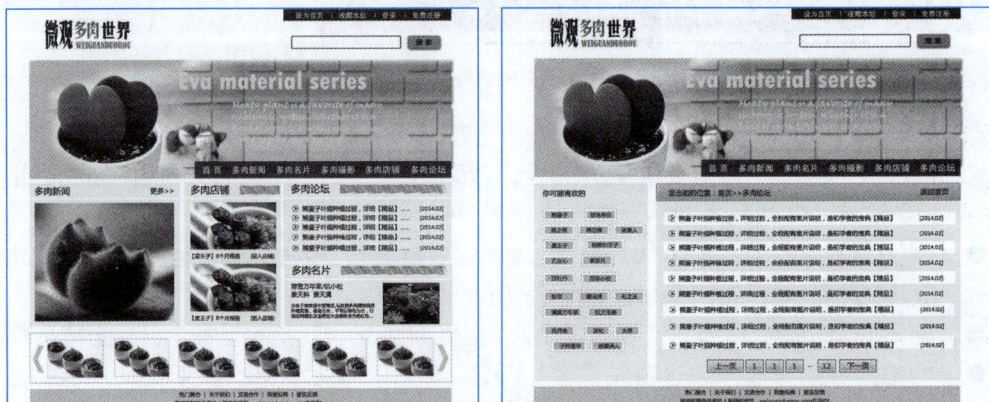

图10-46　"微观多肉世界"网站主页和二级页面

2．专业背景

网站设计过程中还需要处理一下相关的设计问题。

- **明暗设计**：在对网页的明暗进行设计时，选择深色还是浅色的设计很大程度上取决于网站的做法和目标，并不是指浅色一定代表"潮流"。
- **关于分栏**：目前，大多网站仍采用传统布局版式，如主页采用3至4栏设计，子页面采用两栏比较常用。极少有简单的单页网站。
- **介绍信息**：网站的介绍信息通常放在页面顶端，本质上是该企业对客户的一种简短而友好的声明。该板块一般会结合生动形象的、醒目的平面设计。
- **关于导航**：大多网站设计师将主要导航布局在右上角，垂直导航很少使用，其他别致的、创新的导航布局也很少使用。
- **关于搜索框**：当网站中包含有大量信息时，网站的访问者需要使用搜索功能，因此对于搜索框的设计也非常重要。
- **关于Flash元素**：Flash是一个内容丰富的交互设计工具，随着JavaScript技术的发展，目前用于网站的频率在减少，但还是广泛用作幻灯片演示。

3．操作思路

完成本实训主要根据草图来进行布局，采用3行3列的布局方式进行页面布局，色彩方面主要采用了绿色调为主色调，调整不同明度的绿色给网站添加层次感，并体现出生机勃勃的感觉，其操作思路如图10-47所示。

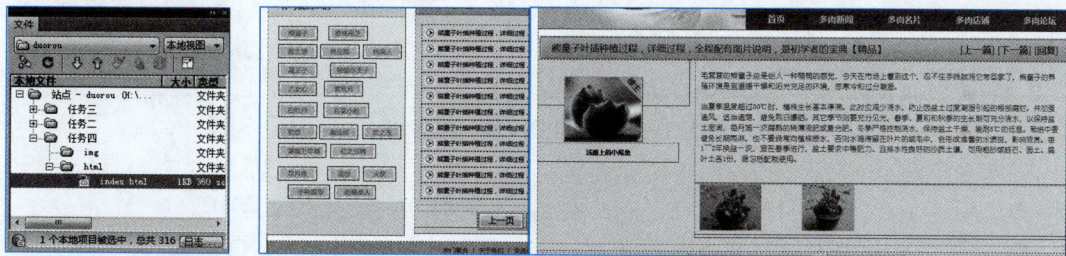

① 创建站点和文件夹   ② 制作页面

图10-47 "微观多肉植物"网站的制作思路

【步骤提示】

（1）创建一个站点，然后创建相关的文件和文件夹。

（2）通过CSS+Div布局主页，然后向其中添加相应的内容，最后使用相同的方法制作网站的二级页面和三级页面。

（3）保存网页并预览即可。

10.6 课后练习

本章主要通过制作"多肉植物"网站综合复习了本书讲解的内容，重点涉及站点的规划与管理、表格和嵌套表格的创建、外部CSS样式文件的创建、链接和设置、AP Div的绘制、超链接的创建、图像热点区域的创建等多种操作。下面将通过两个习题进一步完善该网站中其他页面的内容。

练习1：制作"旅游休闲"网站

本练习要求利用所学知识，制作一个休闲旅游类的网站，参考效果如图10-48所示。

素材所在位置 素材文件\第10章\课后练习\images\
效果所在位置 效果文件\第10章\课后练习\mysite\

图10-48 "旅游休闲"网站效果

要求操作如下。

- 新建站点，然后打开提供的素材网页，将其另存到新建的站点中。
- 使用Div标签对网站页面进行布局，然后在其中添加相关的网页元素。
- 将该网页另存一份到站点中，然后删除中间部分，制作网站的子页面。
- 完成后将其链接到主页中，最后保存网页即可。

练习2：制作"甜蜜糕点"网站

本练习要求综合运用本书所学知识，制作一个"甜蜜糕点"网站。它是一个个人博客网站，主要用于体现博主对糕点的喜爱。在该网站中可以查看网站管理员发布的信息，其他人对信息的评论等。该网站为动态网站，需要用到创建数据库、链接数据源、创建记录集等动态网页知识，参考效果如图10-49所示。

素材所在位置 素材文件\第10章\课后练习\cake\
效果所在位置 效果文件\第10章\课后练习\cake\index.asp

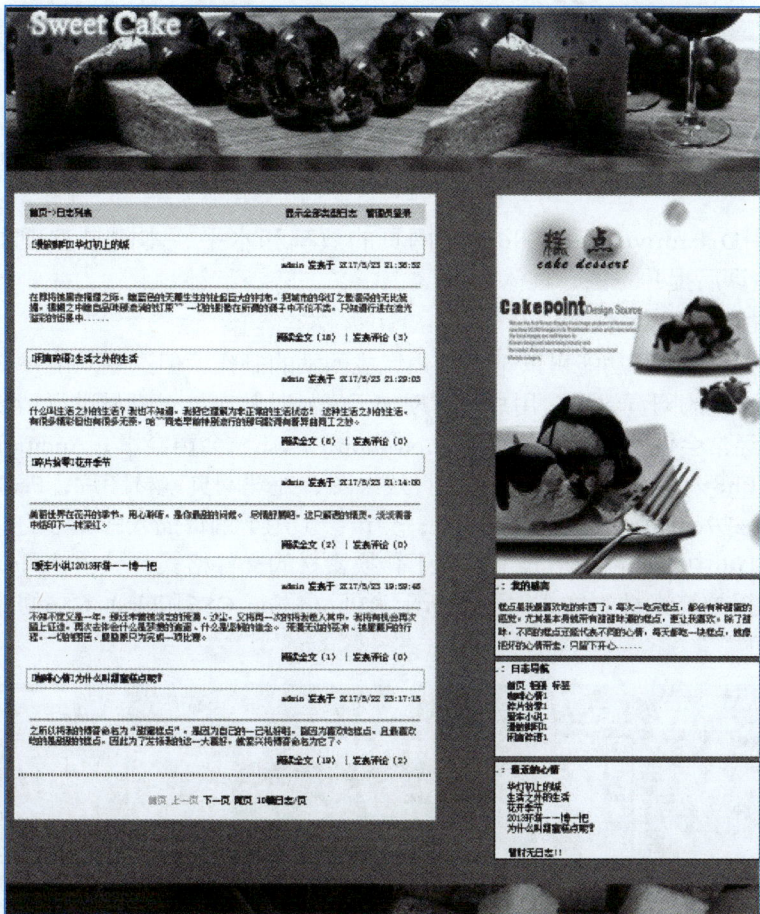

图10-49 网站效果

要求操作如下。

- 创建数据库并配置服务。
- 创建管理员登录页面。
- 布局网站首页。
- 美化网站首页。

附　录

APPENDIX

Dreamweaver CS6网页制作水平提升方法

为了提高大家使用Dreamweaver CS6制作网页的效率和水平，本附录整理了Dreamweaver CS6的一些课后提升方法，具体如下。

1．学习其他的软件协同编辑素材

虽然Dreamweaver自带了很多功能可以帮助用户完成网站的制作，但这些功能并不十分完善。想要制作更漂亮的网页效果，用户在前期加工素材时就应该对素材进行精致的编辑。在制作网站时经常会使用的辅助软件有Photoshop、Flash、会声会影、Audition和格式工厂等。其中，Photoshop主要用于制作网页效果图、处理网页素材图片；Flash主要用于制作网页中的一些小动画、活跃网页效果；会声会影用于编辑插入Flash中的视频；Audition用于插入Flash中的音频；格式工厂用于转换素材的文件格式，该软件可以自由转换图像、音频和视频等素材的格式。下图所示为Photoshop CS6和Flash CS6的操作界面。

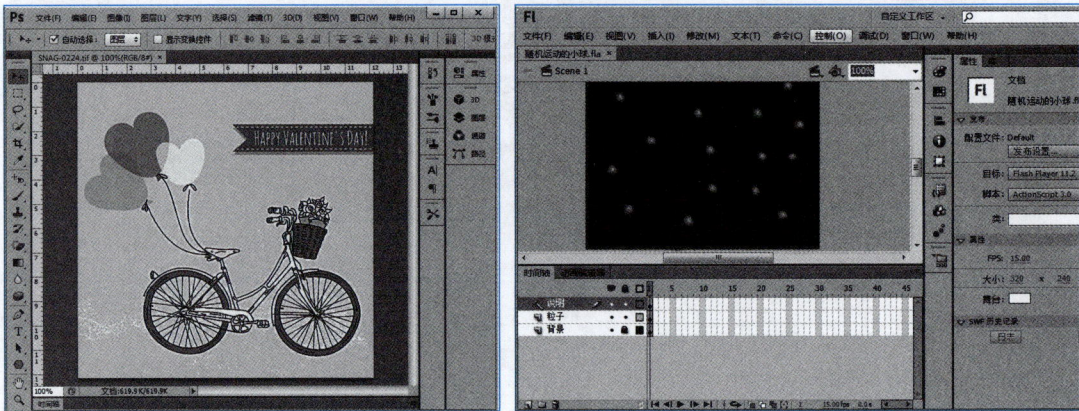

2．吸取多方面的专业知识

制作网站并不仅仅是简单地将图像和文字堆放起来，它对美学、创意、商业考虑等都有要求，甚至会用到营销方面的知识。要想制作出一个优秀的网站不但需要特别的创意，还需要丰富有趣的内容以及一些行之有效的营销策略，如果缺乏了以上的任何一点都可能会违背网页制作者的初衷。如以下列举的知识，都需要用户做下研究并掌握基本的知识。

- **美学**：练习专业的素描、速写和色彩搭配。
- **创意**：了解、吸取各种平面广告行业中常会使用到的表达手法。
- **商业**：紧随目前的商业潮流，将浏览人群喜欢的内容及元素合理而美观地放置在网页中。
- **营销**：很多网站的制作都是为了宣传营销，用户在为网站添加内容，销售商品或概念时，应该软硬皆施。既需要打硬广告，也需要采用软广告。合理的软广告往往能让浏览者对浏览的网站和商品更有好感，常见的软广告包括软文、活动游

戏、线上活动和线下活动等。为了使网站获得相应收益，用户可多多学习营销方面的知识。

● **SEO优化：** 所谓SEO优化就是搜索引擎优化，现在很多人知道某个网站，除铺天盖地的广告外，还经常是通过搜索引擎搜索到的。而通过SEO优化，可以使自己制作的网站在搜索引擎的排名向前提升，从而更加容易被浏览者点击进入浏览。

3．上技术论坛进行学习

如在专业的学习网站中进行学习，包括懒人图库、千图网等。这些网站各具特色，能够满足不同网站制作者的需求。

● **懒人图库：** 网址是http://www.lanrentuku.com/lanren，页面如下左图所示。其特色在于有很多用于网页制作的图像素材，还有不少有用的JS代码。用户可在该网站中下载需要使用的素材，并在通过注册后进入论坛，在其中咨询不懂的问题。

● **网页设计师联盟：** 网址是http://www.68design.net/，页面如下右图所示。它是国内网页设计行业第一综合门户站。集网页设计师晋级认证、作品展示、找工作、接项目、学习交流、企业品牌展示、人才招聘、设计资源共享于一体的大型设计类垂直网站平台。可在其中参考一些优秀的设计作品，查找一些网页设计素材等。

239